实例 001　光圈特效

实例 003　滑板运动特效

实例 005　自然卷边照片

实例 013　撕纸特效

实例 014　炫彩羽毛光效

实例 016　手绘圣诞节场景

实例 017　超酷烈火人

实例 018　战斗特效

实例 019　宇宙奇观特效

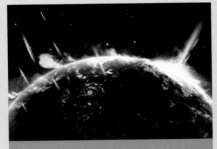

实例 020　撞击特效

实例 021　火焰树木

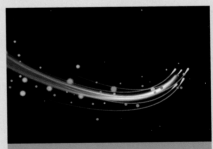

实例 023　漂亮光束

实例 025　熔岩字

实例 026　科技质感字

实例 027　冰冻字

实例 028　烟雾字

实例 029　墙壁涂鸦字

实例 030　水雾字

实例 031　钻石字

实例 035　卷边字

实例 036　电影字

实例 037　动感水晶字

实例 038　啤酒字

实例 041　圆润透明文字

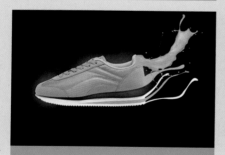

实例 042　潮流运动鞋特效

实例 043　水晶放射视觉效果

实例 044　飘逸光线特效

实例 045　雕刻的艺术

实例 048　方格艺术背景

实例 056　湖泊奇观

实例 050　模拟花朵背景

实例 054　老照片特效

实例 057　复古墨迹剪影

实例 059　蛋壳特效

实例 060　水墨美女

实例 061　潮流剪影

实例 065　水火拳头特效

实例 067　月夜繁星特效

实例 068　下雪的乡村

实例 069　冷艳丁香特效

实例 070　月夜特效

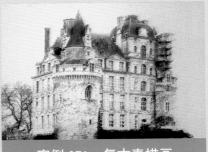

实例 071　复古素描画

实例 072　撕裂照片

实例 074　反转地球特效

实例 078　晶莹冰锥特效

Photoshop
视觉特效技术合成密码案例100+

实例 079　灰石纹理

实例 080　彩色玻璃效果

实例 081　砖墙效果

实例 082　松树皮效果

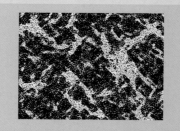

实例 083　花岗岩效果

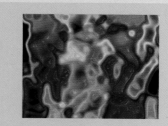

实例 084　黏液效果

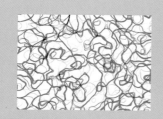

实例 085　线丝效果

实例 087　沙岩纹理

实例 089　真实木板纹理

实例 094　彩色喷溅特效

实例 095　摩登艺术特效

实例 098　沙滩手绘心形

实例 100　蓝色理想

实例 049　水母仙女

实例 058　水瓶舞者

Photoshop视觉特效技术合成密码案例100+

张刚峰　编　著

清华大学出版社
北京

内 容 简 介

本书按照由浅入深的写作方法，全面解读了不同风格的视觉特效技术合成技法。从最基础的简单视觉表现开始，以全实例的写作手法详细讲解了当下最为流行的图像视觉特效技术合成操作。

本书从实战角度出发讲解特效制作方法，都是作者多年来在图像特效制作工作过程中的积累与实践，具有实用价值高、可操作性强的优点，同时整个讲解形式深入浅出，易学易用。本书在讲解的过程中将作者的创意思路一同奉献给读者，希望在传授知识与技巧的同时开阔读者的创作思路、提升读者的美学认知能力，为读者学习视觉特效技术合成创作插上创意的翅膀。

本书适合图形图像处理爱好者、UI设计师、美工、平面和广告设计师阅读，可以作为社会培训学校、大中专院校相关专业的教学参考书或上机实践指导用书。本书结构清晰，案例操作步骤详细，语言通俗易懂，所有案例都具有相当高的技术含量，且实用性强，便于读者学以致用，是读者学习视觉特效技术合成不可多得的超实用参考用书。

图书在版编目(CIP)数据

Photoshop视觉特效技术合成密码案例100+/张刚峰编著. ——北京：清华大学出版社，2018（2021.8 重印）

ISBN 978-7-302-48078-5

Ⅰ. ①P… Ⅱ. ①张… Ⅲ. ①图像处理软件 Ⅳ. ①TP391.413

中国版本图书馆CIP数据核字(2017)第207778号

责任编辑：章忆文 杨作梅
装帧设计：刘孝琼
责任校对：张彦彬
责任印制：丛怀宇

出版发行：清华大学出版社

网　　　址：http://www.tup.com.cn, http://www.wqbook.com

地　　　址：北京清华大学学研大厦A座　　　　　邮　　编：100084

社 总 机：010-62770175　　　　　　　　　　　邮　　购：010-62786544

投稿与读者服务：010-62776969, c-service@tup.tsinghua.edu.cn

质量反馈：010-62772015, zhiliang@tup.tsinghua.edu.cn

印 装 者：北京博海升彩色印刷有限公司

经　　销：全国新华书店

开　　本：210mm×285mm　　印　张：19　　彩　插：2　　字　数：462千字

版　　次：2018年1月第1版　　　　　　　印　次：2021 年 8 月第 4 次印刷

定　　价：69.00 元

产品编号：067219-01

前　言

图像有多种定义，其中最常见的定义是指各种图形和影像的总称。在日常的学习生活中，图像为人类构成了一个形象的思维模式。这种形象的思维模式丰富了人们对美的定义及观察力。而视觉特效是指借助于这种思维模式并加以创新及延伸打造出更为丰富的图像效果。通俗地来理解，视觉特效是一种通过创造图像和处理真人拍摄范围以外镜头的各种处理。其制作以合成与创造虚拟的真实场景为目的，通过各种不同的思路进行技术合成以表现出吸引人的视觉图像。按不同图像进行分类，可以将视觉特效分为多种不同的风格，从基本的下雨、下雪的制作到稍复杂的纹理、质感图像的创作，再到高级的创意视觉特效处理，这些都构成了视觉特效不同的制作方向。

通过本书，读者可以快速学到以下内容。

- 简单的图像视觉表现。
- 震撼的视觉特效表现。
- 特效文字的表现技法。
- 创意视觉表现的实现。
- 创意合成处理的实现。
- 自然特效视觉效果的处理。
- 各类经典特效制作。

本书在编写过程中列举了众多与人们生活习惯相关的视觉特效图像，同时将这些特效加以详细说明，使读者阅读之后能加深对美学的认知。因此，学习只是一个过程，重点是如何得到一个完美的学习结果。同时，在众多实例中将贴心的提示与技巧穿插其中，以达到边学习边快速提高的目的。

本书特色：

(1) 由浅入深学习法。本书在编写过程中从最基本的简单视觉表现入手，循序渐进，由浅入深，更适合初学者快速入门并提高自身能力。

(2) 多样化提示与技巧。本书在讲解过程中穿插了相应的提示与技巧，可以达到触类旁通的效果。

(3) 直观的学习模式。只有真正做到亲眼所见，才能更加容易明白视觉特效的制作思路。本书通过精心选取的贴近真实世界的图像案例，达到了随学随用的目的。

(4) 多媒体教学。俗话说"授人以鱼，不如授人以渔"，即便学会本书中全部的实例操作也是远远不够的，因此本书附赠了与每个案例对应的多媒体语音教学视频，由专业的教学老师对案例精心详解，同时分析了制作的完整思路与原理。这样将实例操作与语音教学两者整合为一，从而达到完美的学习目的。

超值附赠套餐：本书提供下载资源，内容包括所有案例的视频教学、调用素材和源文件，读者可通过扫描手机二维码获得。书中各案例的有声教学视频皆可直接扫码观看。

视频教学：　　调用素材：　　源文件：

本书由张刚峰编著，同时参与编写的人员还有张四海、余昊、贺容、王英杰、崔鹏、桑晓洁、王世迪、吕保成、蔡桢桢、王红启、胡瑞芳、王翠花、夏红军、李慧娟、杨树奇、王巧伶、陈家文、王香、杨曼、马玉旋、张田田、谢颂伟、张英、石珍珍、陈志祥等，在此感谢所有创作人员对本书付出的努力。

当然，在创作过程中，由于时间仓促，错误在所难免，希望广大读者批评指正。如果在学习过程中发现问题，或有更好的建议，欢迎发邮件到bookshelp@163.com与我们联系。

编　者

目录 Contents

Contents 目录

目录 **Contents**

PS

第1章
简单视觉表现

本章介绍

　　本章讲解简单视觉表现制作。简单视觉表现通常是指比较基础的特效制作，其特效比较简单且制作难度不高。虽然其视觉效果不如复杂特效炫丽，但只有通过熟练掌握基础类的视觉表现特效制作才能打下扎实的基础，从而少走弯路并能够更加自信地面对复杂炫丽的特效制作。本章列举了多个相对简单且比较基础的特效实例。通过对本章的学习，读者可以熟练掌握简单视觉表现特效的制作。

要点索引

- ◆ 学会制作光圈特效
- ◆ 学习日式漫画特效的制作要领
- ◆ 掌握滑板运动特效的制作重点
- ◆ 了解动感剪影的制作重点
- ◆ 学习制作自然卷边照片

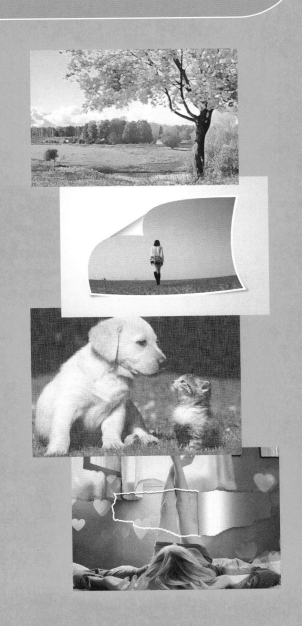

实例001 光圈特效

> 📺 素材位置：无
> ✍ 案例位置：源文件\第1章\光圈特效.psd
> 💿 视频文件：视频教学\实例001 光圈特效.avi

本例讲解光圈特效图像的绘制。光圈特效图像是一种十分常见且漂亮的特效。它的制作比较简单，在新建的画布中绘制定义好的光圈笔触图像，并分别为部分图像添加模糊特效以形成一种层次感，整体的效果相当出色。最终效果如图1.1所示。

图1.1 光圈特效

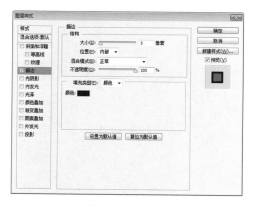

图1.2 设置描边

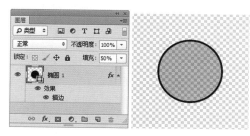

图1.3 更改填充

图1.4 设置画笔名称

📒 操作步骤

（1）执行菜单栏中的【文件】|【新建】命令，在弹出的对话框中设置【宽度】为300像素、【高度】为300像素、【分辨率】为72像素/英寸、【背景内容】为透明，新建一个空白画布。

（2）选择工具箱中的【椭圆工具】 ⬭ ，在选项栏中将【填充】更改为黑色，【描边】设置为无，在画布中间位置按住Shift键绘制一个正圆图形，此时将生成一个【椭圆1】图层。

（3）在【图层】面板中，选中【椭圆1】图层，单击面板底部的【添加图层样式】按钮 fx ，在左侧列表中选择【描边】样式，在右侧选项中将【大小】更改为5像素、【位置】更改为【内部】，完成之后单击【确定】按钮，如图1.2所示。

（4）在【图层】面板中，选中【椭圆1】图层，将其图层【填充】更改为50%，如图1.3所示。

（5）执行菜单栏中的【编辑】|【定义画笔预设】命令，在弹出的对话框中将【名称】更改为"光圈"，然后单击【确定】按钮，如图1.4所示。

（6）执行菜单栏中的【文件】|【新建】命令，在弹出的对话框中设置【宽度】为1000像素、【高度】为700像素、【分辨率】为72像素/英寸，新建一个空白画布。

（7）选择工具箱中的【渐变工具】 ▦ ，编辑深黄色(R:255，G:124，B:0)到紫色(R:40，G:10，B:90)的渐变，单击选项栏中的【径向渐变】按钮 ▣ ，在画布中从左上角向右下角拖动填充渐变。

（8）在【画笔】面板中选择刚才定义的笔触，将【大小】更改为240像素、【间距】更改为350%，如图1.5所示。

（9）勾选【形状动态】复选框，将【大小抖动】更改为50%，如图1.6所示。

（10）勾选【散布】复选框，将【散布】更改为350%，【数量】更改为1。

（11）勾选【平滑】复选框。

（12）单击面板底部的【创建新图层】按钮 🔲 ，新建一个【图层1】图层。

（13）将前景色更改为白色，在画布中拖动鼠标添加图像，如图1.7所示。

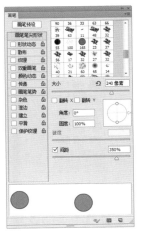 

图1.5 设置画笔笔尖形状　　图1.6 设置形状动态

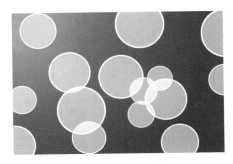

图1.7 添加图像

（14）选中【图层 1】图层，执行菜单栏中的【滤镜】|【模糊】|【高斯模糊】命令，在弹出的对话框中将【半径】更改为20像素，完成之后单击【确定】按钮。

（15）选中【图层 1】图层，将其图层混合模式设置为【叠加】。

（16）适当缩小笔触大小，以同样的方法新建1个【图层 2】图层，在画布中添加图像，如图1.8所示。

图1.8 新建图层并添加图像

（17）按Ctrl+Alt+F组合键打开【高斯模糊】对话框，将【半径】更改为5像素，然后单击【确定】按钮，如图1.9所示。

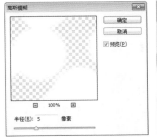 

图1.9 设置高斯模糊

（18）选中【图层 2】图层，将其图层混合模式设置为【叠加】。

（19）以同样的方法添加图像，这样就完成了效果制作。最终效果如图1.10所示。

图1.10 最终效果

实例002　日式漫画特效

> 素材位置：调用素材\第1章\日式漫画特效
> 案例位置：源文件\第1章\日式漫画特效.psd
> 视频文件：视频教学\实例002　日式漫画特效.avi

本例讲解日式漫画特效的制作。日式漫画的最大特点是主题视觉清新、淡雅，突出表现图像中的主题，同时将整个场景氛围营造得十分舒适。本例的制作十分简单，先复制图层，然后针对每一个图层添加相对应的滤镜特效，最终组合成一幅出色的日式漫画特效。最终效果如图1.11所示。

图1.11 日式漫画特效

操作步骤

（1）执行菜单栏中的【文件】|【打开】命令，打开"秋景.jpg"文件。

（2）在【图层】面板中，选中【背景】图层，将其拖至面板底部的【创建新图层】按钮 上，复制3个拷贝图层，将图层名称分别更改为【高光】、【中间】、【暗调】，如图1.12所示。

图1.12　复制图层并更改图层名称

（3）选中【暗调】图层，执行菜单栏中的【滤镜】|【滤镜库】命令，在弹出的对话框中选择【艺术效果】|【海报边缘】选项，将【边缘厚度】更改为2、【边缘强度】更改为2、【海报化】更改为6，最后单击【确定】按钮，如图1.13所示。

图1.13　设置海报边缘

提示

在对当前图层中的图像进行处理的时候，可先将其上方图层隐藏，这样能更加方便观察当前图像的编辑效果。

（4）选中【中间】图层，执行菜单栏中的【滤镜】|【滤镜库】命令，在弹出的对话框中选择【画笔描边】|【强化的边缘】选项，将【边缘宽度】更改为2、【边缘亮度】更改为35、【平滑度】更改为3，最后单击【确定】按钮，如图1.14所示。

图1.14　设置强化的边缘

（5）选中【中间】图层，将【不透明度】更改为60%。

（6）选中【高光】图层，执行菜单栏中的【滤镜】|【滤镜库】命令，在弹出的对话框中选择【风格化】|【照亮边缘】选项，将【边缘宽度】更改为2，【边缘亮度】更改为12、【平滑度】更改为6，最后单击【确定】按钮，如图1.15所示。

图1.15　设置照亮边缘

（7）选中【高光】图层，将其图层混合模式设置为【变亮】，【不透明度】更改为50%。

（8）在【图层】面板中，单击面板底部的【创建新的填充或调整图层】按钮 ，在弹出的快捷菜单中选择【色相/饱和度】命令，在弹出的面板中将【饱和度】更改为-20，如图1.16所示。

图1.16　降低饱和度

（9）单击面板底部的【创建新图层】按钮 🔲，新建一个【图层 1】图层，如图1.17所示。

（10）选中【图层 1】图层，按Ctrl+Alt+Shift+E组合键执行盖印可见图层命令，如图1.18所示。

图1.17　新建图层　　　图1.18　盖印可见图层

（11）选中【图层 1】图层，执行菜单栏中的【滤镜】|【模糊】|【表面模糊】命令，在弹出的对话框中将【半径】更改为5像素，【阈值】更改为12色阶，这样就完成了效果制作，最终效果如图1.19所示。

图1.19　最终效果

实例003　滑板运动特效

- 素材位置：调用素材\第1章\滑板运动特效
- 案例位置：源文件\第1章\滑板运动特效.psd
- 视频文件：视频教学\实例003　滑板运动特效.avi

本例讲解滑板运动特效的制作。本例的主题视觉效果十分符合滑板运动的特点。通过炫彩的投影和运动主题图像制作出十分出色的运动特效，最终效果如图1.20所示。

图1.20　滑板运动特效

操作步骤

（1）执行菜单栏中的【文件】|【新建】命令，在弹出的对话框中设置【宽度】为800像素、【高度】为600像素、【分辨率】为72像素/英寸，新建一个空白画布。

（2）选择工具箱中的【渐变工具】 ▇，编辑灰色(R:253，G:253，B:253)到灰色(R:200，G:195，B:188)的渐变，单击选项栏中的【径向渐变】按钮 ▇，在画布中拖动填充渐变，如图1.21所示。

图1.21　填充渐变

（3）执行菜单栏中的【文件】|【打开】命令，打开"运动男.psd"文件，将打开的素材拖入画布中并适当缩小，如图1.22所示。

图1.22　添加素材

（4）在【图层】面板中，选中【运动男】图层，将其拖至面板底部的【创建新图层】按钮 □ 上，复制1个【运动男 拷贝】图层。

（5）在【图层】面板中，选中【运动男】图层，单击面板上方的【锁定透明像素】按钮 ⊠，将透明像素锁定，将图像填充为浅绿色(R:206，G:220，B:156)。

（6）选中【运动男】图层，按Ctrl+T组合键对其执行【自由变换】命令，出现变形框后按住Alt键在图像底部位置单击更改变形框的中心点，将图像适当旋转，完成之后按Enter键确认，如图1.23所示。

图1.23　更改中心点并旋转图像

（7）在【图层】面板中，选中【运动男 拷贝】图层，将其拖至面板底部的【创建新图层】按钮 □ 上，复制1个【运动男 拷贝 2】图层，将图像颜色更改为黄色(R:227，G:220，B:112)，如图1.24所示。

（8）以刚才同样的方法将图像旋转，如图1.25所示。

图1.24　复制图层　　　图1.25　旋转图像

（9）以同样的方法将图像复制数份并填充不同的颜色后适当旋转，如图1.26所示。

（10）选择工具箱中的【钢笔工具】 ，在选项栏中单击【选择工具模式】按钮 路径 ，在弹出的选项中选择【形状】，将【填充】更改为绿色(R:136，G:196，B:0)、【描边】更改为无，在人物下方位置绘制1个不规则图形，此时将生成一个

【形状 1】图层，将其移至【背景】图层的上方，如图1.27所示。

图1.26　复制并旋转图像

图1.27　绘制图形并移至【背景】图层的上方

（11）以同样的方法在刚才绘制的图形的右侧位置再次绘制1个比其颜色稍浅的绿色，此时将生成1个【形状 2】图层，将其移至【形状 1】图层的下方，如图1.28所示。

图1.28　绘制图形并移至【形状1】图层的下方

（12）以同样的方法再次绘制数个相似图形，如图1.29所示。

图1.29　绘制多个相似图形

（13）同时选中所有和【形状】相关的图层，按Ctrl+G组合键将其编组，将生成的组名称更改为彩带。

（14）在【图层】面板中，选中【彩带】图层，单击面板底部的【添加图层样式】按钮 fx，在菜单中选择【渐变叠加】命令，在弹出的对话框中将【混合模式】更改为【柔光】、【渐变】更改为白色到黑色、【样式】更改为【径向】、【角度】更改为0度、【缩放】更改为140%，完成之后单击【确定】按钮，如图1.30所示。

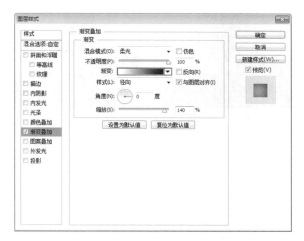

图1.30 设置渐变叠加

（15）在【图层】面板中，选中【运动男 拷贝】图层，单击面板底部的【添加图层样式】按钮 fx，在菜单中选择【投影】命令，在弹出的对话框中将【不透明度】更改为12%，取消勾选【使用全局光】复选框，将【角度】更改为-135度、【距离】更改为18像素、【扩展】更改为100%，完成之后单击【确定】按钮，这样就完成了特效制作，最终效果如图1.31所示。

图1.31 最终效果

实例004 动感剪影

🖥 素材位置：调用素材\第1章\动感剪影
🖼 案例位置：源文件\第1章\动感剪影.psd
🎬 视频文件：视频教学\实例004 动感剪影.avi

本例讲解动感剪影的制作。剪影图像一般以强列的黑白对比或单色为主，可以针对不同的主题图像添加不同的特效，制作出相对应风格的剪影效果。最终效果如图1.32所示。

图1.32 动感剪影

操作步骤

（1）执行菜单栏中的【文件】|【打开】命令，打开"夕阳.jpg"文件，如图1.33所示。

图1.33 素材文件

（2）执行菜单栏中的【图像】|【调整】|【去色】命令，如图1.34所示。

图1.34 去色

（3）执行菜单栏中的【选择】|【色彩范围】命令，在底部黑色区域单击，将图像中底部黑色区域选中，单击【确定】按钮，效果如图1.35所示。

图1.35　载入选区

（4）执行菜单栏中的【图层】|【新建】|【通过拷贝的图层】命令，生成【图层1】图层。

（5）选中【背景】图层，执行菜单栏中的【图像】|【调整】|【色阶】命令，在弹出的对话框中将其数值更改为(54，1，148)，完成之后单击【确定】按钮，如图1.36所示。

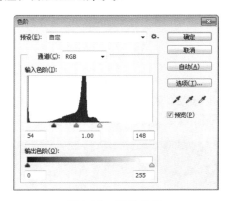

图1.36　调整色阶

（6）执行菜单栏中的【滤镜】|【模糊】|【动感模糊】命令，在弹出的对话框中将【角度】更改为0度，【距离】更改为130像素，完成之后单击【确定】按钮，如图1.37所示。

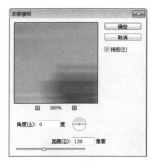

图1.37　设置动感模糊

（7）选择工具箱中的【套索工具】，在人

物区域绘制一个选区以选中其背部多余区域，如图1.38所示。

（8）选中【背景】图层，执行菜单栏中的【编辑】|【填充】命令，在弹出的对话框中选择【内容】为内容识别，完成之后单击【确定】按钮，完成之后按Ctrl+D组合键将选区取消，效果如图1.39所示。

图1.38　绘制选区　　　　图1.39　隐藏图像

（9）单击面板底部的【创建新图层】按钮，新建一个【图层2】图层。

（10）选中【图层2】图层，按Ctrl+Alt+Shift+E组合键执行盖印可见图层命令。

（11）执行菜单栏中的【图像】|【调整】|【色阶】命令，在弹出的对话框中将其数值更改为(6，0.9，214)，完成之后单击【确定】按钮，这样就完成了效果制作。最终效果如图1.40所示。

图1.40　最终效果

实例005　自然卷边照片

本例讲解自然卷边照片的制作。自然卷边照片制作的重点在于卷边效果的实现，将图像进行变形并添加阴影以达到真实的卷边效果。最终效果如图1.41所示。

图1.41　自然卷边照片

 操作步骤

（1）执行菜单栏中的【文件】|【新建】命令，在弹出的对话框中设置【宽度】为800像素、【高度】为550像素、【分辨率】为72像素/英寸，新建一个空白画布。

（2）选择工具箱中的【渐变工具】 ，编辑白色到灰色(R:216，G:216，B:216)的渐变，单击选项栏中的【径向渐变】按钮 ，在画布中从左上角向右下角拖动填充渐变。

（3）选择工具箱中的【矩形工具】 ，在选项栏中将【填充】更改为黑色、【描边】更改为白色、【大小】设置为8点，绘制一个矩形，此时将生成一个"矩形 1"图层，如图1.42所示。

图1.42　绘制图形

（4）执行菜单栏中的【文件】|【打开】命令，打开"照片.jpg"文件，将打开的素材拖入画布中并适当缩小，其图层名称将更改为"图层 1"，如图1.43所示。

图1.43　添加素材

（5）选中【图层 1】图层，执行菜单栏中的【图层】|【创建剪贴蒙版】命令，为当前图层创建剪贴蒙版以将部分图像隐藏，再按Ctrl+T组合键对其执行【自由变换】命令，将图像等比缩小，完成之后按Enter键确认，如图1.44所示。

图1.44　创建剪贴蒙版

（6）选中【图层 1】图层，按Ctrl+E组合键向下合并，将生成的图层更名为"照片"，如图1.45所示。

图1.45　合并图层

（7）选中【照片】图层，按Ctrl+T组合键对其执行【自由变换】命令，单击鼠标右键，从弹出的快捷菜单中选择【变形】命令，拖动变形框控制点将图像变形，完成之后按Enter键确认，如图1.46所示。

（8）选择工具箱中的【钢笔工具】 ，在选项栏中单击【选择工具模式】按钮 ，在弹出的选项中选择【形状】，将【填充】更改为黑色、

【描边】更改为无，在照片左上角折叠位置绘制1个不规则图形，此时将生成一个"形状1"图层，如图1.47所示。

图1.46　将图像变形

图1.47　绘制图形

（9）在【图层】面板中，选中【形状 1】图层，单击面板底部的【添加图层样式】按钮 *fx*，在菜单中选择【渐变叠加】命令，在弹出的对话框中将【渐变】更改为白色到黑色、【角度】更改为125度，完成之后单击【确定】按钮，如图1.48所示。

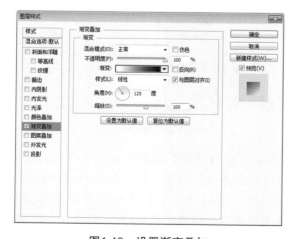

图1.48　设置渐变叠加

（10）选择工具箱中的【钢笔工具】 ，在选项栏中单击【选择工具模式】按钮 路径 ，在弹

出的选项中选择【形状】，将【填充】更改为黑色、【描边】更改为无，在照片图像左下角位置绘制1个不规则图形，此时将生成一个"形状 2"图层，将其移至【照片】图层的下方，如图1.49所示。

图1.49　绘制图形

（11）选中【形状 2】图层，执行菜单栏中的【滤镜】|【模糊】|【高斯模糊】命令，在弹出的对话框中将【半径】更改为4像素，然后单击【确定】按钮，再将其图层的【不透明度】更改为40%。

（12）以同样的方法在照片右下角位置绘制不规则图形并添加高斯模糊效果制作阴影效果，这样就完成了效果制作。最终效果如图1.50所示。

图1.50　最终效果

实例006　光滑绸缎纹理

🖼 素材位置：无

📄 案例位置：源文件\第1章\光滑绸缎纹理.psd

🎬 视频文件：视频教学\实例006　光滑绸缎纹理.avi

本例讲解光滑绸缎纹理的制作。本例的制作过程看似简单，但每一步都十分重要，主要是用滤镜命令进行组合并调整细节，以表现出十分光滑的绸缎效果。最终效果如图1.51所示。

图1.51 光滑绸缎纹理

 操作步骤

（1）执行菜单栏中的【文件】|【新建】命令，在弹出的对话框中设置【宽度】为500像素，【高度】为500像素，【分辨率】为72像素/英寸，新建一个空白画布。

（2）选择工具箱中的【渐变工具】■，编辑黑色到白色的渐变，单击选项栏中的【线性渐变】按钮■，将【模式】更改为【差值】，在画布中拖动数次添加渐变，如图1.52所示。

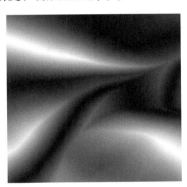

图1.52 添加渐变

提示

在添加渐变的过程中注意渐变的纹理走向，此处决定了最终的绸缎效果。

（3）执行菜单栏中的【滤镜】|【模糊】|【高斯模糊】命令，在弹出的对话框中将【半径】更改为5像素，完成之后单击【确定】按钮。

（4）执行菜单栏中的【滤镜】|【风格化】|【查找边缘】命令。

提示

【查找边缘】命令没有对话框，在应用时直接执行命令即可。

（5）执行菜单栏中的【图像】|【调整】|【色阶】命令，在弹出的对话框中将数值更改为(150，1.04，255)，完成之后单击【确定】按钮。

（6）执行菜单栏中的【图像】|【调整】|【色相/饱和度】命令，在弹出的对话框中勾选【着色】复选框，将【色相】更改为210、【饱和度】更改为35，完成之后单击【确定】按钮，如图1.53所示。

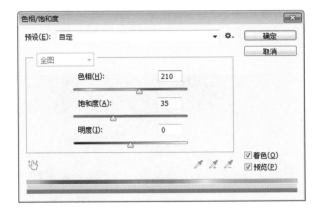

图1.53 调整色相/饱和度

（7）在【图层】面板中，选中【背景】图层，将其拖至面板底部的【创建新图层】按钮🗔上，复制1个【背景 拷贝】图层。

（8）执行菜单栏中的【滤镜】|【模糊】|【高斯模糊】命令，在弹出的对话框中将【半径】更改为3像素，完成之后单击【确定】按钮。

提示

为拷贝图层中的图像添加高斯模糊效果的目的是增强绸缎图像的光滑感，可以根据实际需要调整数值大小。

（9）选中【背景 拷贝】图层，将其图层混合模式设置为【变亮】，这样就完成了效果制作。最终效果如图1.54所示。

图1.54 最终效果

实例007　交织丝绸特效

- 素材位置：无
- 案例位置：源文件\第1章\交织丝绸特效.psd
- 视频文件：视频教学\实例007　交织丝绸特效.avi

本例讲解交织丝绸特效的制作。本例在制作过程中结合使用滤镜特效命令，同时将图像进行叠加形成一种逼真的交织丝绸特效。最终效果如图1.55所示。

图1.55　交织丝绸特效

操作步骤

（1）执行菜单栏中的【文件】|【新建】命令，在弹出的对话框中设置【宽度】为500像素、【高度】为500像素、【分辨率】为72像素/英寸，新建一个空白画布。

（2）设置默认的前景色和背景色，执行菜单栏中的【滤镜】|【渲染】|【云彩】命令。

提示

按Ctrl+F组合键可以变换云彩的样式。

提示

云彩的颜色是由前景色和背景色所决定的，如无特殊需求，在执行命令之前按键盘上的D键恢复默认前景色和背景色。

（3）执行菜单栏中的【滤镜】|【像素化】|【铜版雕刻】命令，在弹出的对话框中将【类型】更改为【短描边】，完成之后单击【确定】按钮。

（4）执行菜单栏中的【滤镜】|【模糊】|【径向模糊】命令，在弹出的对话框中将【数量】更改为

100，分别选中【缩放】及【好】单选按钮，完成之后单击【确定】按钮，如图1.56所示。

图1.56　设置径向模糊

（5）按Ctrl+F组合键重复执行【径向模糊】命令，如图1.57所示。

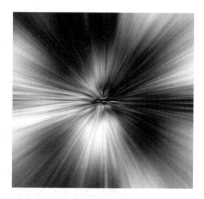

图1.57　重复径向模糊效果

（6）执行菜单栏中的【滤镜】|【扭曲】|【旋转扭曲】命令，在弹出的对话框中勾选【着色】复选框，将【角度】更改为130度，完成之后单击【确定】按钮。

（7）执行菜单栏中的【滤镜】|【锐化】|【USM锐化】命令，在弹出的对话框中将【数量】更改为500%、【半径】更改为0.5像素、【阈值】更改为2色阶，完成之后单击【确定】按钮，如图1.58所示。

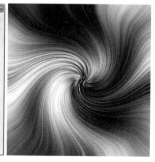

图1.58　设置USM锐化

（8）执行菜单栏中的【图像】|【调整】|【色彩平衡】命令，在弹出的对话框中将其数值更改为偏青色-60，完成之后单击【确定】按钮，如图1.59所示。

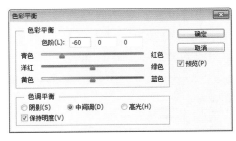

图1.59　调整色彩平衡

（9）在【图层】面板中，选中【背景】图层，将其拖至面板底部的【创建新图层】按钮 上，复制1个【背景 拷贝】图层。

（10）执行菜单栏中的【滤镜】|【扭曲】|【旋转扭曲】命令，在弹出的对话框中将【角度】更改为-230度，完成之后单击【确定】按钮。

（11）选中【背景 拷贝】图层，将其图层混合模式设置为【变亮】。

（12）执行菜单栏中的【图像】|【调整】|【色彩平衡】命令，在弹出的对话框中将其数值更改为偏青色-20、偏绿色20、偏蓝色30，完成之后单击【确定】按钮，这样就完成了效果制作。最终效果如图1.60所示。

图1.60　最终效果

实例008　水晶天鹅

- 素材位置：调用素材\第1章\水晶天鹅
- 案例位置：源文件\第1章\水晶天鹅.psd
- 视频文件：视频教学\实例008　水晶天鹅.avi

本例讲解水晶天鹅效果的制作。水晶天鹅在视觉上强调图像的水晶质感，因此在制作过程中需要重点注意图层样式的运用，不同的数值将会产生不同的效果。最终效果如图1.61所示。

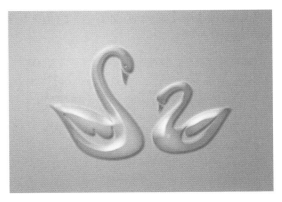

图1.61　水晶天鹅

操作步骤

（1）执行菜单栏中的【文件】|【新建】命令，在弹出的对话框中设置【宽度】为700像素、【高度】为500像素、【分辨率】为72像素/英寸，新建一个空白画布。

（2）选择工具箱中的【渐变工具】 ，编辑蓝色(R:182，G:218，B:252)到蓝色(R:102，G:158，B:207)的渐变，单击选项栏中的【径向渐变】按钮 ，在画布中从左上角向右下角拖动填充渐变。

（3）执行菜单栏中的【文件】|【打开】命令，打开"天鹅.psd"文件，将打开的素材拖入画布中并适当缩小。

（4）在【图层】面板中，选中【天鹅】图层，单击面板底部的【添加图层样式】按钮 ，在菜单中选择【斜面和浮雕】命令，在弹出的对话框中将【深度】更改为350%、【大小】更改为30像素，将【高光模式】中的【不透明度】更改为65%，如图1.62所示。

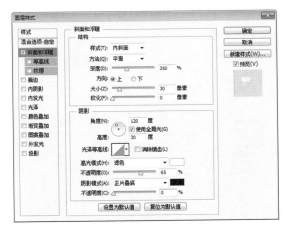

图1.62　设置斜面和浮雕

（5）勾选【等高线】复选框，将【等高线】更

改为【等高线】|【圆角斜面】、【范围】更改为90%，如图1.63所示。

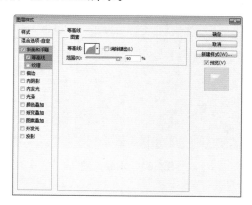

图1.63　设置等高线

（6）勾选【内阴影】复选框，将颜色更改为蓝色(R:4，G:77，B:215)、【不透明度】更改为40%、【距离】更改为5像素、【大小】更改为30像素，如图1.64所示。

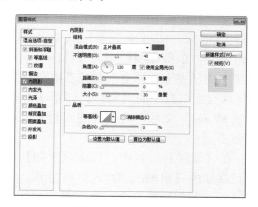

图1.64　设置内阴影

（7）勾选【外发光】复选框，将【混合模式】更改为【滤色】、【不透明度】更改为20%、颜色更改为黄色(R:255，G:247，B:178)、【大小】更改为10像素，如图1.65所示。

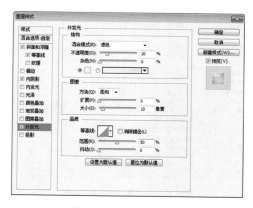

图1.65　设置外发光

（8）勾选【投影】复选框，将颜色更改为蓝色(R:68，G:118，B:203)、【距离】更改为5像素、【大小】更改为5像素，如图1.66所示。

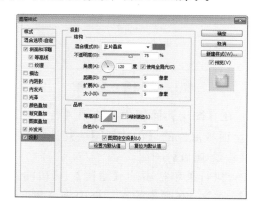

图1.66　设置投影

（9）在【图层】面板中，选中【天鹅】图层，将其图层【填充】更改为0%。

（10）在【图层】面板中，选中【天鹅】图层，将其拖至面板底部的【创建新图层】按钮 上，复制1个【天鹅 拷贝】图层。

（11）按住Ctrl键单击【天鹅 拷贝】图层缩览图将其载入选区。

（12）执行菜单栏中的【选择】|【修改】|【收缩】命令，在弹出的对话框中将【收缩量】更改为3像素，完成之后单击【确定】按钮，如图1.67所示。

（13）选中【天鹅】图层，单击面板底部的【添加图层蒙版】按钮 ，将部分图形隐藏，如图1.68所示。

（14）按住Ctrl键单击【天鹅】图层缩览图将其载入选区，如图1.69所示。

（15）单击面板底部的【创建新图层】按钮 ，在【背景】图层上方新建一个【图层 1】图层，将其填充为蓝色(R:100，G:148，B:214)，完成之后按Ctrl+D组合键将选区取消，如图1.70所示。

图1.67　收缩选区　　　图1.68　隐藏图形

图1.69　载入选区　　图1.70　新建图层并填充颜色

（16）选中【图层1】图层，将其图层混合模式设置为【柔光】。

（17）以同样的方法为【天鹅2】图层添加同样的水晶效果，这样就完成了效果制作。最终效果如图1.71所示。

图1.71　最终效果

实例009　魔法闪电特效

- 素材位置：调用素材\第1章\魔法闪电特效
- 案例位置：源文件\第1章\魔法闪电特效.psd
- 视频文件：视频教学\实例009　魔法闪电特效.avi

本例讲解魔法闪电特效的制作。本例的制作比较简单，但是需要一定的思路，同时对背景图像的细节处理也相当重要。最终效果如图1.72所示。

图1.72　魔法闪电特效

操作步骤

（1）执行菜单栏中的【文件】|【新建】命令，在弹出的对话框中设置【宽度】为550像素、【高度】为200像素、【分辨率】为72像素/英寸，新建一个空白画布。

（2）选择工具箱中的【渐变工具】■，编辑黑色到白色的渐变，单击选项栏中的【线性渐变】按钮■，在画布中从上至下拖动填充渐变，如图1.73所示。

图1.73　添加渐变

（3）执行菜单栏中的【滤镜】|【渲染】|【分层云彩】命令，如图1.74所示。

图1.74　制作云彩

（4）执行菜单栏中的【图像】|【调整】|【反相】命令，如图1.75所示。

图1.75　将图像反相

 提示

重复按Ctrl+I组合键可以快速执行【反相】命令。

（5）执行菜单栏中的【图像】|【调整】|【色阶】命令，在弹出的对话框中将数值更改为(166，1.03，255)，完成之后单击【确定】按钮，如图1.76所示。

（6）执行菜单栏中的【文件】|【打开】命令，打开"法师.jpg"文件，将制作的特效图像拖入当前图像中，其图层名称将更改为"图层 1"，如图1.77所示。

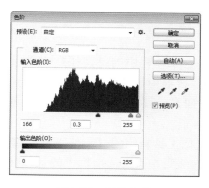

图1.76 调整色阶

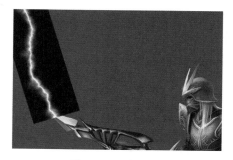

图1.77 添加素材

（7）选中【图层1】图层，将其图层混合模式设置为【滤色】。

（8）执行菜单栏中的【图像】|【调整】|【色相/饱和度】命令，在弹出的对话框中勾选【着色】复选框，将【色相】更改为250，【饱和度】更改为25，最后单击【确定】按钮，如图1.78所示。

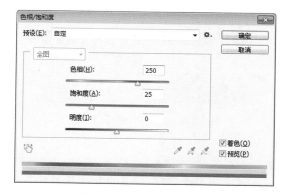

图1.78 调整色相/饱和度

提示

调整色相/饱和度的数值并非固定，可以根据法师及武器的颜色进行调整。

（9）在【图层】面板中，选中【图层1】图层，单击面板底部的【添加图层蒙版】按钮，为图层添加图层蒙版。

（10）选择工具箱中的【画笔工具】，在画布中单击鼠标右键，在弹出的面板中选择一种圆角笔触，将【大小】更改为100像素、【硬度】更改为0%。

（11）将前景色更改为黑色，在其图像上半部分区域涂抹将部分图像隐藏，如图1.79所示。

（12）选中【图层1】图层，在画布中按住Alt键拖动鼠标，将图像复制两份并适当旋转，如图1.80所示。

图1.79 隐藏图像　　　图1.80 复制并旋转图像

（13）选择工具箱中的【套索工具】，在武器图像区域绘制一个不规则选区，如图1.81所示。

（14）选中【背景】图层，执行菜单栏中的【图层】|【新建】|【通过拷贝的图层】命令，此时将生成一个【图层2】图层，如图1.82所示。

图1.81 绘制选区　　　图1.82 生成【图层2】图层

（15）选择工具箱中的【魔棒工具】，在【图层2】图层中的武器以外区域单击将其载入选区，如图1.83所示。

（16）按Delete键将选区中的图像删除，如图1.84所示。

图1.83 载入选区　　　图1.84 删除图像

按住Shift键可以将其他未载入选区的区域加选并载入。

（17）在【图层】面板中，选中【图层 2】图层，单击面板上方的【锁定透明像素】按钮，将透明像素锁定，如图1.85所示。

（18）选择工具箱中的【渐变工具】，编辑紫色(R:70，G:36，B:107)到黑色的渐变，在画布中的图像上拖动填充渐变，如图1.86所示。

图1.85　锁定透明像素　　　图1.86　填充渐变

（19）选中【图层 2】图层，将其图层混合模式设置为【颜色减淡】，这样就完成了效果制作。最终效果如图1.87所示。

图1.87　最终效果

添加渐变的目的是将武器图像与闪电颜色相匹配，这样整体效果更加自然。

实例010　布纹图像效果

- 素材位置：调用素材\第1章\布纹图像效果
- 案例位置：源文件\第1章\布纹图像效果.psd
- 视频文件：视频教学\实例010　布纹图像效果.avi

本例讲解布纹图像效果的制作。布纹纹理是一种十分常见的图像纹理效果。本例将结合使用常用的滤镜命令以制作真实的纹理效果，整个制作过程比较简单，但要注意前后步骤顺序。最终效果如图1.88所示。

图1.88　布纹图像效果

操作步骤

（1）执行菜单栏中的【文件】|【打开】命令，打开"小动物.jpg"文件。

（2）执行菜单栏中的【滤镜】|【杂色】|【添加杂色】命令，在弹出的对话框中选中【平均分布】单选按钮，勾选 【单色】复选框，将【数量】更改为10%，完成之后单击【确定】按钮。

（3）执行菜单栏中的【滤镜】|【模糊】|【高斯模糊】命令，在弹出的对话框中将【半径】更改为1像素，完成之后单击【确定】按钮。

（4）执行菜单栏中的【滤镜】|【锐化】|【智能锐化】命令，在弹出的对话框中将【数量】更改为150%、【半径】更改为2像素，完成之后单击【确定】按钮，如图1.89所示。

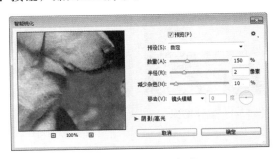

图1.89　设置智能锐化

（5）单击面板底部的【创建新图层】按钮，新建一个【图层 1】图层。

（6）将【图层 1】图层填充为黑色。

（7）执行菜单栏中的【滤镜】|【杂色】|【添加杂色】命令，在弹出的对话框中选中【平均分布】单选按钮，勾选【单色】复选框，将【数量】更改为120%，完成之后单击【确定】按钮。

(8) 选中【图层 1】图层，将图层混合模式设置为【滤色】、【不透明度】更改为50%。

(9) 在【图层】面板中，选中【图层 1】图层，将其拖至面板底部的【创建新图层】按钮 上，复制1个【图层 1 拷贝】图层。

(10) 选中【图层 1 拷贝】图层，执行菜单栏中的【滤镜】|【模糊】|【动感模糊】命令，在弹出的对话框中将【角度】更改为90度、【距离】更改为25像素，设置完成之后单击【确定】按钮，如图1.90所示。

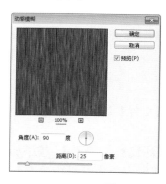

图1.90　设置动感模糊

(11) 选中【图层 1】图层，执行菜单栏中的【滤镜】|【锐化】|【锐化】命令，如图1.91所示。

(12) 按Ctrl+F组合键重复执行【锐化】命令，如图1.92所示。

图1.91　锐化图像　　　图1.92　重复锐化

提示

　　为了方便观察实际的图像效果，在为【图层 1 拷贝】图层中的图像添加动感模糊及锐化效果时，可先将【图层 1】图层暂时隐藏。

(13) 选中【图层 1】图层，执行菜单栏中的【滤镜】|【模糊】|【动感模糊】命令，在弹出的对话框中将【角度】更改为0度、【距离】更改为25像素，设置完成之后单击【确定】按钮。

(14) 选中【图层 1】图层，执行菜单栏中的【滤镜】|【锐化】|【锐化】命令，按Ctrl+F组合键重复执行【锐化】命令，如图1.93所示。

图1.93　锐化图像

(15) 单击面板底部的【创建新图层】按钮 ，新建一个【图层 2】图层。

(16) 选中【图层 2】图层，按Ctrl+Alt+Shift+E组合键执行盖印可见图层命令。

(17) 选中【图层 2】图层，将图层混合模式设置为【柔光】，这样就完成了效果制作。最终效果如图1.94所示。

图1.94　最终效果

实例011　动感光谱

- 素材位置：无
- 案例位置：源文件\第1章\动感光谱.psd
- 视频文件：视频教学\实例011　动感光谱.avi

　　本例讲解动感光谱效果的制作。本例在制作过程中将多种滤镜特效变换组合成一种十分出色的动感光谱效果，制作重点在于滤镜命令数值的调整。最终效果如图1.95所示。

图1.95　动感光谱

操作步骤

（1）执行菜单栏中的【文件】|【新建】命令，在弹出的对话框中设置【宽度】为600像素、【高度】为600像素、【分辨率】为72像素/英寸，新建一个空白画布。

（2）将画布填充为黑色。执行菜单栏中的【滤镜】|【渲染】|【镜头光晕】命令，在弹出的对话框中选中【电影镜头】单选按钮，将【亮度】更改为100%，完成之后单击【确定】按钮，如图1.96所示。

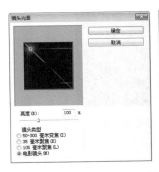

图1.96　设置镜头光晕

（3）按Ctrl+Alt+F组合键打开【镜头光晕】对话框，在预览区中的适当位置单击再次添加镜头光晕效果，然后单击【确定】按钮，如图1.97所示。

图1.97　再次添加镜头光晕

（4）以同样的方法再次添加3个镜头光晕，如图1.98所示。

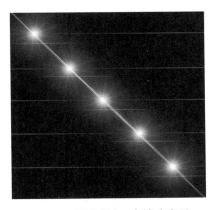

图1.98　再次添加3个镜头光晕

（5）执行菜单栏中的【滤镜】|【扭曲】|【旋转扭曲】命令，在弹出的对话框中将【角度】更改为999度，完成之后单击【确定】按钮，如图1.99所示。

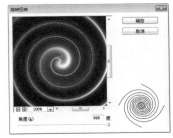

图1.99　设置旋转扭曲

（6）执行菜单栏中的【滤镜】|【扭曲】|【极坐标】命令，在弹出的对话框中选中【平面坐标到极坐标】单选按钮，然后单击【确定】按钮。

（7）在【图层】面板中，选中【背景】图层，将其拖至面板底部的【创建新图层】按钮上，复制1个【背景 拷贝】图层，将其图层混合模式更改为【滤色】。

（8）选中【背景 拷贝】图层，按Ctrl+T组合键对其执行【自由变换】命令，单击鼠标右键，从弹出的快捷菜单中选择【水平翻转】命令，完成之后按Enter键确认，如图1.100所示。

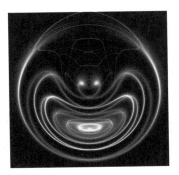

图1.100　变换图像

（9）选中【背景 拷贝】图层，按Ctrl+E组合键将其向下合并，再次复制【背景】图层，将新生成的【背景 拷贝】图层的混合模式更改为【滤色】。

（10）选中【背景 拷贝】图层，按Ctrl+Alt+T组合键对其执行【自由变换】命令，将图像等比缩小，完成之后按Enter键确认，如图1.101所示。

（11）按住Ctrl+Alt+Shift组合键的同时多次按T键将图像复制数份，如图1.102所示。

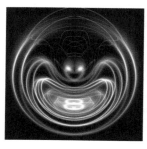 

图1.101　缩小图像　　　图1.102　复制图像

（12）按Ctrl+Shift+E组合键将图层合并，再将【背景】图层复制，将新生成的【背景 拷贝】图层的混合模式更改为【叠加】，如图1.103所示。

图1.103　复制图层并设置图层混合模式

（13）选择工具箱中的【渐变工具】█，选择色谱渐变，单击选项栏中的【菱形渐变】按钮█，从图像的中心向右下角拖动添加渐变，这样就完成了效果制作。最终效果如图1.104所示。

图1.104　最终效果

实例012　动感光线特效

🖥 素材位置：无

📝 案例位置：源文件\第1章\动感光线特效.psd

🎬 视频文件：视频教学\实例012　动感光线特效.avi

本例讲解动感光线特效的制作，整个制作过程围绕发光的线条进行。首先制作出主题背景，为绘制的线条描边制作出模拟压力效果的光线，最后添加文字装饰完成整个效果制作。最终效果如图1.105所示。

图1.105　动感光线特效

✏️ 操作步骤

Step 01　制作背景

（1）执行菜单栏中的【文件】|【新建】命令，在弹出的对话框中设置【宽度】为500像素、【高度】为500像素、【分辨率】为72像素/英寸，新建一个空白画布。

（2）选择工具箱中的【渐变工具】█，编辑深黄色(R:146，G:47，B:0)到黑色的渐变，单击选项栏中的【径向渐变】按钮█，在画布的中心向右上角拖动填充渐变。

（3）在【图层】面板中，选中【背景】图层，将其拖至面板底部的【创建新图层】按钮█上，复制1个【背景 拷贝】图层。

（4）选中【背景 拷贝】图层，将图层混合模式更改为【颜色减淡】、【不透明度】更改为80%。

（5）单击面板底部的【创建新图层】按钮 🔲，新建1个【图层1】图层，如图1.106所示。

（6）设置默认的前景色和背景色，执行菜单栏中的【滤镜】|【渲染】|【云彩】命令，如图1.107所示。

图1.106 新建图层　　图1.107 添加云彩

（7）选中【图层1】图层，将图层混合模式设置为【叠加】、【不透明度】更改为30%，如图1.108所示。

图1.108 设置图层混合模式

Step 02 绘制光线

（1）选择工具箱中的【钢笔工具】 ✐，在画布中绘制一条弯曲路径，如图1.109所示。

（2）单击面板底部的【创建新图层】按钮 🔲，新建一个【图层2】图层，如图1.110所示。

图1.109 绘制路径　　图1.110 新建图层

（3）选择工具箱中的【画笔工具】 ✐，在画布中单击鼠标右键，在弹出的面板中选择一种圆角笔触，将【大小】更改为3像素、【硬度】更改为100%，如图1.111所示。

（4）将前景色更改为白色，选中【图层2】图

层，执行菜单栏中的【窗口】|【路径】命令，在弹出的面板中选中路径，在其名称上单击鼠标右键，从弹出的快捷菜单中选择【描边路径】命令，在弹出的对话框中选择【工具】为画笔，确认勾选【模拟压力】复选框，完成之后单击【确定】按钮，如图1.112所示。

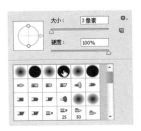 

图1.111 设置笔触　　图1.112 描边路径

（5）以同样的方法再绘制2条路径并为其描边，如图1.113所示。

（6）选择工具箱中的【横排文字工具】 T，在画布的适当位置添加文字，如图1.114所示。

图1.113 绘制路径　　图1.114 添加文字

（7）在【图层】面板中，选中【图层2】图层，单击面板底部的【添加图层样式】按钮 ƒx，在菜单中选择【外发光】命令，在弹出的对话框中将【混合模式】更改为【颜色减淡】、颜色更改为黄色（R:255，G:210，B:0）、【大小】更改为8像素，完成之后单击【确定】按钮，如图1.115所示。

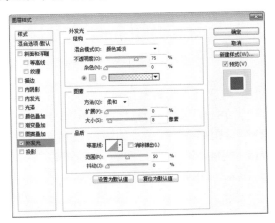

图1.115 设置外发光

（8）在【图层 2】图层名称上单击鼠标右键，在弹出的快捷菜单中选择【拷贝图层样式】命令，同时选中【图层 3】、【图层 4】及GLAREli、Show图层，在其图层名称上单击鼠标右键，在弹出的快捷菜单中选择【粘贴图层样式】命令，如图1.116所示。

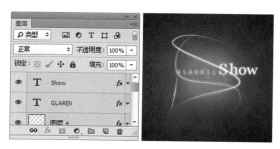

图1.116 拷贝并粘贴图层样式

（9）在【画笔】面板中，选择1个圆角笔触，将【大小】更改为4像素、【硬度】更改为100%、【间距】更改为1000%，如图1.117所示。

（10）勾选【形状动态】复选框，将【大小抖动】更改为65%，如图1.118所示。

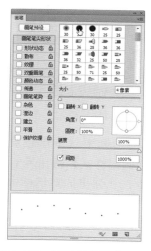 

图1.117 设置画笔笔尖形状　　图1.118 设置形状动态

（11）勾选【散布】复选框，将【散布】更改为1000%、【数量抖动】更改为100%，如图1.119所示。

（12）勾选【平滑】复选框，如图1.120所示。

（13）单击面板底部的【创建新图层】按钮，新建一个【图层 5】图层，如图1.121所示。

（14）将前景色更改为白色，在线条位置拖动鼠标绘制图像，如图1.122所示。

（15）在【图层 5】图层名称上单击鼠标右键，在弹出的快捷菜单中选择【粘贴图层样式】命令，如图1.123所示。

图1.119 设置散布参数　　图1.120 勾选【平滑】
复选框

 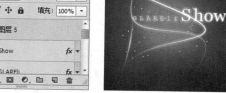

图1.121 新建图层　　　图1.122 添加图像

图1.123 粘贴图层样式

（16）单击面板底部的【创建新图层】按钮，新建一个【图层 6】图层，如图1.124所示。

（17）选择工具箱中的【画笔工具】，在画布中单击鼠标右键，在弹出的面板中选择一种圆角笔触，将【大小】更改为400像素、【硬度】更改为0%，如图1.125所示。

（18）将前景色更改为黄色(R:255，G:222，B:0)，在画布左上角位置单击添加图像，如图1.126所示。

（19）选中【图层 6】图层，将其混合模式设置为【柔光】，如图1.127所示。

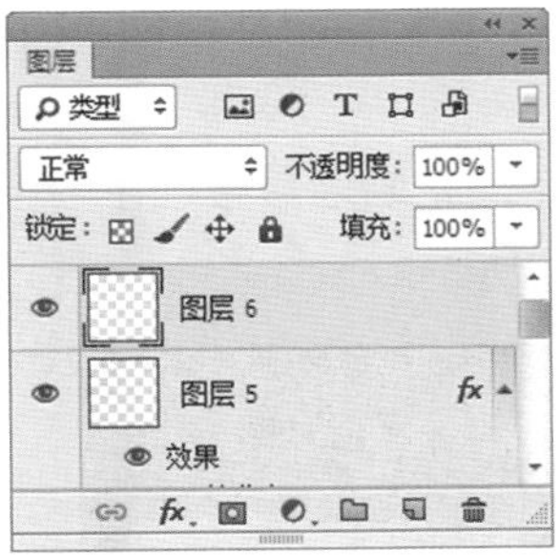

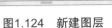

图1.124　新建图层

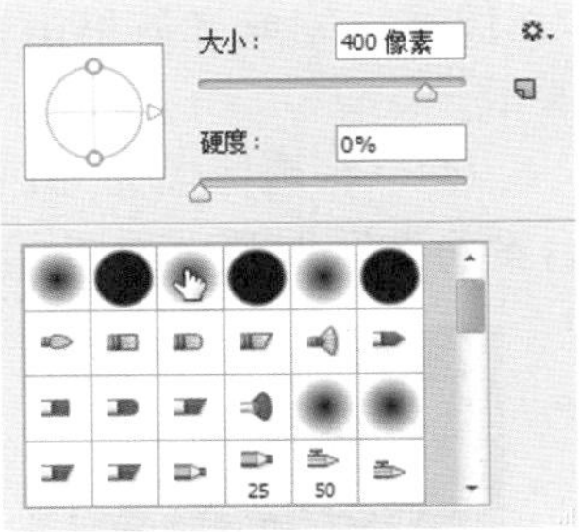

图1.125　设置笔触

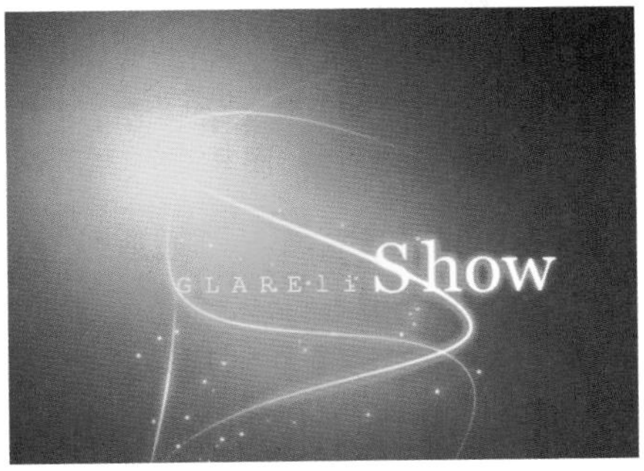

图1.126　添加图像

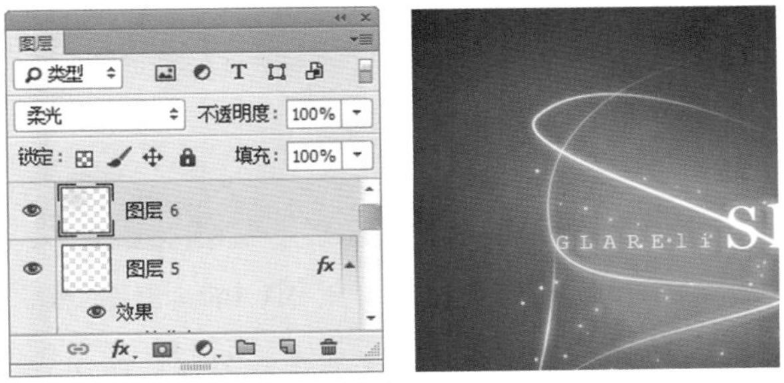

图1.127　设置图层混合模式

(20) 将前景色更改为不同的颜色，以刚才同样的方法新建图层并添加图像，这样就完成了效果制作。最终效果如图1.128所示。

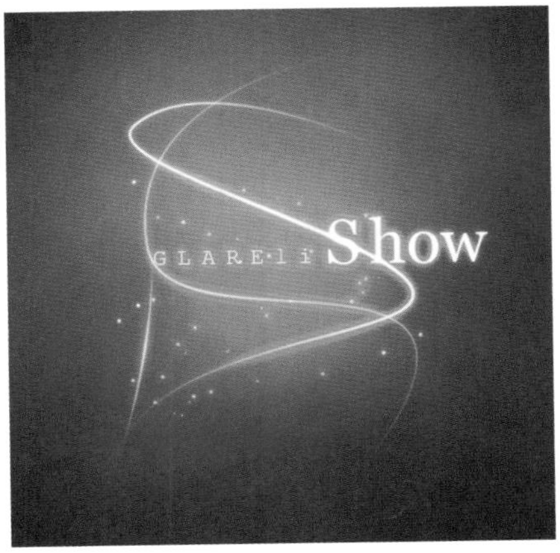

图1.128　最终效果

实例013　撕纸特效

素材位置：调用素材\第1章\撕纸特效
案例位置：源文件\第1章\撕纸特效.psd
视频文件：视频教学\实例013　撕纸特效.avi

本例讲解撕纸特效的制作。本例中的撕纸效果十分明显，利用通道创建撕纸选区并填充颜色即可完成撕纸特效图像的制作。在制作结尾处注意添加阴影效果以增强撕纸特效的真实感。最终效果如图1.129所示。

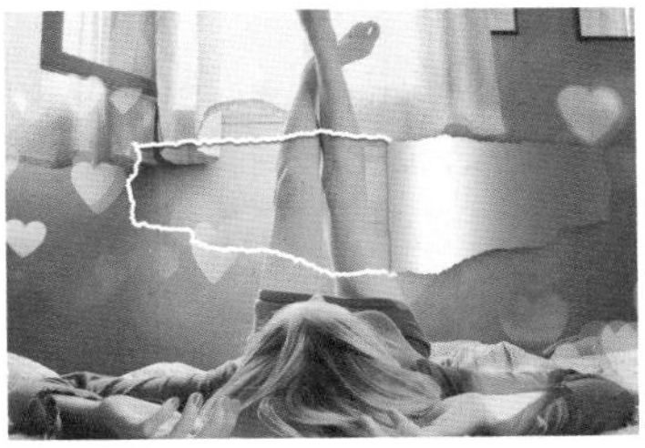

图1.129　撕纸特效

操作步骤

Step 01　创建破损轮廓

(1) 执行菜单栏中的【文件】|【打开】命令，打开“长腿照片.jpg”文件。

(2) 在【图层】面板中选中【背景】图层，将其拖至面板底部的【创建新图层】按钮上，复制1个【背景 拷贝】图层。

(3) 选中【背景 拷贝】图层，执行菜单栏中的【图像】|【调整】|【去色】命令，如图1.130所示。

(4) 选择工具箱中的【套索工具】，在图像中的人物位置绘制1个不规则选区以选取撕纸轮廓，如图1.131所示。

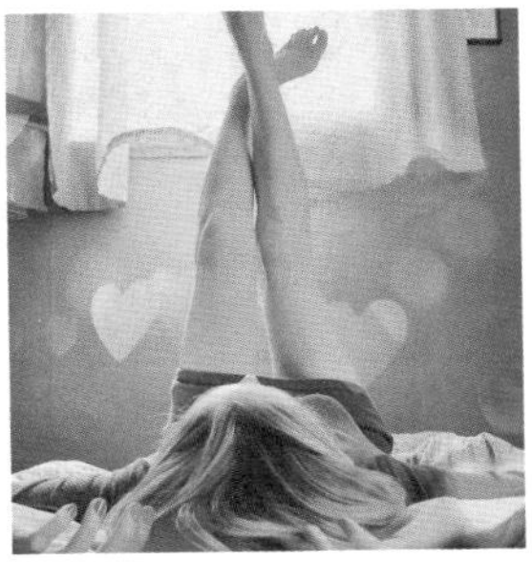

图1.130　去色

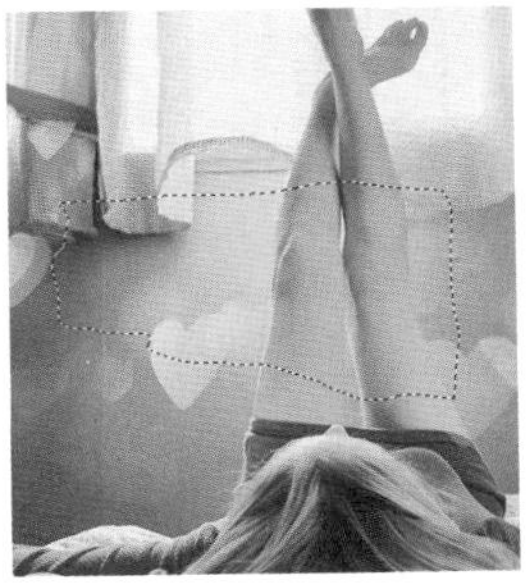

图1.131　绘制选区

（5）在【通道】面板中单击面板底部的【创建新通道】按钮，新建一个Alpha 1通道，如图1.132所示。

（6）将选区填充为白色，完成之后按Ctrl+D组合键将选区取消，如图1.133所示。

图1.132　新建通道　　　　图1.133　填充颜色

（7）执行菜单栏中的【滤镜】|【滤镜库】命令，在弹出的对话框中选择【画笔描边】|【喷溅】选项，将【喷色半径】更改为4、【平滑度】更改为5，完成之后单击【确定】按钮，如图1.134所示。

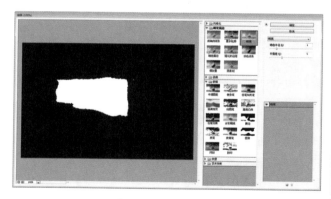

图1.134　设置喷溅

（8）在【通道】面板中单击面板底部的【创建新通道】按钮，新建一个Alpha 2通道，如图1.135所示。

（9）按住Ctrl键单击Alpha 1通道缩览图将其载入选区，如图1.136所示。

图1.135　新建通道　　　　图1.136　载入选区

（10）执行菜单栏中的【选择】|【修改】|【收缩】命令，在弹出的对话框中将【收缩量】更改

为5像素，完成之后单击【确定】按钮，如图1.137所示。

（11）将选区填充为白色，完成之后按Ctrl+D组合键将选区取消，如图1.138所示。

图1.137　收缩选区　　　　图1.138　填充颜色

（12）按住Ctrl键单击Alpha 1通道缩览图将其载入选区，如图1.139所示。

（13）选中【背景 拷贝】图层，按Delete键将选区中的图像删除，如图1.140所示。

图1.139　载入选区　　　　图1.140　删除图像

（14）单击面板底部的【创建新图层】按钮，新建一个【图层 1】图层，将选区填充为白色。

（15）按住Ctrl键单击Alpha 2图层缩览图将其载入选区，如图1.141所示。

（16）选中【图层 1】图层将选区中的图像删除，完成之后按Ctrl+D组合键将选区取消，如图1.142所示。

图1.141　载入选区　　　　图1.142　删除图像

（17）选中【图层 1】图层，按Ctrl+E组合键向下合并，此时将生成1个【背景 拷贝】图层。

Step 02 绘制撕纸图像

(1) 按住Ctrl键单击Alpha 2图层缩览图将其载入选区，如图1.143所示。

(2) 选择任意一种选区工具，在选区中单击鼠标右键，在弹出的快捷菜单中选择【变换选区】命令，再次单击鼠标右键，在弹出的快捷菜单中选择【水平翻转】命令，完成之后按Enter键确认，如图1.144所示。

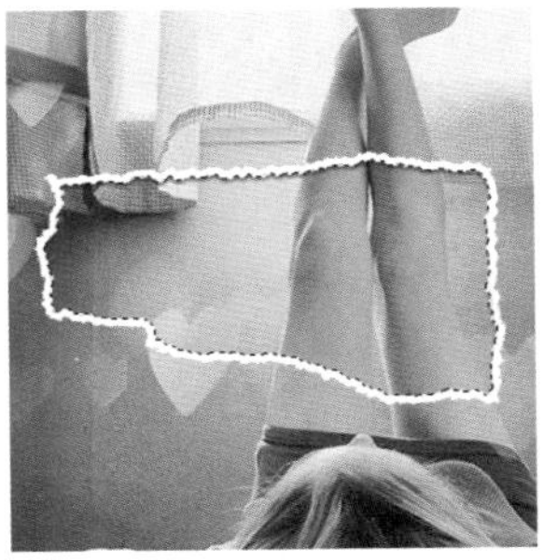

图1.143　载入选区

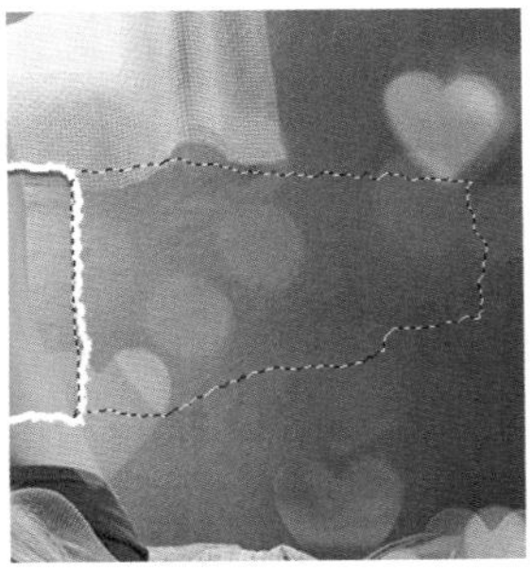

图1.144　变换选区

提示

变换选区之后，可以使用【套索工具】在选区左侧边缘位置按住Alt键绘制选区，将多余的毛糙边缘减去。

(3) 单击面板底部的【创建新图层】按钮，新建一个【图层1】图层，如图1.145所示。

(4) 将选区填充为白色，完成之后按Ctrl+D组合键将选区取消，如图1.146所示。

(5) 在【图层】面板中选中【图层 1】图层，将其拖至面板底部的【创建新图层】按钮上，复制1个【图层 1 拷贝】图层。

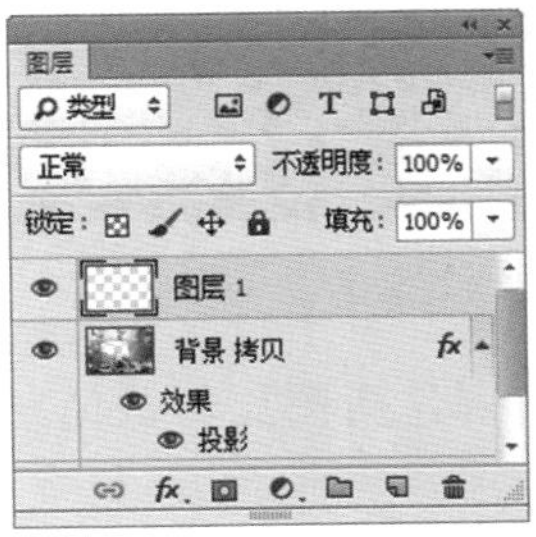

图1.145　新建图层

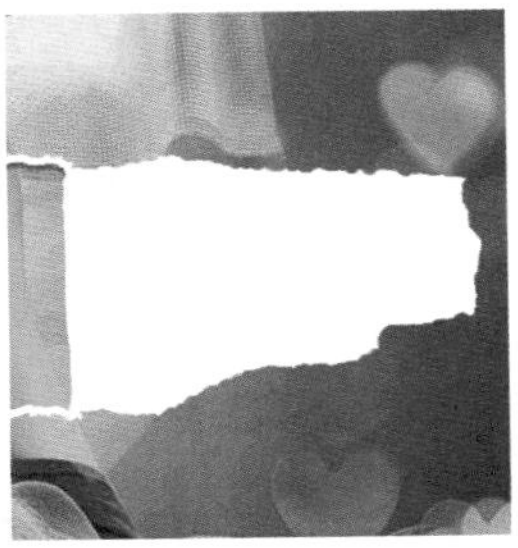

图1.146　填充颜色

(6) 在【图层】面板中，选中【图层 1 拷贝】图层，单击面板底部的【添加图层样式】按钮fx，在菜单中选择【渐变叠加】命令，在弹出的对话框中将【渐变】更改为灰色系渐变、【角度】更改为0度、【缩放】更改为80%，完成之后单击【确定】按钮，如图1.147所示。

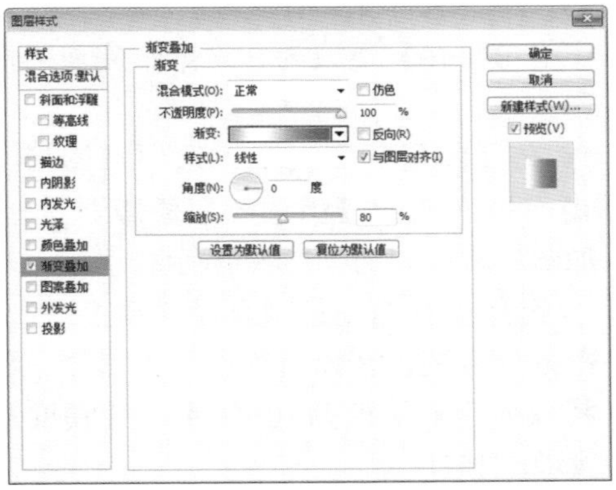

图1.147　设置渐变叠加

提示

在设置渐变叠加时可以根据实际的高光及阴影效果设置渐变颜色值。

(7) 勾选【投影】复选框，将【不透明度】更改为30%，取消勾选【使用全局光】复选框，将【角度】更改为0度、【距离】更改为2像素、【大小】更改为3像素，如图1.148所示。

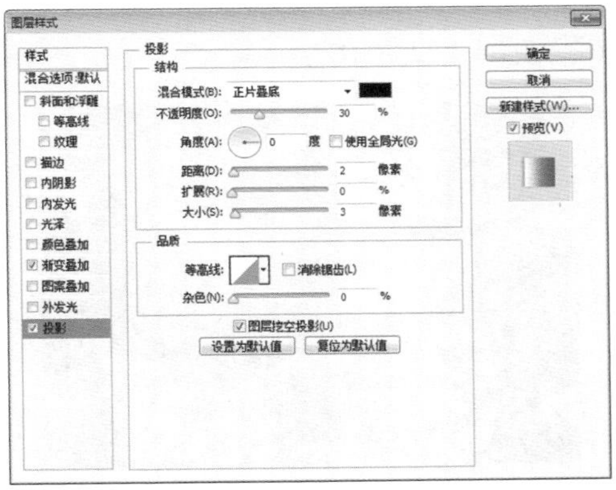

图1.148　设置投影

(8) 在【图层】面板中选中【图层 1】图层，单击面板上方的【锁定透明像素】按钮，将透明像素锁定，将图像填充为黑色，填充完成之后再次单击此按钮解除锁定，如图1.149所示。

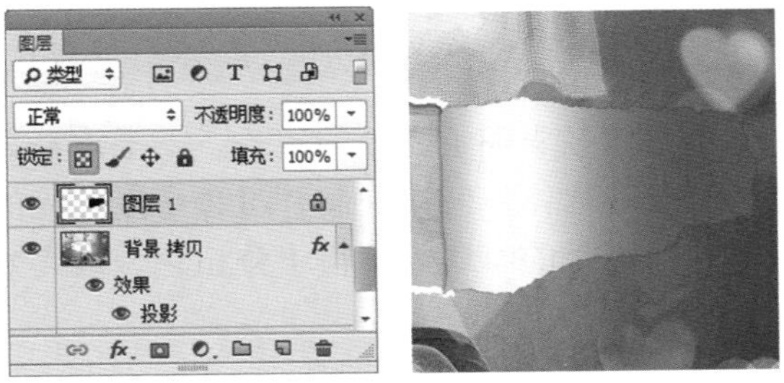

图1.149　锁定透明像素并填充颜色

（9）选中【图层 1】图层，执行菜单栏中的【滤镜】|【模糊】|【高斯模糊】命令，在弹出的对话框中将【半径】更改为10像素，完成之后单击【确定】按钮。

（10）在【图层】面板中，选中【图层 1】图层，单击面板底部的【添加图层蒙版】按钮 ，为其添加图层蒙版，如图1.150所示。

（11）选择工具箱中的【画笔工具】，在画布中单击鼠标右键，在弹出的面板中选择一种圆角笔触，将【大小】更改为100像素、【硬度】更改为0%，如图1.151所示。

 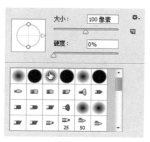

图1.150　添加图层蒙版　　　　图1.151　设置笔触

（12）将前景色更改为黑色，在图像上半部分区域涂抹将部分图像隐藏，这样就完成了效果制作。最终效果如图1.152所示。

图1.152　最终效果

实例014　炫彩羽毛光效

> 💻 素材位置：无
> 🖼 案例位置：源文件\第1章\炫彩羽毛光效.psd
> 🎬 视频文件：视频教学\实例014　炫彩羽毛光效.avi

本例讲解炫彩羽毛光效的制作。羽毛本身是一种比较轻盈的物体，所以在制作过程中以发光的曲线为衬托将羽毛的特质表现得十分出色。最终效果如图1.153所示。

图1.153　炫彩羽毛光效

📝 操作步骤

Step 01　绘制线条

（1）执行菜单栏中的【文件】|【新建】命令，在弹出的对话框中设置【宽度】为700像素、【高度】为500像素、【分辨率】为72像素/英寸，新建一个空白画布。

（2）选择工具箱中的【渐变工具】，编辑紫色(R:40，G:0，B:58)到深紫色(R:17，G:0，B:14)的渐变，单击选项栏中的【径向渐变】按钮，在画布中从左下角向右上角拖动填充渐变。

（3）选择工具箱中的【钢笔工具】，在画布中绘制一条弧形路径，如图1.154所示。

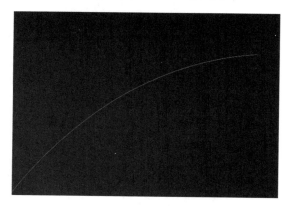

图1.154　绘制路径

（4）单击面板底部的【创建新图层】按钮，新建一个【图层1】图层。

（5）将前景色更改为白色，选中【图层1】图层，执行菜单栏中的【窗口】|【路径】命令，在弹出的面板中选中路径，在其名称上单击鼠标右键，在弹出的快捷菜单中选择【描边路径】命令，在弹出的对话框中将【工具】设置为画笔，确认勾选【模拟压力】复选框，完成之后单击【确定】按钮，如图1.155所示。

(6) 以同样的方法绘制数个相似线条，如图1.156所示。

图1.155 描边路径　　图1.156 绘制线条

提示

在绘制线条时注意每绘制1个线条需要新建1个图层。

(7) 在【画笔】面板中选择一个圆角笔触，将【大小】更改为5像素、【硬度】更改为100%、【间距】更改为1000%，如图1.157所示。

(8) 勾选【形状动态】复选框，将【大小抖动】更改为70%，如图1.158所示。

图1.157 设置画笔笔尖形状　图1.158 设置形状动态

(9) 单击面板底部的【创建新图层】按钮，新建一个【图层1】图层，如图1.159所示。

(10) 将前景色更改为白色，在画布左下角位置拖动画笔添加图像，如图1.160所示。

图1.159 新建图层　　图1.160 添加图像

(11) 在【图层】面板中选中【图层1】图层，单击面板底部的【添加图层样式】按钮 fx，在菜单中选择【外发光】命令，在弹出的对话框中将【混合模式】更改为【线性减淡(添加)】、颜色更改为紫色(R:216，G:0，B:255)、【大小】更改为10像素，完成之后单击【确定】按钮，如图1.161所示。

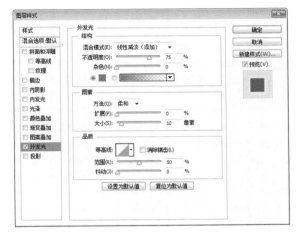

图1.161 设置外发光

(12) 在【图层1】图层名称上单击鼠标右键，在弹出的快捷菜单中选择【拷贝图层样式】命令，同时选中其他几个图层，在其图层名称上单击鼠标右键，从弹出的快捷菜单中选择【粘贴图层样式】命令，如图1.162所示。

(13) 双击【图层6】图层样式名称，在弹出的对话框中将【大小】更改为5像素，完成之后单击【确定】按钮，如图1.163所示。

图1.162 粘贴图层样式　图1.163 设置图层样式

Step 02 制作羽毛

(1) 选择工具箱中的【矩形工具】，在选项栏中将【填充】更改为白色、【描边】设置为无，在画布中绘制一个矩形，此时将生成一个【矩形1】图层，如图1.164所示。

图1.164　绘制图形

（2）选中【矩形 1】图层，执行菜单栏中的【滤镜】|【风格化】|【风】命令，在弹出的对话框中分别选中【大风】及【从右】单选按钮，完成之后单击【确定】按钮。

（3）选中【矩形 1】图层，执行菜单栏中的【滤镜】|【模糊】|【动感模糊】命令，在弹出的对话框中将【角度】更改为0度、【距离】更改为40像素，设置完成之后单击【确定】按钮。

（4）按Ctrl+F组合键重复添加动感模糊，如图1.165所示。

（5）选择工具箱中的【矩形选框工具】□，在图像右侧位置绘制一个矩形选区，如图1.166所示。

（6）选中【矩形 1】图层，按Delete键将选区中的图像删除，按Ctrl+T组合键，再单击鼠标右键，在弹出的快捷菜单中选择【旋转90度(顺时针)】命令，完成之后按Enter键确认，如图1.167所示。

图1.165　重复添加动感模糊

 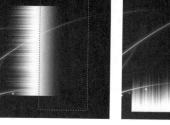 

图1.166　绘制选区　　　图1.167　变换图像

（7）选中【矩形 1】图层，执行菜单栏中的【滤镜】|【扭曲】|【极坐标】命令，在弹出的对话框中选中【极坐标到平面坐标】单选按钮，完成之后单击【确定】按钮，如图1.168所示。

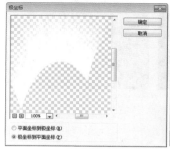 

图1.168　设置极坐标

（8）选中【矩形 1】图层，按Ctrl+T组合键对其执行【自由变换】命令，将图像等比缩小并旋转，完成之后按Enter键确认，如图1.169所示。

（9）选择工具箱中的【矩形选框工具】□，在图像右侧位置绘制一个矩形选区以选中部分图像，如图1.170所示。

（10）按Delete键将选区中的图像删除，完成之后按Ctrl+D组合键将选区取消，如图1.171所示。

图1.169　将图像变形

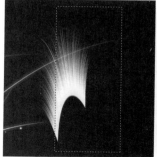 

图1.170　绘制选区　　　　图1.171　删除图像

（11）在【图层】面板中，选中【矩形 1】图层，将其拖至面板底部的【创建新图层】按钮上，复制1个【矩形1　拷贝】图层，如图1.172所示。

（12）选中【矩形1　拷贝】图层，按Ctrl+T组合键对其执行【自由变换】命令，单击鼠标右键，在弹出的快捷菜单中选择【水平翻转】命令，完成之后按Enter键确认，将图像向右侧平移并与原图像对齐，如图1.173所示。

制1个【羽毛　拷贝】图层，单击面板上方的【锁定透明像素】按钮，将透明像素锁定，将图像填充为黄色(R:250，G:254，B:15)，如图1.178所示。

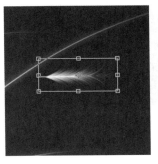

图1.176　变换图像　　　图1.177　将图像变形

图1.172　复制图层　　　图1.173　变换图像

（13）选择工具箱中的【圆角矩形工具】，在选项栏中将【填充】更改为白色、【描边】设置为无、【半径】设置为5像素，在两个图像之间的位置绘制一个细长圆角矩形，此时将生成一个【圆角矩形 1】图层，如图1.174所示。

（14）同时选中【圆角矩形 1】、【矩形1　拷贝】及【矩形 1】图层，按Ctrl+E组合键将图层合并，将生成的图层名称更改为"羽毛"，如图1.175所示。

图1.178　复制图层并填充颜色

（18）选中【羽毛　拷贝】图层，将图层混合模式设置为【柔光】。

（19）在【图层】面板中，同时选中【羽毛】及【羽毛　拷贝】图层，将其拖至面板底部的【创建新图层】按钮上，复制两个【羽毛　拷贝2】图层，如图1.179所示。

（20）在画布中将图像适当移动，再按Ctrl+T组合键对其执行【自由变换】命令，将图像适当旋转，完成之后按Enter键确认，如图1.180所示。

图1.174　绘制图形　　　图1.175　合并图层

（15）选中【羽毛】图层，按Ctrl+T组合键对其执行【自由变换】命令，将图像等比缩小，再单击鼠标右键，在弹出的快捷菜单中选择【旋转90度(顺时针)】命令，如图1.176所示。

（16）在变形框中单击鼠标右键，在弹出的快捷菜单中选择【变形】命令，单击选项栏中［自定］按钮，在弹出的选项中选择【扇形】，再单击图标，将【弯曲】更改为-20，完成之后按Enter键确认，如图1.177所示。

（17）在【图层】面板中，选中【羽毛】图层，将其拖至面板底部的【创建新图层】按钮上，复

图1.179　复制图层　　　图1.180　旋转图像

（21）选中最上方的【羽毛 拷贝 2】图层，将图像填充为紫色(R:255，G:0，B:222)。

（22）以同样的方法将羽毛图像再复制数份并移动及旋转后更改颜色，这样就完成了效果制作。最终效果如图1.181所示。

图1.181　最终效果

实例015　绚丽夜景

素材位置：调用素材\第1章\绚丽夜景	
案例位置：源文件\第1章\绚丽夜景.psd	
视频文件：视频教学\实例015　绚丽夜景.avi	

本例讲解绚丽夜景的制作。本例将选取一幅干净的夜景图像，然后更改其主题色调，通过绘制圆点及曲线装饰图像很好地表现出绚丽的主题。最终效果如图1.182所示。

图1.182　绚丽夜景

操作步骤

Step 01　制作炫彩特效

（1）执行菜单栏中的【文件】|【打开】命令，打开"夜景.jpg"文件。

（2）单击面板底部的【创建新图层】按钮，新建一个【图层1】图层。

（3）选择工具箱中的【渐变工具】，编辑色谱渐变，单击选项栏中的【线性渐变】按钮，在图像中从左向右拖动填充渐变。

（4）选中【图层1】图层，将图层混合模式设置为【叠加】。

（5）单击面板底部的【创建新图层】按钮，新建一个【图层2】图层，如图1.183所示。

（6）选择工具箱中的【矩形选框工具】，在画布中间位置绘制一个矩形选区，如图1.184所示。

图1.183　新建图层

图1.184　绘制选区

（7）执行菜单栏中的【选择】|【修改】|【羽化】命令，在弹出的对话框中将【半径】更改为60像素，完成之后单击【确定】按钮，如图1.185所示。

（8）选择工具箱中的【渐变工具】，编辑灰色系渐变，单击选项栏中的【线性渐变】按钮，在选区位置按住Shift键从上至下拖动填充渐变，完成之后按Ctrl+D组合键将选区取消，如图1.186所示。

图1.185　羽化选区

图1.186　设置并填充渐变

（9）选中【图层2】图层，将图层混合模式设置为【叠加】，如图1.187所示。

（10）选中【图层2】图层，按Ctrl+T组合键对其执行【自由变换】命令，将图像适当缩小并旋转，完成之后按Enter键确认，如图1.188所示。

图1.187　设置图层混合模式

图1.188　变换图像

（11）选中【图层 2】图层，在画布中按住Alt键将图像复制数份并缩小及移动，如图1.189所示。

图1.189　复制并变换图像

Step 02　添加装饰图像

（1）在【画笔】面板中选择1个圆角笔触，将【大小】更改为5像素、【间距】更改为700%，如图1.190所示。

（2）勾选【形状动态】复选框，将【大小抖动】更改为75%，如图1.191所示。

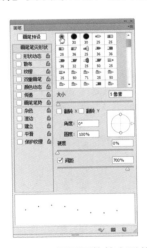

图1.190　设置画笔笔尖形状

图1.191　设置形状动态

（3）勾选【散布】复选框，将【散布】更改为

1000%、【数量】更改为2。

（4）勾选【平滑】复选框。

（5）单击面板底部的【创建新图层】按钮 ，在【图层 1】的下方新建一个【图层 3】，在图像中的建筑物位置拖动鼠标添加图像，如图1.192所示。

图1.192　添加图像

（6）选择工具箱中的【钢笔工具】 ，在图像右上角位置绘制一条弯曲路径，如图1.193所示。

图1.193　绘制路径

（7）单击面板底部的【创建新图层】按钮 ，在【图层 3】的下方新建一个【图层 4】。

（8）选择工具箱中的【画笔工具】 ，在画布中单击鼠标右键，在弹出的面板中选择一种圆角笔触，将【大小】更改为2像素、【硬度】更改为0%。

（9）将前景色更改为白色，选中【图层 4】图层，在【路径】面板中选中路径，在其名称上单击鼠标右键，在弹出的快捷菜单中选择【描边路径】命令，在弹出的对话框中设置【工具】为画笔，勾选【模拟压力】复选框，完成之后单击【确定】按钮，如图1.194所示。

（10）在【图层】面板中选中【图层 4】图层，单击面板底部的【添加图层蒙版】按钮 ，为其添加图层蒙版。

图1.194　描边路径

（11）选择工具箱中的【画笔工具】 ，在画布中单击鼠标右键，在弹出的面板中选择一种圆角笔触，将【大小】更改为40像素、【硬度】更改为0%。

（12）将前景色更改为黑色，在图像的上部分区域涂抹以将部分图像隐藏，如图1.195所示。

图1.195　隐藏图像

（13）以同样的方法绘制数个相似线段并制作同样的效果，这样就完成了效果制作。最终效果如图1.196所示。

图1.196　最终效果

实例016　手绘圣诞节场景

📖 素材位置：调用素材\第1章\手绘圣诞节场景
📁 案例位置：源文件\第1章\手绘圣诞节场景.psd
🎬 视频文件：视频教学\实例016　手绘圣诞节场景.avi

本例讲解手绘圣诞节场景图像的制作。本例图像效果相当不错，结合使用冬日雪山和圣诞元素图像使图像的整体效果主题性十分明确。在制作过程中，对图层样式中的数值大小需要多加留意。最终效果如图1.197所示。

图1.197　手绘圣诞节场景

操作步骤

Step 01　绘制雪山

（1）执行菜单栏中的【文件】|【新建】命令，在弹出的对话框中设置【宽度】为800像素、【高度】为500像素、【分辨率】为72像素/英寸，新建一个空白画布。

（2）选择工具箱中的【渐变工具】 ，编辑蓝色(R:107，G:148，B:187)到蓝色(R:214，G:230，B:240)的渐变，单击选项栏中的【线性渐变】按钮 ，在画布中从上至下拖动填充渐变。

（3）选择工具箱中的【钢笔工具】 ，在选项栏中单击【选择工具模式】按钮 ，在弹出的选项中选择【形状】，将【填充】更改为白色、【描边】更改为无，在画布靠左侧位置绘制1个不规则图形，此时将生成【形状 1】图层，如图1.198所示。

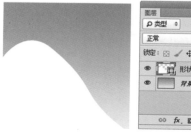

图1.198　绘制图形

（4）在【图层】面板中选中【形状 1】图层，单击面板底部的【添加图层样式】按钮 fx，在菜单中选择【斜面和浮雕】命令，在弹出的对话框中将【大小】更改为110像素、【软化】更改为5像素取消勾选【使用全局光】复选框,将【角度】更改为150。将【高光模式】中的【不透明度】更改为30%。将【阴影模式】中的颜色更改为蓝色(R:195,G:215,B:230)、【不透明度】更改为55%,如图1.199所示。

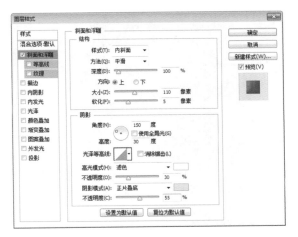

图1.199 设置斜面和浮雕样式

(5)勾选【内发光】复选框,将【混合模式】更改为【正常】、【不透明度】更改为100%、颜色更改为白色、【大小】更改为40像素,如图1.200所示。

(6)勾选【渐变叠加】复选框,将【渐变】更改为蓝色(R:157,G:186,B:215)到浅蓝色(R:240,G:246,B:250)、【角度】更改为145度、【缩放】更改为115%,完成之后单击【确定】按钮,如图1.201所示。

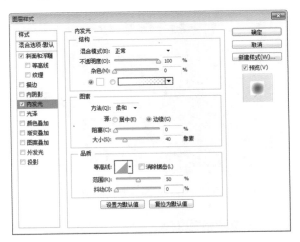

图1.200 设置内发光样式

(7)以同样的方法再次绘制1个相似图形,此时将生成【形状 2】图层,如图1.202所示。

(8)在【形状 1】图层的名称上单击鼠标右

键,在弹出的快捷菜单中选择【拷贝图层样式】命令;在【形状 2】图层的名称上单击鼠标右键,在弹出的快捷菜单中选择【粘贴图层样式】命令,如图1.203所示。

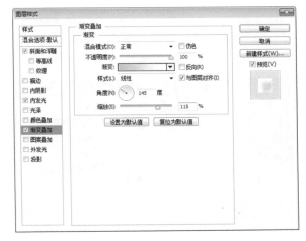

图1.201 设置渐变叠加样式

图1.202 绘制图形　　图1.203 拷贝并粘贴图层样式

(9)以同样的方法再次绘制数个不规则图形并为其粘贴图层样式,如图1.204所示。

图1.204 绘制图形

提示

在为图形粘贴图层样式之后,需要对图层样式中的数值进行调整,这样雪山的整体效果会更加自然。

Step 02　绘制月亮并添加素材

（1）选择工具箱中的【椭圆工具】 ⬭，在选项栏中将【填充】更改为浅蓝色(R:237，G:247，B:248)、【描边】设置为无，在雪山顶部位置按住Shift键绘制一个正圆图形，此时将生成【椭圆 1】图层，将其移至【背景】图层的上方，如图1.205所示。

图1.205　绘制图形

（2）在【图层】面板中选中【椭圆 1】图层，单击面板底部的【添加图层样式】按钮 fx，在菜单中选择【外发光】命令，在弹出的对话框中将【不透明度】更改为30%、【大小】更改为20像素，完成之后单击【确定】按钮，如图1.206所示。

（3）执行菜单栏中的【文件】|【打开】命令，打开"圣诞树.psd"文件，将打开的素材拖入画布中的适当位置并缩小，如图1.207所示。

图1.206　设置外发光样式

（4）在【图层】面板中，选中【圣诞树】图层，将其拖至面板底部的【创建新图层】按钮 🔲上，复制1个【圣诞树 拷贝】图层，选中【圣诞树】图层，单击面板上方的【锁定透明像素】按钮 ⊠，将透明像素锁定，将图像填充为深黄色(R:48，G:24，B:10)，填充完成之后再次单击此按

钮解除锁定，如图1.208所示。

（5）选中【圣诞树】图层，按Ctrl+T组合键对其执行【自由变换】命令，单击鼠标右键，在弹出的快捷菜单中选择【扭曲】命令，拖动变形框控制点将其变形，完成之后按Enter键确认，将其图层的【不透明度】更改为20%，如图1.209所示。

图1.207　添加素材

图1.208　填充颜色　　　图1.209　更改不透明度

（6）同时选中【圣诞树】及【圣诞树 拷贝】图层，在画布中按住Alt键将其拖动至图像中的适当位置，复制数份并适当缩小，如图1.210所示。

图1.210　复制并变换图像

Step 03　添加雪花

（1）单击面板底部的【创建新图层】按钮 🔲，新建一个【图层1】图层，如图1.211所示。

（2）选择工具箱中的【画笔工具】 ✐，在画布中单击鼠标右键，在弹出的面板菜单中选择【载入

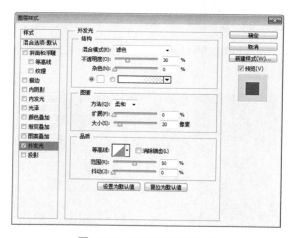

画笔】|【雪花】命令，将其载入，然后选择【雪花】画笔，如图1.212所示。

图1.211　新建图层　　　图1.212　选择画笔

（3）在【画笔】面板中选择刚才载入的雪花笔触，将【大小】更改为25像素、【间距】更改为500%，如图1.213所示。

（4）勾选【形状动态】复选框，将【大小抖动】更改为50%、【角度抖动】更改为50%、【圆度抖动】更改为30%、【最小圆度】更改为25%，如图1.214所示。

图1.213　设置画笔笔尖形状　　图1.214　设置形状动态

（5）勾选【散布】复选框，将【散布】更改为1000%，如图1.215所示。

（6）勾选【传递】复选框，将【不透明度抖动】更改为50%，如图1.216所示。

（7）将前景色更改为白色，在画布中拖动鼠标绘制雪花图像，如图1.217所示。

（8）在【画笔】面板中选择1个圆角笔触，将【大小】更改为15像素、【硬度】更改为0%、【间距】更改为1000%，如图1.218所示。

（9）勾选【形状动态】复选框，将【大小抖动】更改为80%，如图1.219所示。

（10）在画布中拖动鼠标添加图像，如图1.220所示。

图1.215　设置散布　　　图1.216　设置传递

图1.217　绘制图像

图1.218　设置画笔笔尖形状　　图1.219　设置形状动态

图1.220　添加图像

(11) 选择工具箱中的【横排文字工具】 **T** ，在画布的适当位置添加文字，如图1.221所示。

图1.221　添加文字

(12) 在【图层】面板中选中文字图层，单击面板底部的【添加图层样式】按钮 **fx** ，在菜单中选择

【投影】命令，在弹出的对话框中将【颜色】更改为青灰色(R:67，G:90，B:111)、【距离】更改为2像素、【大小】更改为5像素，完成之后单击【确定】按钮。最终效果如图1.222所示。

图1.222　**最终效果**

PS

第2章

震撼视觉特效

本章介绍

　　本章讲解震撼视觉特效的制作。震撼视觉特效的制作重点在于强调特效的视觉震撼力，从最出色的特效元素入手，将整个图像以夸张、炫酷的手法进行表现。正是因为需要震撼的视觉特效表现力，所以其制作思路需要与特效本身相联系，以图像本身为起点再加以特效元素进行延伸才能制作出完美的震撼视觉特效。通过本章的学习，读者可以掌握震撼视觉特效的制作方法。

要点索引

◆ 学会制作超酷烈火人
◆ 学习制作战斗特效
◆ 了解宇宙奇观特效制作
◆ 学会制作火焰树木
◆ 掌握魔法城堡的制作手法

实例017　超酷烈火人

| 素材位置：调用素材\第2章\超酷烈火人 |
| 案例位置：源文件\第2章\超酷烈火人.psd |
| 视频文件：视频教学\实例017　超酷烈火人.avi |

本例讲解超酷烈火人物效果的制作。本例的特效性较强，围绕超酷的人物动作添加真实的火焰效果，令整个画面有较强的视觉震撼，而暖色调的场景修饰增强了最终效果。最终效果如图2.1所示。

图2.2　删除图像

图2.1　超酷烈火人

操作步骤

Step 01　添加素材

（1）执行菜单栏中的【文件】|【新建】命令，在弹出的对话框中设置【宽度】为8厘米、【高度】为7厘米、【分辨率】为300像素/英寸、【颜色模式】为RGB颜色，新建一个空白画布。

（2）执行菜单栏中的【文件】|【打开】命令，打开"背景.jpg、人物.psd"文件，将打开的素材拖入画布中并适当缩小。

（3）选择工具箱中的【钢笔工具】，在画布中人物的手、胳膊肘、脸部、脚腕等处绘制路径并转换选区后将图像删除，如图2.2所示。

（4）选择工具箱中的【钢笔工具】，在选项栏中单击【选择工具模式】按钮，在弹出的选项中选择【形状】，在选项栏中将【填充】更改为黑色、【描边】更改为无，在人物的右胳膊位置绘制一个类似于衣服袖口的图形以制作出真实的透视效果，如图2.3所示。

图2.3　绘制图形

（5）以同样的方法在人物图像的其他位置绘制数个图形制作出真实的透视效果，如图2.4所示。

（6）同时选中所有形状图层和【人物】图层，按Ctrl+E组合键将图层合并，将生成的图层名称更改为"人物"，如图2.5所示。

图2.4　绘制图像　　　　图2.5　合并图层

Step 02　添加火焰特效

（1）执行菜单栏中的【文件】|【打开】命令，打开"火.psd"文件，将打开的素材拖入画布中人物的位置并适当缩小，如图2.6所示。

（2）在【图层】面板中选中【火】组中的所有图层，将图层混合模式设置为【滤色】，如图2.7所示。

（3）选中【火 3】图层，将图形适当旋转，如图2.8所示。

（4）在【图层】面板中选中【火 3】图层，单击面板底部的【添加图层蒙版】按钮 ▣，为其添加图层蒙版，如图2.9所示。

图2.6　添加素材

图2.7　设置图层混合模式

图2.8　旋转图像　　　图2.9　添加图层蒙版

(5) 选择工具箱中的【画笔工具】 ✎，在画布中单击鼠标右键，在弹出的面板中选择一种圆角笔触，将【大小】更改为150像素、【硬度】更改为0%，如图2.10所示。

(6) 将前景色更改为黑色，在图像上面部分区域涂抹，将部分图像隐藏，如图2.11所示。

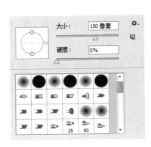　

图2.10　设置笔触　　　图2.11　隐藏图像

提示

在隐藏图像时可以更改画笔笔触大小及硬度，这样经过隐藏的图像更加自然。

(7) 在【图层】面板中选中【火 3】图层，将其拖至面板底部的【创建新图层】按钮 ▣ 上，复制1个【火 3 拷贝】图层，如图2.12所示。

(8) 将前景色更改为黑色，在图像上面部分区域涂抹，将部分图像隐藏以增强火焰的真实性，如图2.13所示。

图2.12　复制图层　　　图2.13　隐藏图像

(9) 以同样的方法选择不同的火焰图层，将图像复制数份并放在不同的位置以进一步修改火焰效果，如图2.14所示。

图2.14　隐藏图像以修改火焰效果

(10) 在【图层】面板中选中【火星】图层，单击面板底部的【添加图层蒙版】按钮 ▣，为其添加图层蒙版。

(11) 选择工具箱中的【画笔工具】 ✎，在画布中单击鼠标右键，在弹出的面板中选择一种圆角笔触，将【大小】更改为125像素、【硬度】更改为0%。

(12) 将前景色更改为黑色，在图像上面部分区域涂抹，将部分图像隐藏，为火焰增加烟雾、火星效果来增强火焰效果，如图2.15所示。

图2.15　隐藏图像

图2.18　最终效果

Step 03　增强场景色调

（1）单击面板底部的【创建新图层】按钮 🔲，新建一个【图层2】图层。

（2）将前景色更改为黄色(R:218，G:130，B:0)，背景色设为黑色，选中【图层2】图层，执行菜单栏中的【滤镜】|【渲染】|【云彩】命令。

（3）在【图层】面板中选中【图层2】图层，将图层的混合模式设置为【线性光】、【不透明度】更改为20%。

（4）在【图层】面板中选中【图层2】图层，单击面板底部的【添加图层蒙版】按钮 🔲，为其添加图层蒙版，如图2.16所示。

（5）选择工具箱中的【画笔工具】 ✏️，在画布中单击鼠标右键，在弹出的面板中选择一种圆角笔触，将【大小】更改为300像素、【硬度】更改为0%，如图2.17所示。

图2.16　添加图层蒙版　　图2.17　设置笔触

（6）将前景色更改为黑色，在图像上面部分区域涂抹，将部分图像隐藏，增强场景色调，这样就完成了效果制作。最终效果如图2.18所示。

实例018　战斗特效

📷 素材位置：调用素材\第2章\战斗特效
✏️ 案例位置：源文件\第2章\战斗特效.psd
💿 视频文件：视频教学\实例018　战斗特效.avi

本例讲解战斗特效的制作。本例中的画面富有冲击力，以第一人称的视角来表现战斗场面，同时灰暗色调的天空也相当符合特效的定位。最终效果如图2.19所示。

图2.19　战斗特效

操作步骤

Step 01　制作背景

（1）执行菜单栏中的【文件】|【新建】命令，在弹出的对话框中设置【宽度】为10厘米、【高度】为6.5厘米、【分辨率】为300像素/英寸、【颜色模式】为RGB，新建一个空白画布。

（2）执行菜单栏中的【文件】|【打开】命令，打开"背景.jpg、云.psd"文件，将打开的素材分别拖入画布中上半部分及底部位置，并适当缩小，如图2.20所示。

图2.20 新建画布并添加素材

（3）在【图层】面板中选中【云】图层，将其拖至面板底部的【创建新图层】按钮 ▣ 上，复制1个【云 拷贝】图层，如图2.21所示。

（4）选中【云 拷贝】图层，按Ctrl+T组合键对其执行【自由变换】命令，单击鼠标右键，在弹出的快捷菜单中选择【水平翻转】命令，完成之后按Enter键确认，将图像稍微移动，如图2.22所示。

图2.21 复制图层　　图2.22 变换图像

（5）在【图层】面板中选中【云 拷贝】图层，单击面板底部的【添加图层蒙版】按钮 ▣，为其添加图层蒙版。

（6）选择工具箱中的【画笔工具】 ✍，在画布中单击鼠标右键，在弹出的面板中选择一种圆角笔触，将【大小】更改为150像素、【硬度】更改为0%。

（7）将前景色更改为黑色，在图像上面部分区域涂抹，将部分图像隐藏，使2个云图像自然融合，如图2.23所示。

图2.23 隐藏图像

Step 02 添加素材

（1）执行菜单栏中的【文件】|【打开】命令，打开"岩浆.psd、手机.psd"文件，将打开的素材拖入画布中并适当缩小，然后将手机图像旋转，如图2.24所示。

图2.24 添加素材

（2）选择工具箱中的【矩形工具】 ▣，在选项栏中将【填充】更改为白色、【描边】设置为无，在手机屏幕绘制一个矩形，此时将生成【矩形1】图层，如图2.25所示。

图2.25 绘制图形

（3）选择工具箱中的【圆角矩形工具】 ▢，在选项栏中将【填充】更改为黑色、【描边】设置为无、【半径】设置为10像素，在手机图像底部绘制一个圆角矩形，此时将生成【圆角矩形1】图层，如图2.26所示。

图2.26 绘制图形

（4）选中【圆角矩形1】图层，执行菜单栏中的【滤镜】|【模糊】|【高斯模糊】命令，在弹出的

对话框中将【半径】更改为3像素，为手机制作阴影效果，完成之后单击【确定】按钮。

(5) 执行菜单栏中的【文件】|【打开】命令，打开"战争.jpg"文件，将打开的素材拖入画布中手机屏幕位置并适当缩小，将图层名称更改为【图层2】，如图2.27所示。

图2.27　添加素材

(6) 选中【图层 2】图层，执行菜单栏中的【图层】|【创建剪贴蒙版】命令，为当前图层创建剪贴蒙版，将部分图像隐藏，再将图像适当缩小，如图2.28所示。

图2.28　创建剪贴蒙版

(7) 执行菜单栏中的【文件】|【打开】命令，打开"火.jpg"文件，将打开的素材拖入画布中手机图像靠右侧位置并适当缩小，将图层名称更改为"图层3"，如图2.29所示。

图2.29　添加素材

(8) 在【图层】面板中选中【图层 3】图层，将图层混合模式设置为【线性减淡(添加)】。

(9) 在【图层】面板中选中【图层3】图层，单击面板底部的【添加图层蒙版】按钮 ，为其添加图层蒙版。

(10) 选择工具箱中的【画笔工具】 ，在画布中单击鼠标右键，在弹出的面板中选择一种圆角笔触，将【大小】更改为90像素、【硬度】更改为0%。

(11) 将前景色更改为黑色，在图像上的白色区域涂抹，将部分图像隐藏，如图2.30所示。

(12) 选中【图层3】图层，将图像复制2份并适当变换，如图2.31所示。

图2.30　隐藏图像　　　图2.31　复制并变换图像

(13) 执行菜单栏中的【文件】|【打开】命令，打开"石头.psd"文件，将打开的素材图像拖至手机图像底部位置并适当缩小，如图2.32所示。

图2.32　添加素材

(14) 在【图层】面板中选中【石头】图层，单击面板底部的【添加图层样式】按钮 ，在菜单中选择【投影】命令，在弹出的对话框中将【混合模式】更改为【正常】、【不透明度】更改为100%、【距离】更改为3像素、【大小】更改为5像素，完成之后单击【确定】按钮，如图2.33所示。

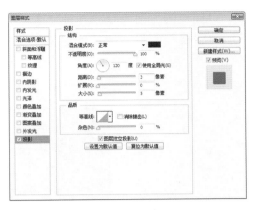

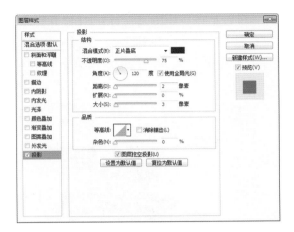

图2.33 设置投影

图2.36 设置投影

（15）在【图层】面板中选中【石头】图层，将其拖至面板底部的【创建新图层】按钮 上，复制【石头 拷贝】及【石头 拷贝2】图层，将2个拷贝的石头图像适当移动，如图2.34所示。

Step 03 制作场景氛围

（1）执行菜单栏中的【文件】|【打开】命令，打开"场景气氛.psd"文件，将打开的素材拖入画布中手机图像左右两侧位置并适当缩小，然后将所有的场景气氛图层移至【坦克】图层的下方，如图2.37所示。

图2.34 复制图层并移动图像

（16）执行菜单栏中的【文件】|【打开】命令，打开"场景元素.psd"文件，将打开的素材拖入画布中手机图像旁边位置并适当缩小，将【坦克】图层和【兵】图层移至【手机】图层的下方，如图2.35所示。

图2.37 添加素材

（2）在【图层】面板中选中【爆炸】图层，将其拖至面板底部的【创建新图层】按钮 上，复制1个【爆炸 拷贝】图层，如图2.38所示。

（3）选中【爆炸 拷贝】图层按Ctrl+T组合键对其执行【自由变换】命令，单击鼠标右键，在弹出的快捷菜单中选择【水平翻转】命令，完成之后按Enter键确认，将图像平移至手机图像右侧位置，如图2.39所示。

图2.35 添加素材

（17）在【图层】面板中选中【破轮胎】图层，单击面板底部的【添加图层样式】按钮 fx，在菜单中选择【投影】命令，在弹出的对话框中将【距离】更改为2像素、【大小】更改为3像素，完成之后单击【确定】按钮，如图2.36所示。

图2.38 复制图层 图2.39 变换图像

（4）执行菜单栏中的【文件】|【打开】命令，打开"战斗机.psd、战斗机2.psd"文件，将打开的素材拖入画布中的适当位置并相应缩小，如图2.40所示。

图2.40　添加素材

（5）选中【战斗机】图层，执行菜单栏中的【图像】|【调整】|【色相/饱和度】命令，在弹出的对话框中将【饱和度】更改为-70，完成之后单击【确定】按钮。

（6）在【图层】面板中选中【战斗机】图层，将其拖至面板底部的【创建新图层】按钮上，复制1个【战斗机 拷贝】图层，将【战斗机】图层的【不透明度】更改为80%，如图2.41所示。

图2.41　复制图层并更改图层的不透明度

（7）选中【战斗机】图层，执行菜单栏中的【滤镜】|【模糊】|【动感模糊】命令，在弹出的对话框中将【角度】更改为-35度、【距离】更改为15像素，设置完成之后单击【确定】按钮，将图像向左上角稍微移动，使战斗机体现出速度感。

（8）选中【战斗机 2】图层，执行菜单栏中的【图像】|【调整】|【色相/饱和度】命令，在弹出的对话框中勾选【着色】复选框，将【色相】更改为30、【饱和度】更改为13，完成之后单击【确定】按钮。

（9）在【图层】面板中选中【战斗机 2】图层，将其拖至面板底部的【创建新图层】按钮上，复制1个【战斗机 2拷贝】图层，如图2.42所示。

（10）以同样的方法为【战斗机 2】图层中的图像添加动感模糊效果，使其体现出速度感，如图2.43所示。

图2.42　复制图层　　　图2.43　制作动感模糊效果

（11）单击面板底部的【创建新图层】按钮，新建1个【图层4】图层，将【图层4】移至【战斗机 2】图层的上方，再按Ctrl+Alt+G组合键创建剪贴蒙版，如图2.44所示。

（12）选择工具箱中的【画笔工具】，在画布中单击鼠标右键，在弹出的面板中选择一种圆角笔触，将【大小】更改为100像素、【硬度】更改为0%，如图2.45所示。

 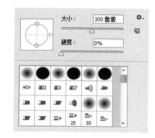

图2.44　创建剪贴蒙版　　　图2.45　设置笔触

（13）选中【图层4】图层，将前景色更改为橙色(R:250，G:100，B:2)，在战斗机的尾部单击添加火焰色彩。

（14）选中【图层4】图层，将图层混合模式更改为【颜色减淡】。

（15）执行菜单栏中的【文件】|【打开】命令，打开"石块.psd"文件，将打开的素材拖入画布中的左下角位置并适当缩小，如图2.46所示。

图2.46　添加素材

（16）选中【石块】图层，执行菜单栏中的【滤镜】|【模糊】|【动感模糊】命令，在弹出的对话框中将【角度】更改为32度、【距离】更改为12像素，设置完成之后单击【确定】按钮。

（17）在【图层】面板中选中【石块】图层，将其拖至面板底部的【创建新图层】按钮 上，复制1个【石块 拷贝】图层。选中【石块 拷贝】图层，在画布中将图像移至手机图像靠左侧位置并缩小，如图2.47所示。

图2.47 复制图层并变换图像

（18）以同样的方法将石块图像再次复制数份，放在画布中的其他位置并适当缩小，这样就完成了效果制作。最终效果如图2.48所示。

图2.48 最终效果

实例019 宇宙奇观特效

本例讲解宇宙奇观特效图像的制作。此类特效图像的特点在于超强的视觉表现，图像的整体效果十分出色。通过对图像的变换及处理将多种元素进行组合，形成一种十分出色的宇宙奇观特效图像。最终效果如图2.49所示。

图2.49 宇宙奇观特效

 操作步骤

Step 01 制作纹理图像

（1）执行菜单栏中的【文件】|【新建】命令，在弹出的对话框中设置【宽度】为800像素、【高度】为550像素、【分辨率】为72像素/英寸，新建一个空白画布。

（2）设置前景色和背景色为默认的黑白颜色，执行菜单栏中的【滤镜】|【渲染】|【云彩】命令，如图2.50所示。

图2.50 添加云彩

> **提示**
> 添加的云彩图像是随机的，每按1次Ctrl+F组合键即可更改云彩的样式。

（3）执行菜单栏中的【图像】|【调整】|【色阶】命令，在弹出的对话框中将数值更改为(80，0.8，225)，设置完成之后单击【确定】按钮。

（4）执行菜单栏中的【滤镜】|【扭曲】|【旋转扭曲】命令，在弹出的对话框中将【角度】更改为-250度，单击【确定】按钮，如图2.51所示。

（5）在【通道】面板中，按住Ctrl键单击【蓝】通道缩览图将其载入选区，执行菜单栏中的【选择】|【反向】命令，如图2.52所示。

（6）双击【背景】图层，将其转换为普通图层，如图2.53所示。

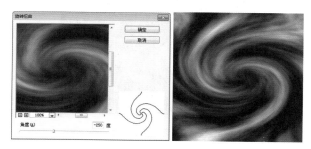

图2.51　设置旋转扭曲效果

图2.52　载入选区　　　　图2.53　转换图层

（7）按Delete键将选区中图像删除，完成之后按Ctrl+D组合键将选区取消，如图2.54所示。

（8）单击面板底部的【创建新图层】按钮 🔲，新建1个【图层 1】图层，将其填充为黑色并移至【图层 0】图层的下方，如图2.55所示。

图2.54　删除图像　　　图2.55　新建图层并填充颜色

（9）选择工具箱中的【橡皮擦工具】 ✐，在画布中单击鼠标右键，在弹出的面板中选择1个圆角笔触，将【大小】更改为250像素、【硬度】更改为0%。

（10）选中【图层 0】图层，在画布中图像的边缘区域涂抹，将多余图像擦除，如图2.56所示。

（11）在【图层】面板中选中【图层 0】图层，单击面板底部的【添加图层样式】按钮 fx，在菜单中选择【斜面和浮雕】命令，在弹出的对话框中将【深度】更改为1000%、【大小】更改为1像素，取消勾选【使用全局光】复选框，将【角度】更改为0度、【高度】更改为60度，如图2.57所示。

图2.56　擦除图像

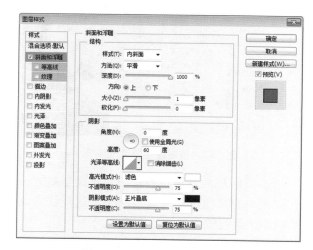

图2.57　设置斜面和浮雕样式

（12）勾选【外发光】复选框，将颜色更改为蓝色(R:0，G:138，B:255)、【大小】更改为4像素，完成之后单击【确定】按钮，如图2.58所示。

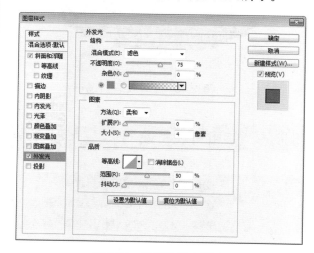

图2.58　设置外发光样式

（13）选中【图层 0】图层，按Ctrl+T组合键对其执行【自由变换】命令。单击鼠标右键，在弹出的快捷菜单中选择【扭曲】命令，完成之后按Enter键确认，如图2.59所示。

图2.59 将图像变形

（14）选择工具箱中的【椭圆工具】 ⬭，在选项栏中将【填充】更改为浅蓝色(R:192，G:232，B:255)、【描边】更改为无，此时将生成1个【椭圆1】图层，如图2.60所示。

图2.60 绘制图形

（15）选中【椭圆 1】图层，执行菜单栏中的【滤镜】|【模糊】|【高斯模糊】命令，在弹出的对话框中将【半径】更改为15像素，完成之后单击【确定】按钮。

Step 02 绘制光柱

（1）选择工具箱中的【矩形工具】 ▭，在选项栏中将【填充】更改为浅蓝色(R:137，G:210，B:255)、【描边】更改为无，然后绘制一个矩形，此时将生成一个【矩形1】图层，如图2.61所示。

图2.61 绘制图形

（2）选中【矩形 1】图层，按Ctrl+T组合键对其执行【自由变换】命令。单击鼠标右键，在弹出的快捷菜单中选择【透视】命令，拖动变形框将图形变形，完成之后按Enter键确认，如图2.62所示。

图2.62 将图形变形

（3）选中【矩形 1】图层，执行菜单栏中的【滤镜】|【模糊】|【动感模糊】命令，在弹出的对话框中将【角度】更改为90度、【距离】更改为100像素，完成之后单击【确定】按钮，如图2.63所示。

（4）选中【矩形 1】图层，按Ctrl+T组合键对其执行【自由变换】命令，将图像适当旋转，完成之后按Enter键确认，如图2.64所示。

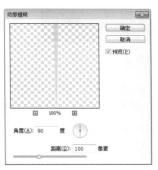

图2.63 设置动感模糊　　图2.64 旋转图像

（5）在【图层】面板中选中【矩形 1】图层，单击面板底部的【添加图层样式】按钮 fx，在菜单中选择【外发光】命令，在弹出的对话框中将【混合模式】更改为【线性减淡(添加)】、【颜色】更改为蓝色(R:115，G:180，B:235)、【扩展】更改为4%、【大小】更改为15像素，完成之后单击【确定】按钮，如图2.65所示。

（6）执行菜单栏中的【文件】|【打开】命令，打开"太空.jpg"文件，将打开的素材拖入画布中并适当旋转，其图层名称将更改为【图层2】，如图2.66所示。

（7）在【图层】面板中选中【图层 2】图层，单击面板底部的【添加图层蒙版】按钮 ▣，为其添加图层蒙版。

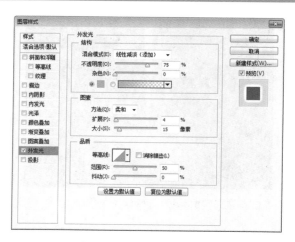

图2.65 设置外发光样式

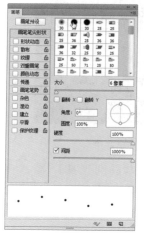 

图2.68 设置笔触　　　图2.69 设置形状动态

（3）勾选【散布】复选框，将【散布】更改为1000%。

（4）勾选【平滑】复选框。

（5）单击面板底部的【创建新图层】按钮，新建一个【图层3】图层。

（6）将前景色更改为白色，在图像中的适当位置拖动鼠标绘制图像，如图2.70所示。

图2.66 添加素材

（8）选择工具箱中的【画笔工具】，在画布中单击鼠标右键，在弹出的面板中选择一种圆角笔触，将【大小】更改为250像素、【硬度】更改为0%。

（9）将前景色更改为黑色，在其图像上面部分区域涂抹将其隐藏，如图2.67所示。

图2.70 绘制图像

（7）选中【图层 3】图层，将图层混合模式设置为【叠加】，这样就完成了效果制作。最终效果如图2.71所示。

图2.67 隐藏图像

Step 03 添加装饰

（1）在【画笔】面板中选择1个圆角笔触，将【大小】更改为6像素、【硬度】更改为100%、【间距】更改为1000%，如图2.68所示。

（2）勾选【形状动态】复选框，将【大小抖动】更改为100%，如图2.69所示。

图2.71 最终效果

实例020 撞击特效

- 素材位置：调用素材\第2章\撞击特效
- 案例位置：源文件\第2章\撞击特效.psd
- 视频文件：视频教学\实例020 撞击特效.avi

本例讲解撞击特效的制作。本例中的特效制作过程稍微烦琐，重点在于整个场景的氛围表现，通过多种元素图像的结合制作出撞击地球的超凡视觉特效。最终效果如图2.72所示。

图2.72 撞击特效

操作步骤

Step 01 添加光雾特效

（1）执行菜单栏中的【文件】|【新建】命令，在弹出的对话框中设置【宽度】为8厘米、【高度】为5厘米、【分辨率】为300像素/英寸、【颜色模式】为RGB。

（2）执行菜单栏中的【文件】|【打开】命令，打开"地球.jpg"文件，将打开的素材拖入画布中并适当调整。

（3）选中【图层1】图层，执行菜单栏中的【图像】|【调整】|【色阶】命令，在弹出的对话框中将数值更改为(0，0.56，255)，完成之后单击【确定】按钮，如图2.73所示。

图2.73 调整色阶

（4）执行菜单栏中的【图像】|【调整】|【曲线】命令，在弹出的对话框中调整曲线，完成之后单击【确定】按钮，如图2.74所示。

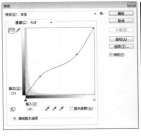

图2.74 调整曲线

（5）执行菜单栏中的【图像】|【调整】|【色相/饱和度】命令，在弹出的对话框中将【饱和度】更改为-70，完成之后单击【确定】按钮。

（6）选择工具箱中的【椭圆选框工具】○，在画布中的地球图像上绘制一个椭圆选区以选中地球图像，按Shift+F6组合键执行【羽化选区】命令，在弹出的对话框中将【半径】更改为30像素，完成之后单击【确定】按钮，如图2.75所示。

图2.75 绘制并羽化选区

（7）选中【图层1】图层，执行菜单栏中的【图层】|【新建】|【通过拷贝的图层】命令，此时将生成1个【图层2】图层。

（8）在【图层】面板中选中【图层2】图层，单击面板底部的【添加图层样式】按钮 fx，在菜单中选择【渐变叠加】命令，在弹出的对话框中将【渐变】更改为黑色到透明，完成之后单击【确定】按钮，如图2.76所示。

（9）单击面板底部的【创建新图层】按钮 ，新建1个【图层3】图层，如图2.77所示。

（10）选择工具箱中的【画笔工具】，在画布中单击鼠标右键，在弹出的面板中单击右上角的 菜单图标，在弹出的菜单中选择【载入画笔】命令，在弹出的对话框中选择"烟雾笔刷.ABR"文件，然后单击【确定】按钮，如图2.78所示。

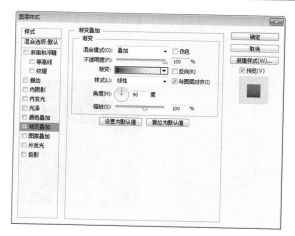

图2.76 设置渐变叠加

图2.77 新建图层

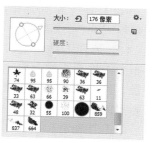

图2.78 设置笔触

（11）将前景色更改为白色，选中【图层3】图层，在地球上半部分的边缘位置，单击数次添加烟雾效果，并将图层的【不透明度】更改为65%。

（12）单击面板底部的【创建新图层】按钮 ，新建1个【图层4】图层，如图2.79所示。

（13）按D键恢复默认的前景色和背景色，选中【图层4】图层，执行菜单栏中的【滤镜】|【渲染】|【云彩】命令，如图2.80所示。

图2.79 新建图层

图2.80 添加云彩效果

（14）在【图层】面板中选中【图层4】图层，将图层混合模式更改为【滤色】、【不透明度】更改为40%，再单击面板底部的【添加图层蒙版】按钮 ，为其添加图层蒙版。

（15）选择工具箱中的【画笔工具】 ，在画布中单击鼠标右键，在弹出的面板中选择一种圆角

笔触，将【大小】更改为200像素、【硬度】更改为0%。

（16）将前景色更改为黑色，在图像的上面部分区域涂抹，将部分图像隐藏，如图2.81所示。

图2.81 隐藏图像

（17）选择工具箱中的【加深工具】 ，在画布中单击鼠标右键，在弹出的面板中选择一种圆角笔触，将【大小】更改为300像素、【硬度】更改为0%，如图2.82所示。

（18）选中【图层2】图层，在地球图像上涂抹以加深地球图像的颜色，如图2.83所示。

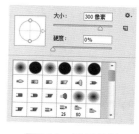 

图2.82 设置笔触　　　图2.83 加深颜色

（19）单击面板底部的【创建新图层】按钮 ，新建一个【图层5】图层。

（20）选中【图层5】图层，按Ctrl+Alt+Shift+E组合键，执行盖印可见图层命令。

（21）选中【图层5】图层，执行菜单栏中的【图像】|【调整】|【色阶】命令，在弹出的对话框中将其数值更改为(12，1.08，204)，完成之后单击【确定】按钮。

（22）单击面板底部的【创建新图层】按钮 ，新建1个【图层6】图层。

（23）选择工具箱中的【画笔工具】 ，在画布中单击鼠标右键，在弹出的面板中选择一种圆角笔触，将【大小】更改为115像素、【硬度】更改为30%。

Step 2 制作火焰特效

（1）选中【图层6】图层，将前景色更改为橙色

(R:255，G:114，B:0)，在画布中的适当位置单击添加笔触图像，如图2.84所示。

(2) 选中【图层6】图层，按Ctrl+T组合键对其执行【自由变换】命令，单击鼠标右键，在弹出的快捷菜单中选择【扭曲】命令，将图像扭曲变形完成之后按Enter键确认，如图2.85所示。

图2.84　添加图像　　　　图2.85　将图像变形

(3) 选中【图层6】图层，执行菜单栏中的【图像】|【调整】|【色相/饱和度】命令，在弹出的对话框中将【色相】更改为-5，完成之后单击【确定】按钮，如图2.86所示。

(4) 选中【图层6】图层，按Ctrl+T组合键对其执行【自由变换】命令，单击鼠标右键，从弹出的快捷菜单中选择【变形】命令，当出现变形框以后拖动不同的控制点将图像变形，完成之后按Enter键确认，如图2.87所示。

图2.86　调整色相　　　　图2.87　将图像变形

(5) 在【图层】面板中选中【图层6】图层，将其拖至面板底部的【创建新图层】按钮上，复制1个【图层6 拷贝】图层，如图2.88所示。

(6) 选中【图层6 拷贝】图层，执行菜单栏中的【图像】|【调整】|【色相/饱和度】命令，在弹出的对话框中将【明度】更改为100，完成之后单击【确定】按钮，如图2.89所示。

(7) 在【图层】面板中选中【图层6 拷贝】图层，将图层混合模式更改为【叠加】。

图2.88　复制图层　　　　图2.89　调整明度

(8) 同时选中【图层6 拷贝】和【图层6】图层，按Ctrl+E组合键将图层合并，此时将生成1个【图层6 拷贝】图层，如图2.90所示。

(9) 选中【图层6拷贝】图层，将图像适当旋转并变形，如图2.91所示。

图2.90　合并图层　　　　图2.91　将图像变形

(10) 在【图层】面板中选中【图层6 拷贝】图层，单击面板底部的【添加图层样式】按钮fx，在菜单中选择【投影】命令，在弹出的对话框中将【混合模式】更改为【正常】、【颜色】更改为橙色(R:255，G:132，B:0)、【不透明度】更改为100%，勾选【使用全局光】复选框，将【角度】更改为-119度、【距离】更改为50像素，【大小】更改为18像素，完成之后单击【确定】按钮，如图2.92所示。

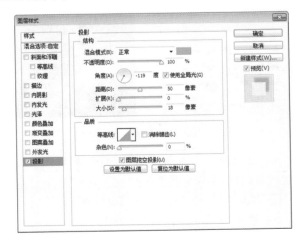

图2.92　设置投影样式

（11）在【图层】面板中选中【图层6 拷贝】图层，将图层混合模式设置为【滤色】。

（12）单击面板底部的【创建新图层】按钮 🔲，新建1个【图层6】图层。

（13）选择工具箱中的【画笔工具】 ✐，在画布中单击鼠标右键，在弹出的面板中选择一种圆角笔触，将【大小】更改为100像素、【硬度】更改为30%。

Step 03　制作烟尘效果

（1）将前景色更改为白色，选中【图层6】图层，在绘制的火光图像底部单击，添加白色图像以制作烟尘效果，如图2.93所示。

（2）选中【图层6】图层，按Ctrl+T组合键对其执行【自由变换】命令，单击鼠标右键，在弹出的快捷菜单中选择【变形】命令，将图像扭曲变形完成之后按Enter键确认，如图2.94所示。

图2.93　添加烟尘效果　　图2.94　变形图形

（3）选择工具箱中的【画笔工具】 ✐，在画布中单击鼠标右键，在弹出的面板中选择一个云彩笔触，将【大小】更改为115像素，然后在图层6上单击添加云彩，如图2.95所示。

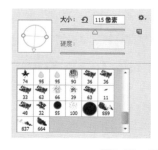 

图2.95　设置笔触

（4）在【图层】面板中选中【图层6】图层，将其拖至面板底部的【创建新图层】按钮 🔲 上，复制1个【图层6 拷贝 2】图层，如图2.96所示。

（5）选中【图层6 拷贝 2】图层，按Ctrl+T组合键对其执行【自由变换】命令，将图像移至画布

中靠左侧位置，将其等比缩小及旋转，完成之后按Enter键确认。双击【图层6 拷贝2】图层样式名称，在弹出的对话框中根据画布中的实际显示效果调整数值，如图2.97所示。

图2.96　复制图层　　图2.97　变换图像

（6）以同样的方法将图像复制数份，并放在不同位置，以体现出光效的层次感，如图2.98所示。

图2.98　复制图像

（7）执行菜单栏中的【文件】|【打开】命令，打开"火.jpg"文件，将打开的素材拖入画布中并适当缩小，将图层名称更改为"图层7"，如图2.99所示。

（8）选择工具箱中的【魔棒工具】 🪄，在添加的素材图像的黑色区域单击，以选中除火之外多余的图像部分，按Delete键将其删除，如图2.100所示。

图2.99　添加素材　　图2.100　删除图像

（9）选中【图层7】图层，按Ctrl+T组合键对其执行【自由变换】命令，单击鼠标右键，在弹出的

快捷菜单中选择【变形】命令，拖动变形框控制点将图像扭曲变形，完成之后按Enter键确认，如图2.101所示。

图2.101 将图像变形

（10）在【图层】面板中，选中【图层2】图层，将其图层混合模式设置为【亮光】、【不透明度】更改为80%。

（11）在【图层】面板中选中【图层7】图层，单击面板底部的【添加图层样式】按钮**fx**，在菜单中选择【外发光】命令，在弹出的对话框中将【混合模式】更改为【实色混合】、【不透明度】更改为100%、【颜色】更改为橙色(R:255，G:150，B:0)、【大小】更改为85像素，完成之后单击【确定】按钮，如图2.102所示。

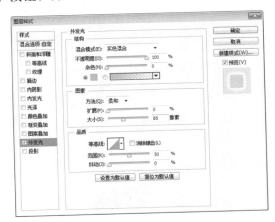

图2.102 设置外发光样式

（12）单击面板底部的【创建新图层】按钮，新建1个【图层8】图层。

（13）选中【图层8】图层，按Ctrl+Alt+Shift+E组合键执行盖印可见图层命令。

（14）在【图层】面板中选中【图层8】图层，单击面板底部的【创建新的填充或调整图层】按钮，在弹出的菜单中选择【通道混合器】命令，在面板中选择【输出通道】为蓝，将【红色】更改为8、【绿色】更改为-15、【蓝色】更改为88，如图2.103所示。

图2.103 调整蓝通道

（15）单击面板底部的【创建新图层】按钮，新建一个【图层9】图层。

（16）选中【图层9】图层，按Ctrl+Alt+Shift+E组合键执行盖印可见图层命令。

（17）选中【图层9】图层，将图层混合模式更改为【滤色】、【不透明度】更改为40%，这样就完成了效果制作。最终效果如图2.104所示。

图2.104 最终效果

实例021 火焰树木

素材位置：调用素材\第2章\火焰树木
案例位置：源文件\第2章\火焰树木.psd
视频文件：视频教学\实例021 火焰树木.avi

本例讲解火焰树木效果的制作。本例围绕人物的脸部图像与树木图像的合成及调色制作出树木生命特效，同时火焰素材图像的加入更是点亮了整个画面的氛围。最终效果如图2.105所示。

图2.105 火焰树木

📖 操作步骤

图2.108　通过拷贝的图层

Step 01　添加素材

（1）执行菜单栏中的【文件】|【新建】命令，在弹出的对话框中设置【宽度】为10厘米、【高度】为6厘米、【分辨率】为300像素/英寸、【颜色模式】为RGB，新建一个空白画布，将画布填充为浅黄色(R:245，G:244，B:233)。

（2）执行菜单栏中的【文件】|【打开】命令，打开"人物.jpg"文件，将打开的素材拖入画布中并适当缩小，此时图层名称将自动更改为"图层1"，如图2.106所示。

图2.106　添加素材

Step 02　抠取图像

（1）选择工具箱中的【钢笔工具】✒️，沿人脸图像边缘绘制路径，以选中脸部图像，如图2.107所示。

图2.107　绘制路径

（2）按Ctrl+Enter组合键，将绘制的路径转换为选区，选中【图层1】图层，执行菜单栏中的【图层】|【新建】|【通过拷贝的图层】命令，此时将生成1个【图层2】图层，将【图层2】图层中的图像适当旋转，再将【图层1】图层暂时隐藏，如图2.108所示。

（3）在【图层】面板中选中【图层2】图层，单击面板底部的【添加图层蒙版】按钮 ▣，为其添加图层蒙版，如图2.109所示。

（4）选择工具箱中的【画笔工具】🖌️，在画布中单击鼠标右键，在弹出的面板中单击右上角的⚙️图标，在弹出的菜单中选择【载入画笔】命令，在弹出的对话框中选择"喷溅笔刷.ABR"文件，根据人物的面部图像大小设置一个适当大小的笔触，如图2.110所示。

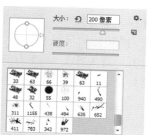

图2.109　添加图层蒙版　　　图2.110　设置笔触

（5）将前景色更改为灰色(R:100，G:100，B:100)，在画布中图像边缘位置单击及涂抹，将部分图像隐藏，如图2.111所示。

图2.111　隐藏图像

💬 技巧

在隐藏图像的过程中可以不断地选择不同的笔触及更改颜色深浅不同的前景色，这样可以使隐藏的效果更加自然。

Step 03 调整色彩

(1) 在【图层】面板中选中【图层2】图层，单击面板底部的【创建新的填充或调整图层】按钮 ⊘，在弹出的菜单中选择【色相/饱和度】命令，在出现的面板中将【饱和度】更改为-100，并单击面板底部的【此调整影响下面的所有图层】按钮，如图2.112所示。

图2.112 调整饱和度

(2) 单击面板底部的【创建新的填充或调整图层】按钮 ⊘，在弹出的菜单中选择【色阶】命令，在弹出的面板中将数值更改为(12，1.63，223)，并单击面板底部的【此调整影响下面的所有图层】按钮 ，如图2.113所示。

图2.113 调整色阶

(3) 单击面板底部的【创建新图层】按钮 ，新建1个【图层3】图层。

(4) 选择工具箱中的【画笔工具】 ，在画布中单击鼠标右键，在弹出的面板中选择一种圆角笔触，将【大小】更改为15像素、【硬度】更改为0%。

(5) 将前景色更改为青色(R:30，G:210，B:196)，在人物的眼部位置涂抹，如图2.114所示。

图2.114 添加颜色

(6) 在【图层】面板中选中【图层3】图层，将图层混合模式设置为【柔光】，如图2.115所示。

图2.115 设置图层混合模式

(7) 执行菜单栏中的【文件】|【打开】命令，打开"枯树.jpg"文件，将打开的素材拖入画布中并适当缩小，此时图层名称将自动更改为"图层4"。

(8) 选择工具箱中的【磁性套索工具】 ，在画布中的部分树干位置绘制选区，如图2.116所示。

(9) 执行菜单栏中的【选择】|【反相】命令，选中【图层4】图层，将选区中的部分图像删除，完成之后按Ctrl+D组合键将选区取消，如图2.117所示。

图2.116 绘制选区　　　　图2.117 删除图像

抠取边界相对清晰的图像有很多方法,在工具使用不够熟练的情况下可以利用【自由钢笔工具】，在选项栏中勾选【磁性的】复选框,沿图像边缘绘制路径并转换成选区后选取图像。它相比【磁性套索工具】的优点是可以十分灵活地调整绘制过程中产生的锚点,使路径和要选取的图像边缘完美贴合。

(10) 选中【图层4】图层,将其移至【色阶1】图层的上方,此时图层将自动创建剪贴蒙版,如图2.118所示。

图2.118　更改图层顺序

(11) 选中【图层4】图层,在画布中按住Alt键将图像复制数份并放在脸部图像的周围,如图2.119所示。

(12) 执行菜单栏中的【文件】|【打开】命令,打开"枯树.jpg"文件,将打开的素材拖入画布中并以刚才相同的方法选中部分树干图像,再将多余的图像删除,此时图层名称将自动更改为"图层5",如图2.120所示。

图2.119　复制图像　　　图2.120　添加图像

(13) 在【图层】面板中选中【图层5】图层,单击面板底部的【创建新的填充或调整图层】按钮，在弹出的面板中选择【色相/饱和度】命令,在出现的面板中将【饱和度】更改为-80,并单击面板底部的【此调整影响下面的所有图层】按钮，如图2.121所示。

图2.121　调整饱和度

(14) 在【图层】面板中选中【图层5】图层,单击面板底部的【创建新的填充或调整图层】按钮，在弹出的菜单中选择【色阶】命令,在出现的面板中将其数值更改为(60，1.36，232),并单击面板底部的【此调整影响下面的所有图层】按钮，如图2.122所示。

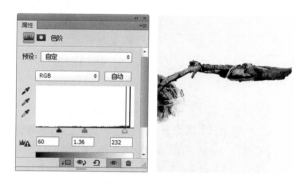

图2.122　调整色阶

(15) 同时选中【色阶 2】、【色相/饱和度 2】及【图层5】图层,将其拖至面板底部的【创建新图层】按钮上,将复制所生成的图层按Ctrl+E组合键合并,再将其名称更改为"树干 2",如图2.123所示。

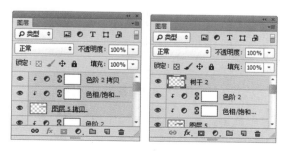

图2.123　复制及合并图层

(16) 在【图层】面板中选中【树干 2】图层,单击面板底部的【添加图层蒙版】按钮，为其图层添加图层蒙版,如图2.124所示。

(17) 选择工具箱中的【画笔工具】，在画布中单击鼠标右键,在弹出的面板中选择一种圆角笔触，将【大小】更改为50像素、【硬度】更改为100%，如图2.125所示。

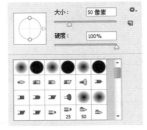

图2.124 添加图层蒙版　　　图2.125 设置笔触

（18）将前景色更改为黑色，在图像上面部分区域涂抹，将部分图像隐藏，如图2.126所示。

图2.126 隐藏图像

（19）选中【树干 2】图层，按住Alt键将图像复制数份，放在不同位置并进行调整，如图2.127所示。

图2.127 复制图像

（20）执行菜单栏中的【文件】|【打开】命令，打开"火焰.jpg"文件，将打开的素材拖入画布中并适当缩小，此时图层名称将自动更改为"图层6"，如图2.128所示。

（21）在【图层】面板中选中【图层6】图层，将图层混合模式设置为【叠加】，再单击面板底部的【添加图层蒙版】按钮，为其添加图层蒙版。

图2.128 添加素材

（22）选择工具箱中的【画笔工具】，在画布中单击鼠标右键，在弹出的面板中选择一种圆角笔触，将【大小】更改为150像素、【硬度】更改为100%，如图2.129所示。

（23）将前景色更改为黑色，在图像上面部分区域涂抹，将部分图像隐藏，如图2.130所示。

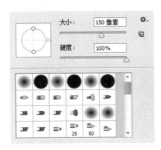

图2.129 设置笔触　　　图2.130 隐藏图像

（24）选中【图层6】图层，在画布中按住Alt键将图像复制数份，放在不同位置，再利用【画笔工具】修改蒙版效果，将部分图像隐藏，如图2.131所示。

图2.131 复制图像

（25）单击面板底部的【创建新图层】按钮，新建一个【图层7】图层，将【图层7】移至【背景】图层的上方，如图2.132所示。

（26）选择工具箱中的【画笔工具】，在画布中单击鼠标右键，在弹出的面板中选择之前载入的喷溅效果笔刷，选择任意大小，将前景色更改为黑色，选中【图层7】图层，在画布中单击添加喷溅特效，如图2.133所示。

图2.132　新建图层　　　图2.133　添加喷溅特效

（27）单击面板底部的【创建新图层】按钮 ，新建一个【图层8】图层，如图2.134所示。

（28）选择工具箱中的【画笔工具】 ，在画布中单击鼠标右键，在弹出的面板中单击右上角的 图标，在弹出的菜单中选择【载入画笔】命令，在弹出的对话框中选择"烟雾笔刷.ABR"文件，设置适当大小的笔触，如图2.135所示。

图2.134　新建图层　　　图2.135　设置笔触

（29）将前景色更改为灰色(R:232，G:232，B:232)，选中【图层8】图层，在画布中树干着火的位置单击添加烟雾效果，如图2.136所示。

（30）选中最上方图层，按Ctrl + Alt + Shift + E组合键执行盖印可见图层命令，此时将生成1个【图层9】。选中【图层9】图层，将其拖至面板底部的【创建新图层】按钮 上，复制1个【图层9拷贝】图层，如图2.137所示。

图2.136　添加烟雾效果　　　图2.137　复制图层

（31）选中【图层9拷贝】图层，执行菜单栏中

的【滤镜】|【滤镜库】命令，在弹出的对话框中选择【画笔描边】中的【成角的线条】，将【方向平衡】更改为3、【描边长度】更改为8、【锐化程度】更改为3，完成之后单击【确定】按钮，如图2.138所示。

图2.138　设置成角的线条

（32）在【图层】面板中选中【图层9拷贝】图层，将图层混合模式设置为【深色】，再单击面板底部的【添加图层蒙版】按钮 ，为其添加图层蒙版，如图2.139所示。

图2.139　设置图层混合模式并添加图层蒙版

（33）选择工具箱中的【画笔工具】 ，在画布中单击鼠标右键，在弹出的面板中选择一种圆角笔触，将【大小】更改为150像素、【硬度】更改为0%。

（34）将前景色更改为黑色，在图像上面部分区域涂抹，将部分图像隐藏，这样就完成了效果制作。最终效果如图2.140所示。

图2.140　最终效果

实例022　魔法城堡

- 🖥 素材位置：调用素材\第2章\魔法城堡
- ✏ 案例位置：源文件\第2章\魔法城堡.psd
- 🌐 视频文件：视频教学\实例022　魔法城堡.avi

本例讲解魔法城堡特效的制作。魔法城堡的定义比较广泛，它具有多种表现形式，通过对不同图像进行处理进而得到相对应的魔法主题效果。最终效果如图2.141所示。

图2.141　魔法城堡

📖 操作步骤

Step 01　制作背景

（1）执行菜单栏中的【文件】|【打开】命令，打开"城堡.jpg"文件。

（2）选择工具箱中的【自由钢笔工具】 ，在选项栏中勾选【磁性的】复选框，在图像中沿城堡与树木边缘绘制路径，如图2.142所示。

图2.142　绘制路径

（3）按Ctrl+Enter组合键将路径转换为选区，如图2.143所示。

图2.143　转换选区

💬 提示

在绘制路径时沿人物图像边缘拖动鼠标，路径及锚点将自动吸附于边缘，同时单击可以自定当前锚点位置。

（4）执行菜单栏中的【图层】|【新建】|【通过拷贝的图层】命令，将生成的图层名称更改为"城堡"。

（5）执行菜单栏中的【文件】|【打开】命令，打开"乌云.jpg"文件，将打开的素材拖入画布中并适当缩小，其图层名称将更改为"乌云"，如图2.144所示。

图2.144　添加素材

（6）在【图层】面板中选中【城堡】图层，单击面板底部的【添加图层蒙版】按钮 ，为其添加图层蒙版。

（7）选择工具箱中的【画笔工具】 ，在画布中单击鼠标右键，在弹出的面板中选择一种圆角笔触，将【大小】更改为100像素、【硬度】更改为0%。

（8）将前景色更改为黑色，在图像的上面部分不自然的边缘区域涂抹，将其隐藏，如图2.145所示。

图2.145　隐藏图像

（9）在【图层】面板中选中【乌云】图层，将其拖至面板底部的【创建新图层】按钮⬛上，复制1个【乌云 拷贝】图层。

（10）选中【乌云 拷贝】图层，将图层混合模式设置为【柔光】。

（11）分别选中除【背景】之外的图层，执行菜单栏中的【图像】|【调整】|【去色】命令。

（12）单击面板底部的【创建新图层】按钮⬛，新建1个【图层1】图层。

（13）选中【图层1】图层，按Ctrl+Alt+Shift+E组合键执行盖印可见图层命令。

（14）选中【图层 1】图层，执行菜单栏中的【图像】|【调整】|【色相/饱和度】命令，在弹出的对话框中勾选【着色】复选框，将【色相】更改为202、【饱和度】更改为18、【明度】更改为-7，完成之后单击【确定】按钮，如图2.146所示。

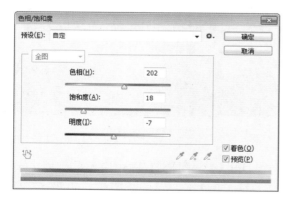

图2.146　调整色相/饱和度

Step 02　添加闪电元素

（1）执行菜单栏中的【文件】|【打开】命令，打开"闪电.jpg"文件，将打开的素材拖入画布中并适当缩小，其图层名称将更改为"图层2"，如图2.147所示。

图2.147　添加素材

（2）选中【图层 2】图层，将图层混合模式设置为【滤色】，在画布中将其适当移动，如图2.148所示。

图2.148　设置图层混合模式

（3）在【图层】面板中选中【图层 2】图层，将其拖至面板底部的【创建新图层】按钮⬛上，复制1个【图层 2 拷贝】图层，如图2.149所示。

（4）选中【图层 2 拷贝】图层，在画布中将图像适当移动，如图2.150所示。

图2.149　复制图层　　　图2.150　移动图像

（5）单击面板底部的【创建新图层】按钮⬛，新建1个【图层3】图层。

（6）选中【图层 3】图层，按Ctrl+Alt+Shift+E组合键执行盖印可见图层命令。

（7）按Ctrl+Alt+2组合键将图像中的高光区域载入选区，按Ctrl+Shift+I组合键将选区反相，如图2.151所示。

图2.151　载入选区

(8) 执行菜单栏中的【图层】|【新建】|【通过拷贝的图层】命令，生成【图层4】。选中【图层 4】图层，将图层混合模式设置为【柔光】，这样就完成了效果制作。最终效果如图2.152所示。

图2.152　最终效果

实例023　漂亮光束

> 🖼 素材位置：无
> 💿 案例位置：源文件\第2章\漂亮光束.psd
> ▶ 视频文件：视频教学\实例023　漂亮光束.avi

本例讲解漂亮光束效果的制作。在制作过程中围绕光束运动的方向绘制光线，同时为光线添加高光效果，最后为制作的光束图像添加圆点图像，完成效果制作。最终效果如图2.153所示。

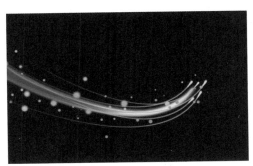

图2.153　漂亮光束

Step 01　绘制主光线

(1) 执行菜单栏中的【文件】|【新建】命令，在弹出的对话框中设置【宽度】为700像素、【高度】为450像素、【分辨率】为72像素/英寸，新建一个空白画布，将画布填充为黑色。

(2) 选择工具箱中的【钢笔工具】 ✐，绘制一个弧形封闭路径，如图2.154所示。

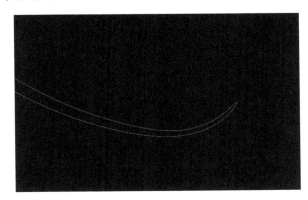

图2.154　绘制路径

(3) 按Ctrl+Enter组合键将路径转换为选区，如图2.155所示。

(4) 单击面板底部的【创建新图层】按钮 ◻，新建1个【图层1】图层，如图2.156所示。

图2.155　转换为选区　　图2.156　新建图层

(5) 执行菜单栏中的【选择】|【修改】|【羽化】命令，在弹出的对话框中将【羽化半径】更改为4像素，完成之后单击【确定】按钮，如图2.157所示。

(6) 选择工具箱中的【渐变工具】 ▢，编辑深红色(R:110，G:30，B:0)到深黄色(R:208，G:88，B:7)的渐变，单击选项栏中的【线性渐变】按钮▢，在选区中从左向右拖动填充渐变，完成之后按Ctrl+D组合键将选区取消，如图2.158所示。

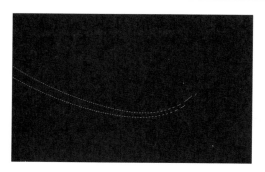

图2.157 羽化选区

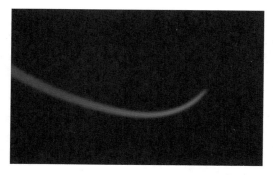

图2.158 填充渐变

（7）在【图层】面板中选中【图层1】图层，单击面板底部的【添加图层样式】按钮 **fx**，在菜单中选择【外发光】命令，在弹出的对话框中将【颜色】更改为深黄色(R:250，G:90，B:5)、【大小】更改为1像素，完成之后单击【确定】按钮，如图2.159所示。

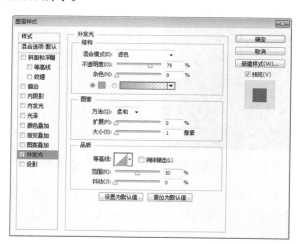

图2.159 设置外发光样式

（8）选择工具箱中的【钢笔工具】 ，在刚才绘制的图像位置再次绘制一个弧形封闭路径，如图2.160所示。

（9）单击面板底部的【创建新图层】按钮 ，新建1个【图层2】图层。

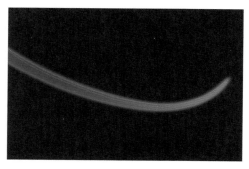

图2.160 绘制路径

（10）按Ctrl+Enter组合键将路径转换为选区，再以刚才同样的方法将选区羽化1.5像素。

（11）选择工具箱中的【渐变工具】 ，编辑深红色(R:168，G:58，B:0)到黄色(R:250，G:220，B:70)的渐变，单击选项栏中的【线性渐变】按钮 ，在选区中从左向右拖动填充渐变，完成之后按Ctrl+D组合键将选区取消，如图2.161所示。

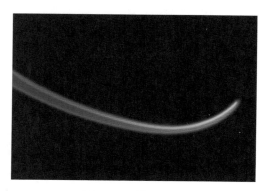

图2.161 填充渐变

（12）按住Ctrl键，单击【图层2】图层缩览图，将其载入选区，如图2.162所示。

（13）执行菜单栏中的【选择】|【修改】|【收缩】命令，在弹出的对话框中将【半径】更改为1像素，完成之后单击【确定】按钮，如图2.163所示。

图2.162 载入选区　　　图2.163 收缩选区

（14）执行菜单栏中的【图层】|【新建】|【通

过拷贝的图层】命令，此时将生成1个【图层3】图层，如图2.164所示。

(15) 选中【图层3】图层，将图层混合模式设置为【颜色减淡】，如图2.165所示。

图2.164 生成【图层3】

图2.165 设置图层混合模式

(16) 以同样的方法在光束上绘制数个类似的高光线条，如图2.166所示。

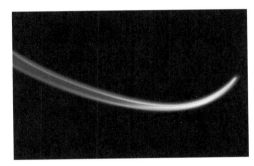

图2.166 绘制高光线条

(17) 选择工具箱中的【钢笔工具】，在刚才绘制的图像位置再次绘制一个弧形封闭路径，按Ctrl+Enter组合键将路径转换为选区，如图2.167所示。

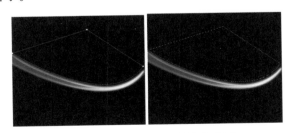

图2.167 绘制路径并转换为选区

(18) 单击面板底部的【创建新图层】按钮，新建1个【图层7】图层。

(19) 选择工具箱中的【渐变工具】，编辑深红色(R:147，G:36，B:0)到深黄色(R:222，G:100，B:2)的渐变，单击选项栏中的【线性渐变】按钮，在选区中从左向右拖动填充渐变，如图2.168所示。

(20) 选择工具箱中的任意选区工具，将光标

移至选区中分别按向上及向左方向键将选区稍微移动，如图2.169所示。

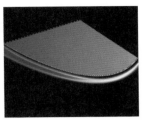

图2.168 填充渐变　　　图2.169 移动选区

(21) 按Delete键将选区中的图像删除，完成之后按Ctrl+D组合键将选区取消，如图2.170所示。

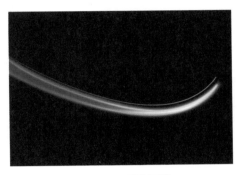

图2.170 删除图像

(22) 选中【图层7】图层，执行菜单栏中的【滤镜】|【模糊】|【高斯模糊】命令，在弹出的对话框中将【半径】更改为1像素，完成之后单击【确定】按钮。

(23) 以刚才同样的方法在线段右侧位置绘制1个路径，如图2.171所示。

(24) 单击面板底部的【创建新图层】按钮，新建1个【图层8】图层，如图2.172所示。

图2.171 绘制路径　　　图2.172 新建图层

(25) 以刚才同样的方法将路径转换为选区并将其羽化1像素，如图2.173所示。

(26) 选中【图层8】图层，将选区填充为黄色(R:255，G:180，B:0)，完成之后按Ctrl+D组合键将选区取消，如图2.174所示。

图2.173　转换为选区　　图2.174　填充颜色

（27）同时选中【图层7】和【图层8】图层，在画布中按住Alt键将图像复制数份并分别将其旋转及缩放，如图2.175所示。

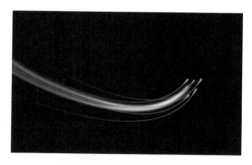

图2.175　复制并变换图像

（28）同时选中所有和【图层7】、【图层8】相关的图层，按Ctrl+G组合键将其编组，将生成的组名称更改为"小光线"，如图2.176所示。

（29）在【图层】面板中选中【小光线】组，将其拖至面板底部的【创建新图层】按钮 □ 上，复制1个【小光线 拷贝】组，如图2.177所示。

图2.176　将图层编组　　图2.177　复制组

（30）选中【小光线 拷贝】组，将图层混合模式设置为【颜色减淡】。

Step 02　添加装饰图像

（1）在【画笔】面板中选择1个圆角笔触，将【大小】更改为12像素、【硬度】更改为100%、【间距】更改为1000%，如图2.178所示。

（2）勾选【形状动态】复选框，将【大小抖动】更改为80%，如图2.179所示。

图2.178　设置画笔笔尖形状　　图2.179　设置形状动态

（3）勾选【散布】复选框，将【散布】更改为1000%，如图2.180所示。

（4）勾选【颜色动态】复选框，将【前景/背景抖动】更改为80%，如图2.181所示。

图2.180　设置散布　　图2.181　设置颜色动态

（5）单击面板底部的【创建新图层】按钮 □ ，新建1个【图层9】图层，如图2.182所示。

（6）将前景色更改为深红色(R:255，G:84，B:0)、背景色更改为黄色(R:255，G:210，B:0)，在画布中单击或者涂抹，添加图像，如图2.183所示。

 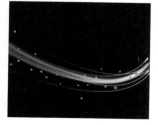

图2.182　新建图层　　图2.183　添加图像

（7）单击面板底部的【创建新图层】按钮 ，在【背景】图层上方新建1个【图层 10】图层，如图2.184所示。

（8）适当增加画笔笔触大小，以同样的方法继续添加图像，如图2.185所示。

图2.184　新建图层

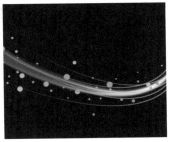

图2.185　添加图像

（9）选择工具箱中的【模糊工具】 ，在画布中单击鼠标右键，在弹出的面板中选择1个圆角笔触，将【大小】更改为120像素。

（10）分别选中【图层10】及【图层9】图层，在画布中圆点图像上涂抹将部分图像模糊，这样就完成了效果制作。最终效果如图2.186所示。

图2.186　最终效果

实例024　碧海蓝天特效

> 素材位置：调用素材\第2章\碧海蓝天特效
> 案例位置：源文件\第2章\碧海蓝天特效.psd
> 视频文件：视频教学\实例024　碧海蓝天特效.avi

本例讲解碧海蓝天特效的制作。本例在制作过程中重点使用了云彩及海洋波纹等滤镜命令。整个特效图像的制作比较简单，但步骤相对较多，重点在于细节图像的处理。最终效果如图2.187所示。

图2.187　碧海蓝天特效

操作步骤

Step 01　绘制天空图像

（1）执行菜单栏中的【文件】|【新建】命令，在弹出的对话框中设置【宽度】为700像素、【高度】为500像素、【分辨率】为72像素/英寸，新建一个空白画布，将画布填充为深蓝色(R:20，G:67，B:93)。

（2）选择工具箱中的【矩形工具】 ，在选项栏中将【填充】更改为深蓝色(R:3，G:4，B:32)、【描边】设为无，在画布靠顶部位置绘制一个与画布相同宽度的矩形，此时将生成1个【矩形 1】图层，如图2.188所示。

图2.188　绘制图形

（3）在【图层】面板中选中【矩形 1】图层，单击面板底部的【添加图层蒙版】按钮 ，为其添加图层蒙版，如图2.189所示。

（4）选择工具箱中的【渐变工具】 ，编辑黑色到白色的渐变，单击选项栏中的【线性渐变】按钮 ，在图形上拖动将部分图形隐藏，如图2.190所示。

（5）在【图层】面板中选中【矩形 1】图层，将其拖至面板底部的【创建新图层】按钮 上，复制1个【矩形 1拷贝】图层，并将其垂直翻转后移动到底部位置如图2.191所示。

图2.189　添加图层蒙版

图2.190　设置渐变并隐藏图形

图2.191　复制图层

（6）单击面板底部的【创建新图层】按钮，新建一个【图层1】图层，如图2.192所示。

（7）选择工具箱中的【画笔工具】，在画布中单击鼠标右键，在弹出的面板菜单中选择【载入画笔】|【云】，将其载入，然后选择任意画笔并更改适当大小，如图2.193所示。

图2.192　新建图层

图2.193　选择笔触

（8）将前景色更改为白色，在画布中单击数次添加图像，如图2.194所示。

图2.194　添加图像

（9）单击面板底部的【创建新图层】按钮，

新建1个【图层2】图层，如图2.195所示。

（10）将前景色更改为白色，背景色更改为蓝色(R:18，G:62，B:90)，执行菜单栏中的【滤镜】|【渲染】|【云彩】命令，如图2.196所示。

图2.195　新建图层

图2.196　添加云彩

（11）设置默认的前景色和背景色，执行菜单栏中的【滤镜】|【渲染】|【分层云彩】命令，如图2.197所示。

（12）选中【图层2】图层，按Ctrl+T组合键对其执行【自由变换】命令，将图像等比缩小，完成之后按Enter键确认，如图2.198所示。

图2.197　分层云彩

图2.198　缩小图像

（13）在【图层】面板中选中【图层2】图层，将其拖至面板底部的【创建新图层】按钮上，复制1个【图层2拷贝】图层，如图2.199所示。

（14）选中【图层2拷贝】图层，按Ctrl+T组合键对其执行【自由变换】命令，单击鼠标右键，在弹出的快捷菜单中选择【水平翻转】命令，完成之后按Enter键确认，将翻转图像与原图像对齐，如图2.200所示。

图2.199　复制图层

图2.200　变换图像

(15) 同时选中【图层 2 拷贝】及【图层 2】图层，将图像复制并以刚才同样的方法将其垂直翻转，如图2.201所示。

图2.201 复制并变换图像

(16) 同时选中所有和【图层 2】相关的图层，按Ctrl+E组合键将其合并，将生成的图层名称更改为"波纹"。

(17) 选中【波纹】图层，执行菜单栏中的【滤镜】|【滤镜库】命令，在弹出的对话框中选择【扭曲】|【海洋波纹】，将【波纹大小】更改为9、【波纹幅度】更改为9，完成之后单击【确定】按钮，如图2.202所示。

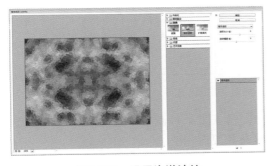

图2.202 设置海洋波纹

(18) 选中【波纹】图层，按Ctrl+T组合键对其执行【自由变换】命令，单击鼠标右键，在弹出的快捷菜单中选择【透视】命令，拖动变形框控制点，将图像变形，完成之后按Enter键确认，如图2.203所示。

图2.203 将图像变形

(19) 选中【波纹】图层，将图层混合模式设置为【柔光】、【不透明度】更改为40%。

(20) 在【图层】面板中选中【波纹】图层，单击面板底部的【添加图层蒙版】按钮，为其添加图层蒙版。

(21) 选择工具箱中的【画笔工具】，在画布中单击鼠标右键，在弹出的面板中选择一种圆角笔触，将【大小】更改为100像素、【硬度】更改为0%。

(22) 将前景色更改为黑色，在图像上面部分区域涂抹以将其隐藏，如图2.204所示。

图2.204 隐藏图像

(23) 单击面板底部的【创建新图层】按钮，新建1个【图层2】图层。

(24) 选择工具箱中的【画笔工具】，在画布中单击鼠标右键，在弹出的面板中选择一种圆角笔触，将【大小】更改为80像素、【硬度】更改为0%，在选项栏中将【不透明度】更改为5%。

(25) 将前景色更改为白色，在云彩图像上方边缘位置涂抹，添加高光效果，如图2.205所示。

图2.205 添加高光

(26) 选择工具箱中的【椭圆工具】，在选项栏中将【填充】更改为青色(R:96，G:212，B:255)、【描边】设置为无，在海水图像位置绘制1个椭圆图形，此时将生成1个【椭圆 1】图层，如

图2.206所示。

图2.206　绘制图形

(27) 选中【椭圆 1】图层，执行菜单栏中的【滤镜】|【模糊】|【高斯模糊】命令，在弹出的对话框中将【半径】更改为20像素，完成之后单击【确定】按钮。

(28) 选中【椭圆 1】图层，执行菜单栏中的【滤镜】|【模糊】|【动感模糊】命令，在弹出的对话框中将【角度】更改为0度、【距离】更改为500像素，设置完成之后单击【确定】按钮。

(29) 选中【椭圆 1】图层，将图层混合模式设置为【线性光】、【不透明度】更改为80%。

Step 02　绘制装饰图像

(1) 选择工具箱中的【自定形状工具】，选择【形状】|【红心形卡】图形。

(2) 在选项栏中将【填充】更改为白色，在画布中绘制1个心形，此时将生成1个【形状 1】图层，如图2.207所示。

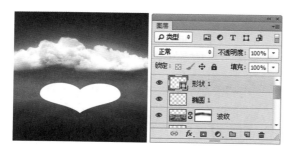

图2.207　绘制图形

(3) 选中【形状 1】图层，按Ctrl+T组合键对其执行【自由变换】命令，单击鼠标右键，在弹出的快捷菜单中选择【透视】命令，拖动变形框控制点以将图形变形，完成之后按Enter键确认，如图2.208所示。

(4) 在【图层】面板中选中【形状 1】图层，单击面板底部的【添加图层样式】按钮fx，在菜单中选择【外发光】命令，在弹出的对话框中将【颜色】更改为深蓝色(R:6，G:28，B:40)、【大小】

更改为35像素，完成之后单击【确定】按钮，如图2.209所示。

图2.208　将图形变形

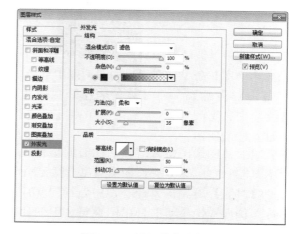

图2.209　设置外发光样式

(5) 在【图层】面板中选中【形状 1】图层，将【填充】更改为0%。

(6) 选择工具箱中的【横排文字工具】T，在适当位置添加文字，如图2.210所示。

图2.210　添加文字

(7) 在【图层】面板中选中LOVE OF STORY图层，将其拖至面板底部的【创建新图层】按钮上，复制1个【LOVE OF STORY 拷贝】图层，再单击面板底部的【添加图层蒙版】按钮，为其添加图层蒙版，如图2.211所示。

(8) 选中【LOVE OF STORY 拷贝】图层，按 Ctrl+T组合键对其执行【自由变换】命令，单击鼠标右键，从弹出的快捷菜单中选择【垂直翻转】命令，完成之后按Enter键确认，如图2.212所示。

色到白色的渐变，单击选项栏中的【线性渐变】按钮，在其文字上拖动，将部分文字隐藏，这样就完成了效果制作。最终效果如图2.213所示。

图2.211 添加图层蒙版　　图2.212 变换文字

(9) 选择工具箱中的【渐变工具】 ，编辑黑

图2.213 最终效果

PS

第3章

特效文字表现

本章介绍

本章讲解特效文字表现制作。特效文字的制作思路十分统一，无论何种风格的特效文字都可以从所需要表达的特效思路出发，通过放大及延伸文字的视觉表现力将特效与文字整合为一个整体。其制作思路总体比较简单，但需要在制作之初明确好特效的风格及方向。一般的特效文字都是建立在特效的表现力之上，所以与其他特效图像的制作过程大同小异。通过对本章的学习，读者可以掌握特效文字表现的制作。

要点索引

◆ 学会制作熔岩字
◆ 掌握科技质感字体制作方法
◆ 学习制作冰冻字
◆ 了解烟雾字的制作思路
◆ 学习制作卷边字
◆ 学会制作电影字

实例025　熔岩字

- 素材位置：调用素材\第3章\熔岩字
- 案例位置：源文件\第3章\熔岩字.psd
- 视频文件：视频教学\实例025　熔岩字.avi

本例讲解的是熔岩字制作。本例中的字体十分具有视觉冲击效果，通过真实的熔岩背景及素材图像的搭配制作出这样一款真实的熔岩样式字体。最终效果如图3.1所示。

图3.1　熔岩字

 操作步骤

Step 01　制作背景

（1）执行菜单栏中的【文件】|【新建】命令，在弹出的对话框中设置【宽度】为8厘米、【高度】为5.5厘米、【分辨率】为300像素/英寸。

（2）执行菜单栏中的【文件】|【打开】命令，打开"火山石纹理.psd"文件，将打开的素材拖入画布中并适当缩小至与画布相同大小，其图层名称将更改为【图层1】。

（3）在【图层】面板中选中【图层1】图层，单击面板底部的【添加图层样式】按钮 fx，在菜单中选择【渐变叠加】命令，在弹出的对话框中将【混合模式】更改为【叠加】、【不透明度】更改为100%、【渐变】更改为白色到黑色、【样式】更改为【径向】，【缩放】更改为130%，完成之后单击【确定】按钮，如图3.2所示。

（4）执行菜单栏中的【文件】|【打开】命令，打开"熔浆纹理.jpg"文件，将打开的素材拖入画布中并适当缩小至与画布相同大小，其图层名称将更改为【图层2】，如图3.3所示。

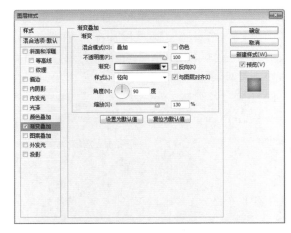

图3.2　设置渐变叠加

图3.3　添加素材

（5）在【图层】面板中选中【图层2】图层，将其图层混合模式设置为【柔光】，如图3.4所示。

图3.4　设置图层混合模式

Step 02　定义图案

（1）选择工具箱中的【横排文字工具】 T，在画布中添加文字，如图3.5所示。

（2）在【图层】面板中选中LAVA图层，将其拖至面板底部的【创建新图层】按钮 上，复制1个【LAVA 拷贝】图层，如图3.6所示。

（3）执行菜单栏中的【文件】|【打开】命令，打开"熔岩纹理.jpg"文件，打开素材图像以后，

执行菜单栏中的【编辑】|【定义图案】命令，在弹出的对话框中，将【名称】更改为"熔岩纹理"，完成之后单击【确定】按钮，如图3.7所示。

图3.5 添加文字

图3.6 复制图层

图3.7 设置定义图案

(4) 在【图层】面板中选中【LAVA 拷贝】图层，单击面板底部的【添加图层样式】按钮 *fx*，在菜单中选择【斜面和浮雕】命令，在弹出的对话框中将【深度】更改为900%、【大小】更改为5像素，取消勾选【使用全局光】复选框，【角度】更改为-110，【光泽等高线】更改为【等高线】|【对数】，【高光模式】更改为【正常】，【颜色】更改为橙色(R:205，G:76，B:12)，【阴影模式】更改为【正常】，【不透明度】更改为100%，如图3.8所示。

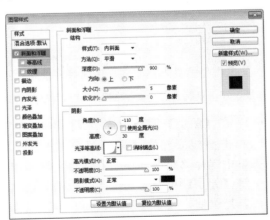

图3.8 设置斜面和浮雕

(5) 勾选【纹理】复选框，将【图案】更改为之前定义的"熔岩纹理"，【缩放】更改为50%、【深度】更改为6%，如图3.9所示。

(6) 勾选【描边】复选框，将【大小】更改为1像素、【位置】更改为【内部】、【填充类型】

更改为【渐变】，【渐变】更改为橙色(R:250，G:130，B:15)到透明，【缩放】更改为150%，如图3.10所示。

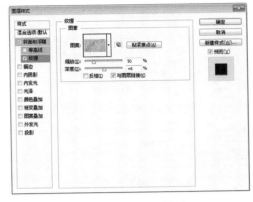

图3.9 设置纹理样式

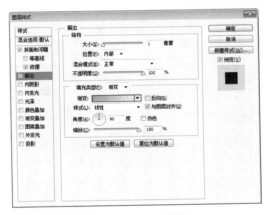

图3.10 设置描边样式

(7) 勾选【内阴影】复选框，将【不透明度】更改为100%，取消勾选【使用全局光】复选框，【角度】更改为90度、【大小】更改为40像素、【杂色】更改为10%，如图3.11所示。

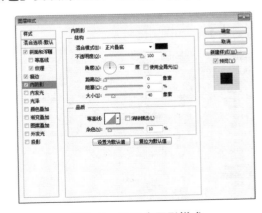

图3.11 设置内阴影样式

(8) 勾选【内发光】复选框，将【混合模式】更改为【线性减淡(添加)】、【不透明度】更改为100%、【颜色】更改为浅黄色(R:255，G:254，B:204)、【大小】更改为5像素，如图3.12所示。

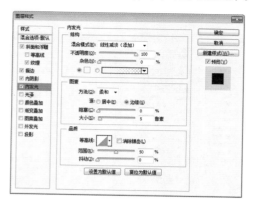

图3.12 设置内发光样式

(9) 勾选【颜色叠加】复选框，将【颜色】更改为深灰色(R:35，G:35，B:35)，如图3.13所示。

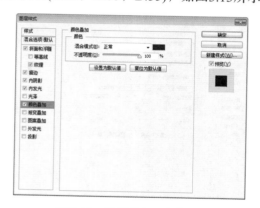

图3.13 设置颜色叠加样式

(10) 勾选【外发光】复选框，将【混合模式】更改为【实色混合】、【不透明度】更改为100%、【杂色】更改为10%、选中渐变单选按钮，将渐变更改为黑色到透明、【扩展】更改为10%、【大小】更改为5像素、【等高线】更改为【等高线】|【对数】，如图3.14所示。

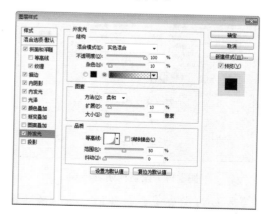

图3.14 设置外发光样式

(11) 勾选【投影】复选框，将【混合模式】更改为【正常】、【不透明度】更改为100%，取消勾选【使用全局光】复选框，【角度】更改为90度、【距离】更改为8像素、【大小】更改为10像素，完成之后单击【确定】按钮，如图3.15所示。

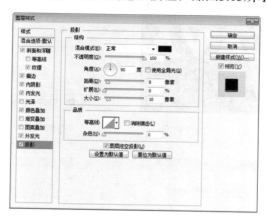

图3.15 设置投影样式

(12) 在【图层】面板中选中【LAVA 拷贝】图层，将其拖至面板底部的【创建新图层】按钮上，复制1个【LAVA 拷贝2】图层，如图3.16所示。

(13) 在【LAVA 拷贝2】图层样式名称上单击鼠标右键，在弹出的快捷菜单中选择【清除图层样式】命令，如图3.17所示。

图3.16 复制图层　　图3.17 清除图层样式

(14) 在【图层】面板中选中【LAVA 拷贝 2】图层，单击面板底部的【添加图层样式】按钮，在菜单中选择【斜面和浮雕】命令，在弹出的对话框中将【大小】更改为30像素，取消勾选【使用全局光】复选框，【高度】更改为40度、【高光模式】更改为【饱和度】、颜色更改为黑色、【阴影模式】更改为【叠加】，如图3.18所示。

(15) 勾选【内阴影】复选框，将【混合模式】更改为【颜色减淡】、【颜色】更改为橙色(R:204，G:118，B:6)、【不透明度】更改为100%，取消勾选【使用全局光】复选框，【角度】更改为-90度、【距离】更改为10像素、【大小】更改为20像素，如图3.19所示。

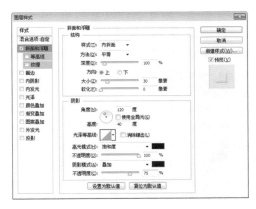

图3.18 设置斜面和浮雕

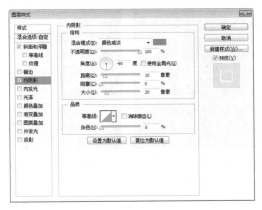

图3.19 设置内阴影样式

（16）勾选【内发光】复选框，将【混合模式】更改为【叠加】、【不透明度】更改为30%、【颜色】更改为白色、【大小】更改为30像素，如图3.20所示。

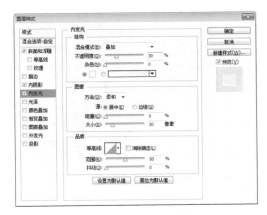

图3.20 设置内发光样式

（17）勾选【图案叠加】复选框，将【混合模式】更改为【线性光】，将【图案】更改为之前定义的"熔岩纹理"、【缩放】更改为50%，完成之后单击【确定】按钮，如图3.21所示。

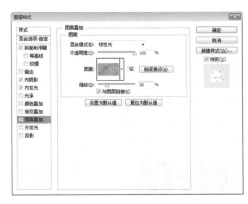

图3.21 设置图案叠加样式

（18）在【图层】面板中选中【LAVA 拷贝 2】图层，将其图层【填充】更改为0%，如图3.22所示。

图3.22 更改填充

（19）选中LAVA图层，将文字颜色更改为橙色（R:255，G:70，B:0），执行菜单栏中的【滤镜】|【模糊】|【高斯模糊】命令，在弹出的对话框中将【半径】更改为30像素，完成之后单击【确定】按钮，如图3.23所示。

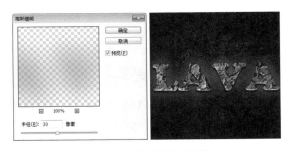

图3.23 设置高斯模糊

（20）在【图层】面板中选中LAVA图层，将其图层混合模式设置为【叠加】。

（21）单击面板底部的【创建新图层】按钮 🔲，新建一个【图层3】图层。

（22）选择工具箱中的【画笔工具】 🖌，在画布中单击鼠标右键，在弹出的面板中选择一种圆角笔触，将【大小】更改为60像素，【硬度】更改为0%。

（23）将前景色更改为橙色(R:255，G:70，B:0)，选中【图层3】图层，在文字稍暗裂开的空隙位置，单击添加颜色以增强裂口的溶焰效果，如图3.24所示。

（24）在【图层】面板中选中【图层3】图层，单击面板底部的【添加图层蒙版】按钮 ，为其图层添加图层蒙版，如图3.25所示。

图3.24　添加笔触图像　　图3.25　添加图层蒙版

（25）按住Ctrl键单击【LAVA 拷贝】图层缩览图，将其载入选区，执行菜单栏中的【选择】|【反相】命令，将选区反相，并填充为黑色，将部分图像隐藏，完成之后按Ctrl+D组合键将选区取消，将【图层3】图层混合模式更改为【叠加】，如图3.26所示。

图3.26　隐藏图形

Step 03　添加烟雾效果

（1）单击面板底部的【创建新图层】按钮 ，新建一个【图层4】图层，如图3.27所示。

（2）选择工具箱中的【画笔工具】 ，在画布中单击鼠标右键，在弹出的面板中单击右上角的 图标，在弹出的菜单中选择【载入画笔】，在弹出的对话框中选择"烟雾笔刷.ABR"文件，在面板中最底部选择一款载入的烟雾笔刷，将【大小】更改为460像素，并稍微调整其角度，如图3.28所示。

（3）将前景色更改为白色，选中【图层4】图层，在文字周围位置单击，添加烟雾效果，并将【图层4】图层的【不透明度】更改为25%，如图3.29所示。

（4）执行菜单栏中的【文件】|【打开】命令，打开"火星.jpg"文件，将打开的素材拖入画布中文字位置并适当缩小，并将其图像旋转，将产生一个【图层5】图层，如图3.30所示。

图3.27　新建图层　　　图3.28　设置笔触

图3.29　添加烟雾效果　　图3.30　添加素材

> **提示**
> 在添加烟雾图像的过程中更改画笔【不透明度】和更改图层【不透明度】的效果相同。

（5）在【图层】面板中选中【图层5】图层，将其图层混合模式设置为【滤色】，并将其移至LAVA图层上方，如图3.31所示。

图3.31　更改图层混合模式及图层顺序

（6）在【图层】面板中选中【图层5】图层，单击面板底部的【添加图层蒙版】按钮 ，为其图层添加图层蒙版。

（7）选择工具箱中的【画笔工具】 ，在画布中单击鼠标右键，在弹出的面板中选择一种圆角笔触，将【大小】更改为100像素，【硬度】更改为0%。

(8) 将前景色更改为黑色，在图像上面部分区域涂抹，将部分图像隐藏，这样就完成了效果制作。最终效果如图3.32所示。

图3.32 最终效果

实例026 科技质感字

- 📺 素材位置：调用素材\第3章\科技质感字
- 📖 案例位置：源文件\第3章\科技质感字.psd
- 💿 视频文件：视频教学\实例026 科技质感字.avi

本例讲解的是科技质感字制作。本例在制作过程中以简洁大气为目的，添加的网格背景能很好地体现出字体的质感。最终效果如图3.33所示。

图3.33 科技质感字

📝 操作步骤

Step 01 制作背景

(1) 执行菜单栏中的【文件】|【新建】命令，在弹出的对话框中设置【宽度】为10厘米、【高度】为7厘米、【分辨率】为150像素/英寸、【颜色模式】为RGB颜色，新建一个空白画布。

(2) 执行菜单栏中的【文件】|【打开】命令，打开"网孔.jpg"文件。

(3) 执行菜单栏中的【编辑】|【定义图案】命令，在弹出的对话框中将【名称】更改为网孔，完成之后单击【确定】按钮，如图3.34所示。

图3.34 设置定义图案

(4) 单击面板底部的【创建新图层】按钮 🔲，新建一个【图层1】图层，选中【图层1】图层，将其填充为白色。

(5) 在【图层】面板中选中【图层1】图层，单击面板底部的【添加图层样式】按钮 **fx**，在菜单中选择【图案叠加】命令，在弹出的对话框中单击【图案】后方的按钮，在弹出的面板中选择刚才定义的【网孔】图案，将【缩放】更改为25%，如图3.35所示。

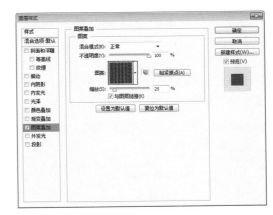

图3.35 设置图案叠加样式

(6) 勾选【渐变叠加】复选框，将【混合模式】更改为【正片叠底】、【渐变】更改为白色到黑色、【样式】更改为【径向】、【角度】更改为0度、【缩放】为150%，完成之后单击【确定】按钮，如图3.36所示。

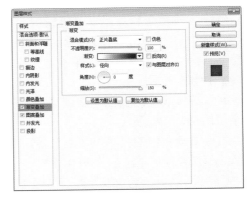

图3.36 设置渐变叠加样式

Step 02 　添加文字

（1）选择工具箱中的【横排文字工具】 **T**，在画布中适当位置添加文字，如图3.37所示。

图3.37　添加文字

（2）在【图层】面板中选中所有文字图层将其编辑组-组1，选中【组1】层，单击面板底部的【添加图层样式】按钮 **fx**，在菜单中选择【渐变叠加】命令，在弹出的对话框中将【渐变】更改为浅黄色(R:255，G:254，B:247)到黄色(R:243，G:230，B:207)到灰色(R:106，G:108，B:105)，并将黄色色标位置更改为25%，【样式】更改为径向、【缩放】更改为125%，如图3.38所示。

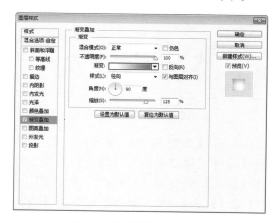

图3.38　设置渐变叠加样式

（3）勾选【外发光】复选框，将【混合模式】更改为【正常】、【不透明度】更改为38%，颜色更改为黑色、【大小】更改为20像素，完成之后单击【确定】按钮，如图3.39所示。

（4）单击面板底部的【创建新图层】按钮 ，新建一个【图层2】图层。

（5）选择工具箱中的【画笔工具】 ，在画布中单击鼠标右键，在弹出的面板中选择一种圆角笔触，将【大小】更改为250像素，【硬度】更改为0%。

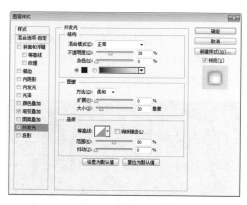

图3.39　设置外发光样式

（6）将前景色设置为黑色，选中【图层2】图层，在画布四个角位置涂抹，将画布边缘颜色压暗以更加突出字体部分，这样就完成了效果制作。最终效果如图3.40所示。

图3.40　最终效果

实例027　冰冻字

本例讲解的是冰冻字的制作。本例中的字体冰冻效果十分明显，以真实的冰冻质感为中心通过添加落霜及雪花等元素进一步增强冰冻的特性。在整个制作过程中还需要特别注意色调的变化。最终效果如图3.41所示。

图3.41　冰冻字

操作步骤

Step 01　制作质感效果

（1）执行菜单栏中的【文件】|【新建】命令，在弹出的对话框中设置【宽度】为8厘米、【高度】为5.5厘米、【分辨率】为300像素/英寸，将画布填充为深蓝色(R:0，G:56，B:102)。

（2）执行菜单栏中的【文件】|【打开】命令，打开"冰块.jpg"文件，将打开的素材拖入画布中并适当缩小至与画布相同大小，其图层名称将更改为【图层1】，选中【图层1】图层，将其图层混合模式设置为【柔光】。

（3）在【图层】面板中选中【图层1】图层，单击面板底部的【添加图层样式】按钮 fx，在菜单中选择【渐变叠加】命令，在弹出的对话框中将【混合模式】更改为【叠加】、【不透明度】更改为65%、【渐变】更改为白色到黑色，样式为径向、【角度】更改为30度，【缩放】更改为80%，完成之后单击【确定】按钮，如图3.42所示。

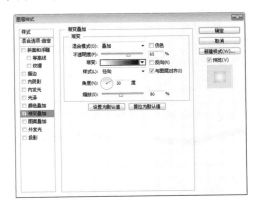

图3.42　设置渐变叠加样式

（4）选择工具箱中的【横排文字工具】 T，在画布中添加文字，如图3.43所示。

（5）在【图层】面板中选中COLD图层，将其拖至面板底部的【创建新图层】按钮 上，复制1个【COLD 拷贝】图层，如图3.44所示。

图3.43　添加文字　　　图3.44　复制图层

（6）在【图层】面板中选中【COLD 拷贝】图层，单击面板底部的【添加图层样式】按钮 fx，在菜单中选择【斜面和浮雕】命令，在弹出的对话框中将【深度】更改为900%、【大小】更改为8像素，取消勾选【使用全局光】复选框，【角度】更改为100、【光泽等高线】更改为高斯、【高光模式】中的【不透明度】更改为100%、【阴影模式】中的【不透明度】更改为10%，如图3.45所示。

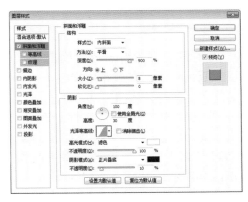

图3.45　设置斜面和浮雕样式

（7）勾选【投影】复选框，将【颜色】更改为深蓝色(R:20，G:64，B:80)、【不透明度】更改为100%，取消勾选【使用全局光】复选框，【角度】更改为100度，【距离】更改为4像素、【大小】更改为2像素，完成之后单击【确定】按钮，如图3.46所示。

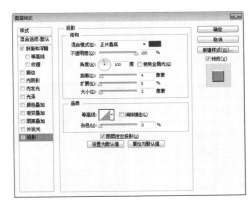

图3.46　设置投影样式

（8）在【图层】面板中选中【COLD 拷贝】图层，单击面板底部的【添加图层蒙版】按钮 ，为其图层添加图层蒙版，如图3.47所示。

（9）选择工具箱中的【画笔工具】 ，在画布中单击鼠标右键，在弹出的面板中单击右上角的 图标，在弹出的菜单中选择【载入画笔】，在弹出的对话框中选择"裂痕笔刷.ABR"文件，在面板中最底部选择一款载入的裂痕笔刷，将【大小】更改为100像素，如图3.48所示。

 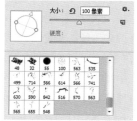

图3.47 添加图层蒙版 　　图3.48 设置笔触

（10）将前景色更改为黑色，单击【COLD 拷贝】图层蒙版缩览图，在画布中文字上部分位置单击，将部分文字隐藏，如图3.49所示。

（11）执行菜单栏中的【文件】|【打开】命令，打开"冰山.jpg"文件，将打开的素材拖入画布中并适当缩小，其图层名称将更改为【图层2】，如图3.50所示。

图3.49 隐藏文字 　　图3.50 添加素材

（12）选中【图层2】图层，执行菜单栏中的【图层】|【创建剪贴蒙版】命令，为当前图层创建剪贴蒙版，再将图像等比例缩小，如图3.51所示。

图3.51 创建剪贴蒙版

Step 02　添加落霜效果

（1）单击面板底部的【创建新图层】按钮 📄，新建一个【图层3】图层，如图3.52所示。

（2）选择工具箱中的【画笔工具】 ✏，在画布中单击鼠标右键，在弹出的面板中单击右上角的 ⚙ 图标，在弹出的菜单中选择【载入画笔】，在弹出

的对话框中选择"霜笔刷.ABR"文件，在面板中最底部选择一款载入的霜笔刷，将【大小】更改为20像素，如图3.53所示。

 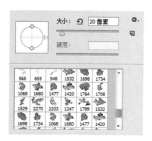

图3.52 新建图层 　　图3.53 设置笔刷

（3）在【画笔】面板中将【间距】更改为13%，如图3.54所示。

（4）勾选【形状动态】复选框，将【大小抖动】更改为100%，如图3.55所示。

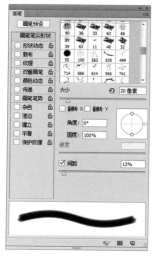 

图3.54 设置画笔笔尖形状 　图3.55 设置形状动态

（5）将前景色更改为白色，选中【图层3】，在画布中文字靠上方边缘涂抹，添加落霜效果，如图3.56所示。

图3.56 添加落霜效果

（6）执行菜单栏中的【文件】|【打开】命令，打开"冰峰.jpg"文件，将打开的素材拖入画布中左下角位置并适当缩小，其图层名称将更改为【图层4】，如图3.57所示。

（7）选择工具箱中的任意一个选区工具，选取冰峰图像的天空部分，将其删除，如图3.58所示。

图3.57 添加图像　　图3.58 删除天空

> **提示**
>
> 　　每个人的抠图习惯不同，所以在抠取此类边缘较清晰的图像时选择适合自己的才最重要，在这里推荐使用【磁性套索工具】进行快速创建选区。

（8）选中【图层4】，按住Alt+Shift组合键向右侧拖动将图像复制，并同时选中生成的【图层4 拷贝】及【图层4】图层将其合并，如图3.59所示。

图3.59 复制图像并合并图层

（9）选中【图层4 拷贝】图层，执行菜单栏中的【图像】|【调整】|【色阶】命令，在弹出的对话框中将其数值更改为(10，0.55，255)，完成之后单击【确定】按钮，如图3.60所示。

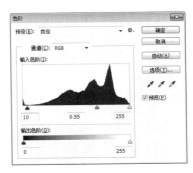

图3.60 调整色阶

Step 03 添加雪花效果

（1）在【画笔】面板中选择一个圆角笔触，将【大小】更改为18像素、【硬度】更改为50%、【间距】更改为1000%，如图3.61所示。

（2）勾选【形状动态】复选框，将【大小抖动】更改为85%，如图3.62所示。

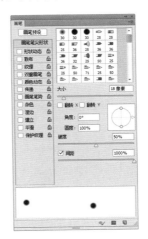 

图3.61 设置笔尖形状　　图3.62 设置形状动态

（3）勾选【散布】复选框，将【散布】更改为1000%。

（4）勾选【平滑】复选框。

（5）单击面板底部的【创建新图层】按钮，新建一个【图层4】图层，如图3.63所示。

（6）选中【图层4】图层，将前景色更改为白色，在画布中拖动画笔，添加雪花效果，如图3.64所示。

图3.63 新建图层　　图3.64 添加雪花效果

（7）选中【图层 4】图层，执行菜单栏中的【滤镜】|【模糊】|【动感模糊】命令，在弹出的对话框中将【角度】更改为45度、【距离】更改为14像素，设置完成之后单击【确定】按钮，如图3.65所示。

图3.65　设置动感模糊

（8）在【图层】面板中选中【图层 4】图层，单击面板底部的【添加图层样式】按钮 fx，在菜单中选择【外发光】命令，在弹出的对话框中将【颜色】更改为蓝色(R:0，G:178，B:255)、【大小】更改为3像素，完成之后单击【确定】按钮，如图3.66所示。

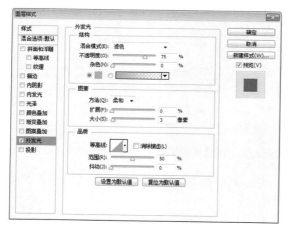

图3.66　设置外发光样式

（9）选中COLD图层，在画布中将文字颜色更改为蓝色(R:0，G:234，B:255)，如图3.67所示。

图3.67　更改文字颜色

（10）选中COLD图层，执行菜单栏中的【滤镜】|【模糊】|【高斯模糊】命令，在弹出的对话框中将【半径】更改为30像素，完成之后单击【确定】按钮。

（11）在【图层】面板中选中COLD图层，将其图层混合模式设置为【柔光】。

（12）在【图层】面板中同时选中【图层1】及【背景】图层，将其拖至面板底部的【创建新图层】按钮 上，复制1个【图层1 拷贝】及【背景拷贝】图层。

（13）将【图层1 拷贝】和【背景 拷贝】图层合并，并将其图层名称更改为【锐化】，将【锐化】图层移至【图层1】上方，如图3.68所示。

图3.68　合并图层

（14）选中【锐化】图层，执行菜单栏中的【滤镜】|【滤镜库】命令，在弹出的对话框中选择【画笔描边】|【强化的边缘】，将【边缘宽度】更改为1、【边缘亮度】更改为30、【平滑度】更改为3，完成之后单击【确定】按钮，如图3.69所示。

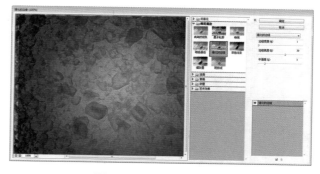

图3.69　设置强化的边缘

（15）在【图层】面板中选中【锐化】图层，单击面板底部的【添加图层蒙版】按钮 ，为其图层添加图层蒙版。

（16）选择工具箱中的【画笔工具】 ，在画布中单击鼠标右键，在弹出的面板中选择一种圆角笔触，将【大小】更改为330像素，【硬度】更改为0%。

（17）将前景色更改为黑色，单击【锐化】图层蒙版缩览图，在画布中部分区域涂抹，将部分图像隐藏，这样就完成了效果制作。最终效果如图3.70所示。

图3.70 最终效果

实例028 烟雾字

- 素材位置：调用素材\第3章\烟雾字
- 案例位置：源文件\第3章\烟雾字.psd
- 视频文件：视频教学\实例028 烟雾字.avi

本例讲解的是烟雾字效果的制作。此款字体的最终效果十分形象，通过不同滤镜的组合，灵活运用色彩的调整，使最终效果十分富有特色。最终效果如图3.71所示。

图3.71 烟雾字

操作步骤

Step 01 添加文字

（1）执行菜单栏中的【文件】|【新建】命令，在弹出的对话框中设置【宽度】为8厘米、【高度】为6厘米、【分辨率】为300像素/英寸、【颜

色模式】为RGB颜色，新建一个空白画布。

（2）选择工具箱中的【渐变工具】，编辑深蓝色(R:32，G:43，B:53)到深蓝色(R:7，G:10，B:10)的渐变，单击选项栏中的【径向渐变】按钮，在画布中从中间向右上角方向拖动，为画布填充渐变。

（3）选择工具箱中的【横排文字工具】T，在画布中添加文字，如图3.72所示。

（4）选中smoke图层，在其图层名称上单击鼠标右键，在弹出的快捷菜单中选择【转换为智能对象】命令，如图3.73所示。

图3.72 添加文字　　　图3.73 转换为智能对象

（5）选中smoke图层，执行菜单栏中的【滤镜】|【模糊】|【动感模糊】命令，在弹出的对话框中将【角度】更改为90度、【距离】更改为40像素，完成之后单击【确定】按钮。

（6）执行菜单栏中的【滤镜】|【扭曲】|【波浪】命令，在弹出的对话框中将【生成器数】更改为3，【波长】中的【最小】更改为10，【最大】更改为345，完成之后单击【确定】按钮，如图3.74所示。

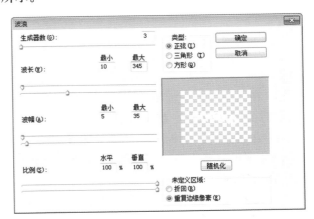

图3.74 设置波浪

（7）执行菜单栏中的【滤镜】|【模糊】|【高斯模糊】命令，在弹出的对话框中将【半径】更改为5像素，完成之后单击【确定】按钮，如图3.75所示。

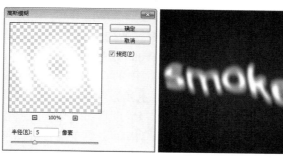

图3.75 设置高斯模糊

（8）选中smoke图层，按Ctrl+G组合键将图层编组，此时将生成一个【组1】，选中【组1】并将其混合模式更改为【颜色减淡】，如图3.76所示。

图3.76 将图层编组并设置图层混合模式

Step 02 制作特效

（1）单击面板底部的【创建新图层】按钮 ，新建一个【图层1】图层。

（2）选中【图层1】图层，将前景色更改为白色，背景色更改为黑色，执行菜单栏中的【滤镜】|【渲染】|【云彩】命令。

> **提示**
>
> 添加完云彩效果之后，可以根据实际的显示效果按Ctrl+F组合键数次，使云彩的效果更加自然。

（3）在【图层】面板中选中【图层1】图层，将其图层混合模式设置为【颜色减淡】。

（4）在【图层】面板中选中【图层1】图层，单击面板底部的【添加图层蒙版】按钮 ，为其图层添加图层蒙版。

（5）选择工具箱中的【画笔工具】 ，在画布中单击鼠标右键，在弹出的面板中选择一种圆角笔触，将【大小】更改为400像素，【硬度】更改为0%。

（6）将前景色更改为黑色，在图像上部分区域涂抹，将部分图像隐藏，如图3.77所示。

图3.77 隐藏图像

> **提示**
>
> 为了使效果更加自然，在隐藏图像时可以不断地变换画笔笔触大小，当隐藏图像以后形成一种迷离烟雾即可。

（7）单击面板底部的【创建新图层】按钮 ，新建一个【图层2】图层。

（8）选中【图层2】图层，按Ctrl+G组合键将图层编组，此时将生成一个【组2】，选中【组2】，将其混合模式更改为【颜色减淡】。

（9）选择工具箱中的【画笔工具】 ，在画布中单击鼠标右键，在弹出的面板中单击右上角的 图标，在弹出的菜单中选择【载入画笔】，在弹出的对话框中选择"烟雾笔刷.ABR"文件，在面板中最底部选择一款载入的烟雾笔刷，将【大小】更改为300像素，如图3.78所示。

（10）选中【图层2】图层，将前景色更改为白色，在画布中文字左侧位置单击添加笔触特效，如图3.79所示。

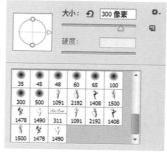

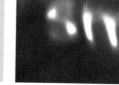

图3.78 设置笔触　　图3.79 添加笔触特效

（11）以刚才同样的方法新建4个图层，并分别选中刚才载入的几个画笔笔触，在文字图形上面部分位置单击，添加画笔笔触特效，如图3.80所示。

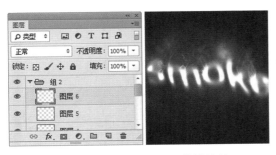

图3.80 新建图层并添加笔触特效

> **提示**
> 每添加一个烟雾特效新建一个图层，可以方便后期的编辑。

(12) 单击面板底部的【创建新图层】按钮 ，新建一个【图层7】图层，选中【图层7】图层，将选区填充为黑色。

(13) 选中【图层7】图层，执行菜单栏中的【滤镜】|【滤镜库】命令，在弹出的对话框中选中【纹理】|【纹理化】，保持默认数值，完成之后单击【确定】按钮，如图3.81所示。

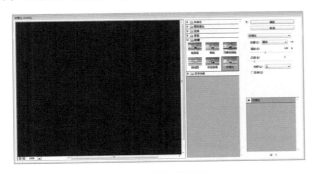

图3.81 设置纹理化

(14) 选中【图层 7】图层，将其图层【不透明度】更改为10%。

(15) 在【图层】面板中选中【图层7】图层，单击面板底部的【创建新的填充或调整图层】按钮 ，在弹出的菜单中选择【反相】命令，创建一个新的反相调整图层，此时将生成一个【反相1】调整图层。

(16) 在【图层】面板中选中【反相1】图层，将其移至所有图层上方，如图3.82所示。

(17) 在【图层】面板中选中【反相1】图层，单击面板底部的【创建新的填充或调整图层】按钮 ，在弹出的菜单中选择【色阶】命令，此时将生成一个【色阶】调整图层，修改参数为(64，1.1，254)。

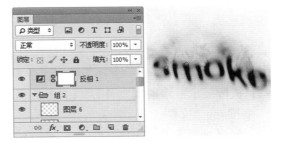

图3.82 更改图层顺序

(18) 选择工具箱中的【横排文字工具】 T，在画布靠右下角位置添加文字，这样就完成了效果制作。最终效果如图3.83所示。

图3.83 最终效果

实例029 墙壁涂鸦字

> 素材位置：调用素材\第3章\墙壁涂鸦字
> 案例位置：源文件\第3章\墙壁涂鸦字.psd
> 视频文件：视频教学\实例029 墙壁涂鸦字.avi

本例讲解的是墙壁涂鸦字的特效制作。涂鸦效果的制作重点在于字体及背景的选择。在本例中以粗糙的墙壁做背景，同时在制作过程中为背景添加细节涂鸦痕迹，使整体的涂鸦艺术效果十分真实。最终效果如图3.84所示。

图3.84 墙壁涂鸦字

操作步骤

Step 01 制作背景

(1) 执行菜单栏中的【文件】|【打开】命令，打开"墙壁.jpg"文件。

(2) 在【画笔】面板中选择1个圆角笔触，将【大小】更改为50像素、【硬度】更改为100%、【间距】更改为125%，如图3.85所示。

(3) 勾选【形状动态】复选框，将【大小抖动】更改为80%，如图3.86所示。

图3.85 设置画笔笔尖形状　　图3.86 设置形状动态

(4) 勾选【散布】复选框，将【散布】更改为650%、【数量】更改为5。

(5) 单击面板底部的【创建新图层】按钮🗔，新建一个【图层1】图层。

(6) 将前景色更改为灰色(R:128，G:128，B:128)，在画布中涂抹添加图像，如图3.87所示。

图3.87 添加图像

(7) 选中【图层1】图层，将其图层混合模式设置为【正片叠底】，【不透明度】更改为70%。

(8) 以同样的方法新建图层并添加相似图像，如图3.88所示。

图3.88 添加图像

 提示

在添加图像时需要注意新建图层并适当调整画笔大小，同时注意设置图层混合模式。

(9) 选择工具箱中的【横排文字工具】，在画布中添加在【图层】面板中，选中POSTROCK图层，单击面板底部的【添加图层样式】按钮 fx，在菜单中选择【外发光】命令，在弹出的对话框中将【混合模式】更改为【正常】、颜色更改为黄色(R:250，G:219，B:50)、【大小】更改为4像素，如图3.89所示。

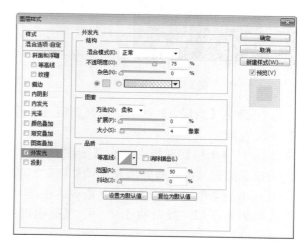

图3.89 设置外发光样式

(10) 勾选【投影】复选框，将颜色更改为红色(R:240，G:64，B:64)、【不透明度】更改为100%，取消勾选【使用全局光】复选框，【角度】更改为90度、【距离】更改为15像素、【大小】更改为5像素，完成之后单击【确定】按钮，如图3.90所示。

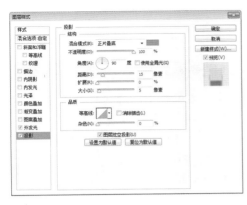

图3.90 设置投影样式

(11) 选中POSTROCK图层，将其图层混合模式设置为【叠加】，【填充】更改为80%。

(12) 单击面板底部的【创建新图层】按钮，新建一个【图层4】图层。

(13) 选择工具箱中的【画笔工具】，在画布中单击鼠标右键，在弹出的面板中选择一种圆角笔触，将【大小】更改为80像素，【硬度】更改为100%。

 提示

在添加图像时需要将【画笔工具】复位。

(14) 将前景色分别更改为蓝色(R:86，G:120，B:157)和青色(R:110，G:160，B:130)，在字体附近位置单击添加图像，如图3.91所示。

图3.91 添加图像

 提示

在添加图像时按X键切换前景色和背景色。

(15) 选中【图层4】图层，将其图层混合模式设置为【正片叠底】、【不透明度】更改为80%。

Step 02 绘制痕迹图像

(1) 单击面板底部的【创建新图层】按钮，新建一个【图层5】图层。

(2) 选择工具箱中的【画笔工具】，在画布中单击鼠标右键，在弹出的面板中选择一种圆角笔触，将【大小】更改为15像素，【硬度】更改为100%。

(3) 将前景色更改为黄色(R:190，G:174，B:70)，在图像中拖动绘制数条线段，如图3.92所示。

图3.92 绘制线段

(4) 选中【图层5】图层，执行菜单栏中的【滤镜】|【液化】命令，在弹出的对话框中拖动图像，完成之后单击【确定】按钮，如图3.93所示。

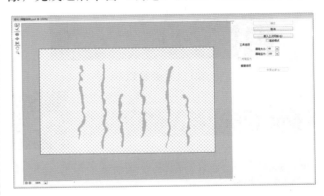

图3.93 设置液化

(5) 按住Ctrl键单击POSTROCK图层缩览图，将其载入选区，如图3.94所示。

(6) 选中【图层5】图层，将选区中图像删除，完成之后按Ctrl+D组合键将选区取消，如图3.95所示。

图3.94 载入选区　　　　图3.95 删除图像

（7）单击面板底部的【创建新图层】按钮 🔲，新建一个【图层6】图层。

（8）选中【图层6】图层，按Ctrl+Alt+Shift+E组合键，执行盖印可见图层命令。

（9）在【图层】面板中选中【图层6】图层，将其图层混合模式更改为【正片叠底】，再单击面板底部的【添加图层蒙版】按钮 🔳，为其图层添加图层蒙版。

（10）选择工具箱中的【画笔工具】 🖌，在画布中单击鼠标右键，在弹出的面板中选择一种圆角笔触，将【大小】更改为250像素，【硬度】更改为0%。

（11）将前景色更改为黑色，在画布中文字区域涂抹，将部分图像隐藏，这样就完成了效果制作。最终效果如图3.96所示。

图3.96　最终效果

实例030　水雾字

| 素材位置：调用素材\第3章\水雾字 |
| 案例位置：源文件\第3章\水雾字.psd |
| 视频文件：视频教学\实例030　水雾字.avi |

本例讲解的是水雾字的制作。本例的制作以带水的玻璃为背景，通过图层混合模式展示出这样一款具有真实水雾效果的字体。最终效果如图3.97所示。

图3.97　水雾字

📋 **操作步骤**

Step 01　添加文字

（1）执行菜单栏中的【文件】|【新建】命令，在弹出的对话框中设置【宽度】为10厘米、【高度】为7厘米、【分辨率】为300像素/英寸、【颜色模式】为RGB颜色，新建一个空白画布。

（2）执行菜单栏中的【文件】|【打开】命令，打开"玻璃.jpg"文件，将打开的素材拖入画布中并适当缩小至与画布相同大小。

（3）选择工具箱中的【画笔工具】 🖌，在画布中单击鼠标右键，在弹出的面板中选择一种圆角笔触，将【大小】更改为30像素，【硬度】更改为70%。

（4）单击面板底部的【创建新图层】按钮 🔲，新建一个【图层2】图层。

（5）将前景色更改为黑色，选中【图层2】，按住鼠标写出英文字母，如图3.98所示。

图3.98　添加文字

（6）选中【图层2】图层，执行菜单栏中的【滤镜】|【扭曲】|【波纹】命令，在弹出的对话框中将【数量】更改为140%、【大小】更改为【小】，完成之后单击【确定】按钮，如图3.99所示。

图3.99　设置波纹

（7）执行菜单栏中的【滤镜】|【扭曲】|【波浪】命令，在弹出的对话框中将【生成器数】更改

为5、【波长】中的【最小】更改为10、【最大】更改为120、波幅中的【最小】更改为1、【最大】更改为10，完成之后单击【确定】按钮，如图3.100所示。

图3.100 设置波浪

（8）选择工具箱中的【画笔工具】，在画布中单击鼠标右键，在弹出的面板中选择一种圆角笔触，将【大小】更改为5像素，【硬度】更改为70%，如图3.101所示。

（9）选中【图层2】图层，在文字上涂抹，添加流淌的特效，如图3.102所示。

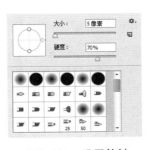 

图3.101 设置笔触　　图3.102 添加流淌特效

（10）在【图层】面板中选中【图层2】图层，将其图层混合模式设置为【叠加】，【不透明度】更改为70%。

（11）在【图层】面板中选中【图层2】图层，将其拖至面板底部的【创建新图层】按钮上，复制1个【图层2 拷贝】图层，将【图层2 拷贝】图层混合模式更改为【正常】，【不透明度】更改为30%，如图3.103所示。

图3.103 复制并设置图层

Step 02　增强亮度

（1）单击面板底部的【创建新图层】按钮，新建一个【图层3】图层，选中【图层3】图层，将其填充为白色。

（2）在【图层】面板中，选中【图层 3】图层，将其图层混合模式设置为【柔光】，【不透明度】更改为30%，以提高整个画面的亮度，这样就完成了效果制作。最终效果如图3.104所示。

图3.104 最终效果

实例031　钻石字

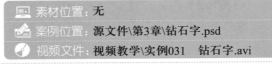

| 素材位置：无 |
| 案例位置：源文件\第3章\钻石字.psd |
| 视频文件：视频教学\实例031　钻石字.avi |

本例讲解的是钻石字的制作。钻石字制作主题性较强，主要以突出钻石的质感为主。在本例中巧用定义图案的方法为文字填充图案，从而制作出真实的钻石质感字体。最终效果如图3.105所示。

图3.105 钻石字

操作步骤

Step 01　制作背景

（1）执行菜单栏中的【文件】|【新建】命令，在弹出的对话框中设置【宽度】为8厘米，【高

度】为5厘米、【分辨率】为300像素/英寸、【颜色模式】为RGB颜色，新建一个空白画布。

（2）选择工具箱中的【渐变工具】 ▣，编辑紫色(R:110，G:30，B:130)到紫色(R:186，G:98，B:160)到紫色(R:126，G:35，B:137)再到紫色(R:150，G:20，B:140)的渐变，单击选项栏中的【线性渐变】按钮 ▣，将第1个紫色色标位置更改为15%，第2个紫色色标位置更改为35%，第3个紫色色标位置同样更改为35%，第4个紫色色标位置更改为45%，在画布中从下至上拖动，为画布填充渐变，如图3.106所示。

图3.106　新建画布并填充颜色

（3）选择工具箱中的【椭圆工具】 ⬭，在选项栏中将【填充】更改为黄色(R:236，G:204，B:166)，【描边】设置为无，绘制一个椭圆图形，此时将生成一个【椭圆1】图层，如图3.107所示。

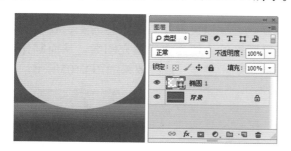

图3.107　绘制图形

（4）选中【椭圆1】图层，执行菜单栏中的【滤镜】|【模糊】|【高斯模糊】命令，在弹出的对话框中将【半径】更改为130像素，完成之后单击【确定】按钮。

Step 02　定义图案

（1）选择工具箱中的【横排文字工具】 T，在画布中适当位置添加文字，如图3.108所示。

（2）选中NOBLE图层，在其图层名称上单击鼠标右键，在弹出的快捷菜单中选择【转换为形状】

命令，如图3.109所示。

图3.108　添加文字　　　图3.109　转换为形状

（3）选择工具箱中的【直接选择工具】 ▸，选中O字母锚点向上拖动，将字母与其他几个字母的底部对齐，如图3.110所示。

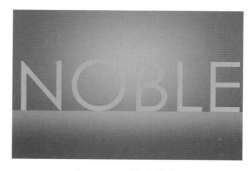

图3.110　拖动锚点

（4）新建一个白色背景的画布。选择工具箱中的【自定形状工具】 ✿，在画布中单击鼠标右键，在弹出的面板中单击右上角的 ✿ 图标，在弹出的菜单中选择【红心形卡】，在选项栏中将【填充】更改为灰色(R:194，G:194，B:194)，在画布左上角位置按住Shift键绘制一个心形，此时将生成一个【形状 1】图层，如图3.111所示。

图3.111　绘制图形

（5）选中【形状1】图层，在画布中按住Alt键将图形复制3份，如图3.112所示。

（6）执行菜单栏中的【编辑】|【定义图案】命令，在弹出的对话框中将【名称】更改为【图案】，完成之后单击【确定】按钮，如图3.113所示。

图3.112 复制图形

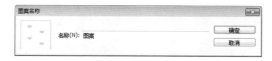

图3.113 设置定义图案

(7) 在【图层】面板中选中NOBLE图层，单击面板底部的【添加图层样式】按钮 *fx*，在菜单中选择【斜面和浮雕】命令，在弹出的对话框中将【深度】更改为1000%、【大小】更改为3像素，【光泽等高线】更改为环形、【阴影模式】中的【不透明度】更改为35%，如图3.114所示。

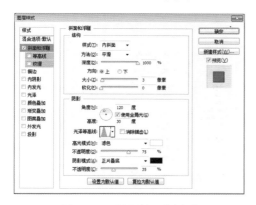

图3.114 设置斜面和浮雕

(8) 勾选【等高线】复选框，将【等高线】更改为【画圆步骤】，如图3.115所示。

图3.115 设置等高线样式

(9) 勾选【纹理】复选框，将【图案】更改为刚才定义的【图案】，【缩放】更改为3%，完成之后单击【确定】按钮，如图3.116所示。

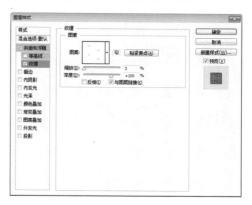

图3.116 设置纹理样式

(10) 勾选【内阴影】复选框，将【不透明度】更改为35%、【距离】更改为5像素、【大小】更改为5像素，如图3.117所示。

图3.117 设置内阴影样式

(11) 勾选【内发光】复选框，将【不透明度】更改为35%、颜色更改为黄色(R:250，G:245，B:206)、【阻塞】更改为15%、【大小】更改为15像素，如图3.118所示。

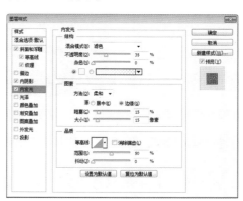

图3.118 设置内发光样式

（12）勾选【渐变叠加】复选框，将【渐变】更改为深黄色系渐变，完成之后单击【确定】按钮，如图3.119所示。

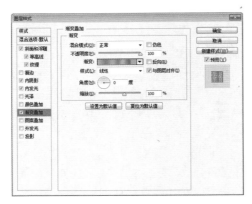

图3.119　设置渐变叠加

（13）在【图层】面板中选中NOBLE图层，将其拖至面板底部的【创建新图层】按钮 🗔 上，复制1个【NOBLE 拷贝】图层。

（14）在【NOBLE 拷贝】图层名称上单击鼠标右键，在弹出的快捷菜单中选择【栅格化图层样式】命令。

Step 03　制作质感

（1）选中【NOBLE 拷贝】图层，执行菜单栏中的【滤镜】|【锐化】|【USM锐化】命令，在弹出的对话框中将【数量】更改为50%、【半径】更改为2像素，完成之后单击【确定】按钮，如图3.120所示。

（2）选中【NOBLE 拷贝】图层，将其图层【不透明度】更改为80%，如图3.121所示。

图3.120　设置USM锐化　　图3.121　调整不透明度

（3）按住Ctrl键将【NOBLE 拷贝】图层载入选区。

（4）执行菜单栏中的【选择】|【修改】|【扩展】命令，在弹出的对话框中将【扩展量】更改为6像素，完成之后单击【确定】按钮。

（5）单击面板底部的【创建新图层】按钮 🗔，新建一个【图层1】图层，将【图层1】移至NOBLE图层下方，如图3.122所示。

（6）选中【图层1】图层，将选区填充为白色，完成之后按Ctrl+D组合键将选区取消，如图3.123所示。

图3.122　新建图层　　　图3.123　填充颜色

（7）在【图层】面板中选中【图层1】图层，单击面板底部的【添加图层样式】按钮 *fx*，在菜单中选择【斜面和浮雕】命令，在弹出的对话框中将【大小】更改为5像素、【光泽等高线】更改为环形-双、【阴影模式】的【不透明度】更改为35%，如图3.124所示。

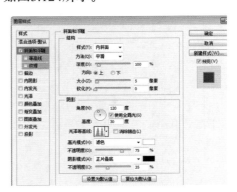

图3.124　设置斜面和浮雕

（8）勾选【渐变叠加】复选框，将【渐变】更改为深黄色系渐变、【角度】更改为0度，完成之后单击【确定】按钮，如图3.125所示。

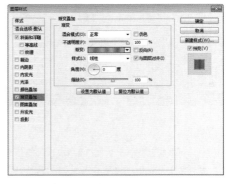

图3.125　设置渐变叠加

(9) 按住Ctrl键，单击【图层 1】图层缩览图，将其载入选区，单击面板底部的【创建新的填充或调整图层】按钮 ◐，在弹出的菜单中选择【色阶】命令，在弹出的面板中将数值更改为(40，0.75，220)。

(10) 同时选中除【背景】和【椭圆1】图层之外的所有图层，按Ctrl+G组合键将图层编组，将生成的组名称更改为【文字】。

(11) 在【图层】面板中选中【文字】组，将其拖至面板底部的【创建新图层】按钮 ⬜ 上，复制1个【文字 拷贝】组。

(12) 选中【文字 拷贝】组，按Ctrl+E组合键将其合并，将生成一个【文字 拷贝】图层，如图3.126所示。

(13) 选中【文字 拷贝】图层，按Ctrl+T组合键对其执行【自由变换】命令，单击鼠标右键，从弹出的快捷菜单中选择【垂直翻转】命令，完成之后按Enter键确认，将文字与原文字底部对齐，如图3.127所示。

图3.126 合并图层

图3.127 变换文字

(14) 在【图层】面板中，选中【文字 拷贝】图层，单击面板底部的【添加图层蒙版】按钮 ▣，为其图层添加图层蒙版，如图3.128所示。

(15) 选择工具箱中的【渐变工具】 ▣，编辑黑色到白色的渐变，单击选项栏中的【线性渐变】按钮 ▣，在画布中从下至上拖动，将部分文字隐藏，为文字制作倒影，如图3.129所示。

图3.128 添加图层蒙版

图3.129 隐藏文字

(16) 单击面板底部的【创建新图层】按钮 ⬜，

新建一个【图层2】图层。

(17) 选择工具箱中的【画笔工具】 ✏，在画布中单击鼠标右键，在弹出的面板中单击右上角的 ⚙图标，在弹出的菜单中选择【混合画笔】|【交叉排线4】。

(18) 将前景色更改为白色，选中【图层2】图层，在文字位置单击，添加画笔笔触图像，这样就完成了效果制作。最终效果如图3.130所示。

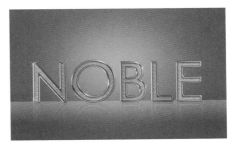
图3.130 最终效果

实例032 特效镂空字

> 🖥 素材位置：无
> ✏ 案例位置：源文件\第3章\特效镂空字.psd
> 🎨 视频文件：视频教学\实例032 特效镂空字.avi

本例讲解的是特效镂空字的制作。本例通过一种别样的方式表达文字信息，利用镂空图形衬托文字的制作方法制作这样一款字体效果，通过偏移给人一种立体字视觉效果。在制作过程中应当重点注意阴影等细节位置的变化，细节处决定了此款文字效果制作的成败。最终效果如图3.131所示。

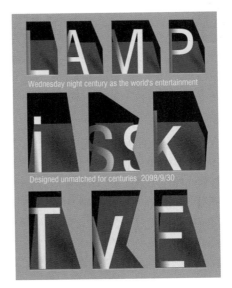
图3.131 特效镂空字

操作步骤

Step 01 制作背景并添加文字

（1）执行菜单栏中的【文件】|【新建】命令，在弹出的对话框中设置【宽度】为7.5厘米、【高度】为10厘米、【分辨率】为300像素/英寸、【颜色模式】为RGB颜色，新建一个空白画布，将画布填充为深黄色(R:190，G:157，B:86)。

（2）选择工具箱中的【横排文字工具】 T ，在画布中适当位置逐个输入字母，如图3.132所示。

图3.132　添加文字

（3）选择工具箱中的【钢笔工具】 ✐ ，单击选项栏中的【选择工具模式】按钮 路径 ♦ ，在弹出的选项中选择【形状】，将【填充】更改为黑色，【描边】更改为无，在文字位置绘制一个不规则图形，此时将生成一个【形状1】图层，并将【形状1】图层移至【背景】图层上方，如图3.133所示。

图3.133　绘制图形

（4）在【图层】面板中，选中【形状1】图层，将其拖至面板底部的【创建新图层】按钮 ◻ 上，复制1个【形状1 拷贝】图层，如图3.134所示。

（5）选中【形状1 拷贝】图层，将填充颜色更改为深黄色(R:90，G:68，B:34)，并调整其形状，如图3.135所示。

（6）在【图层】面板中选中【形状1】图层，单击面板底部的【添加图层样式】按钮 fx ，在菜单中

选择【投影】命令，在弹出的对话框中将【混合模式】更改为【正常】、颜色更改为深黄色(R:220，G:180，B:130)、【不透明度】更改为100%，取消勾选【使用全局光】复选框，将【角度】更改为90度、【距离】更改为3像素、【大小】更改为3像素，完成之后单击【确定】按钮，如图3.136所示。

图3.134　复制图层　　　图3.135　变换图形

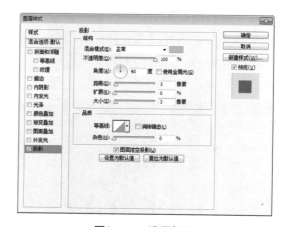

图3.136　设置投影

（7）选中L图层，在画布中将文字向左侧平移，如图3.137所示。

（8）在【图层】面板中选中L图层，单击面板底部的【添加图层蒙版】按钮 ◻ ，为其图层添加图层蒙版，如图3.138所示。

图3.137　移动文字　　　图3.138　添加图层蒙版

（9）按住Ctrl键单击【形状1】图层蒙版缩览图，将其载入选区，如图3.139所示。

（10）执行菜单栏中的【选择】|【反相】命

令，将选区反相并填充为黑色，将部分文字隐藏，完成之后按Ctrl+D组合键将选区取消，如图3.140所示。

图3.139　载入选区

图3.140　隐藏文字

（11）在【图层】面板中选中L图层，单击面板底部的【添加图层样式】按钮 *fx*，在菜单中选择【渐变叠加】命令，在弹出的对话框中将【混合模式】更改为【正片叠底】、【不透明度】更改为65%、【渐变】更改为黑白渐变，并将白色色标位置更改为50%、【角度】更改为0、【缩放】更改为112%，完成之后单击【确定】按钮，如图3.141所示。

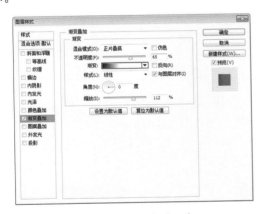
图3.141　设置渐变叠加

Step 02　制作阴影

（1）选择工具箱中的【椭圆工具】 ◯，在选项栏中将【填充】更改为黑色，【描边】设为无，在文字靠右下角位置绘制一个椭圆图形，并将椭圆适当旋转，此时将生成一个【椭圆1】图层，如图3.142所示。

（2）选中【椭圆1】图层，执行菜单栏中的【滤镜】|【模糊】|【高斯模糊】命令，在弹出的对话框中将【半径】更改为8像素，完成之后单击【确定】按钮。

（3）执行菜单栏中的【滤镜】|【模糊】|【动感模糊】命令，在弹出的对话框中将【角度】更改

为-58度、【距离】更改为100像素，设置完成之后单击【确定】按钮。

图3.142　绘制图形

（4）选中【椭圆1】图层，将其图层【不透明度】更改为60%。

（5）为【椭圆1】图层添加图层蒙版，按住Ctrl键单击【形状1 拷贝】图层蒙版缩览图，将其载入选区。

（6）执行菜单栏中的【选择】|【反相】命令，将选区反相并填充为黑色，将部分图形隐藏，完成之后按Ctrl+D组合键将选区取消。

（7）以同样的方法制作数个类似的镂空文字效果，如图3.143所示。

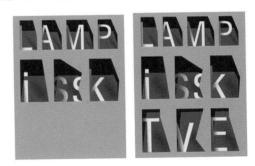
图3.143　制作镂空文字

（8）选择工具箱中的【横排文字工具】 T，在画布中添加文字，这样就完成了效果制作。最终效果如图3.144所示。

图3.144　最终效果

实例033 玻璃字

素材位置：	无
案例位置：	源文件\第3章\玻璃字.psd
视频文件：	视频教学\实例033 玻璃字.avi

本例讲解的是玻璃字制作。玻璃字体的制作一定要体现出玻璃的质感特点。它具有边角锋利、质感通透等特征，在整个制作过程中应当围绕这些特征进行制作。最终效果如图3.145所示。

图3.145 玻璃字

 操作步骤

Step 01 定义图案

（1）执行菜单栏中的【文件】|【新建】命令，在弹出的对话框中设置【宽度】为8厘米、【高度】为6厘米、【分辨率】为300像素/英寸、【颜色模式】为RGB颜色，新建一个空白画布。

（2）执行菜单栏中的【文件】|【新建】命令，在弹出的对话框中设置【宽度】为8厘米、【高度】为8厘米、【分辨率】为72像素/英寸、【颜色模式】为RGB颜色，【背景内容】为透明，新建一个空白画布。

（3）选择工具箱中的 🔍，在新建的画布中单击鼠标右键，从弹出的快捷菜单中选择【按屏幕大小缩放】命令，将当前画布放大。

> **提示**
>
> 在画布中按住Alt键滚动鼠标中间滚轮同样可以将当前画布放大或缩小。

（4）选择工具箱中的【矩形工具】▣，在选项栏中将【填充】更改为深蓝色(R:55，G:65，B:72)，【描边】更改为无，在画布左上角位置按

住Shift键绘制一个2乘2像素的矩形，此时将生成一个【矩形1】图层，如图3.146所示。

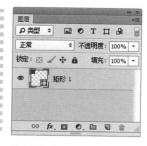

图3.146 绘制图形

（5）选中【矩形1】图层，在画布中按住Alt+Shift组合键向下拖动，将图形复制，此时将生成一个【矩形1 拷贝】图层，将其图层中的图形颜色更改为深蓝色(R:75，G:90，B:100)，如图3.147所示。

图3.147 复制并合并图层

（6）同时选中【矩形1 拷贝】及【矩形1】图层，在画布中按住Alt+Shift组合键向下拖动，将图形复制，此时将生成2个【矩形1 拷贝2】图层，如图3.148所示。

图3.148 复制图层

（7）再同时选中这4个图层，按住Alt+Shift组合键向右侧拖动，再按Ctrl+T组合键对其执行【自由变换】命令，将光标移至出现的变形框上右击，在弹出的快捷菜单中选择【垂直翻转】命令，完成之后按Enter键确认，如图3.149所示。

（8）再同时选中所有的图层，在画布中按住Alt+Shift组合键向右侧拖动，将图形填充整个画

布，如图3.150所示。

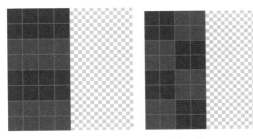

图3.149 复制图形并变换

图3.150 移动图形

(9) 执行菜单栏中的【编辑】|【定义图案】命令，在弹出的对话框中将【名称】更改为【纹理】，完成之后单击【确定】按钮，如图3.151所示。

图3.151 定义图案

(10) 在刚才新建的文档画布中执行菜单栏中的【编辑】|【填充】命令，在弹出的对话框中将【使用】更改为图案，单击【自定图案】后方的按钮，在弹出的面板中选择最底部刚才定义的【纹理】图案，完成之后单击【确定】按钮，如图3.152所示。

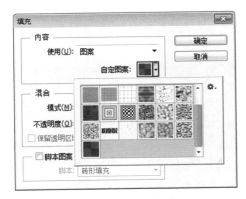

图3.152 设置填充

(11) 单击面板底部的【创建新图层】按钮 ，新建一个【图层1】图层。

(12) 选择工具箱中的【渐变工具】 ，编辑蓝色(R:37，G:116，B:217)到深蓝色(R:18，G:40，B:86)的渐变，单击选项栏中的【径向渐变】按钮 ，在画布中从中间向右下角方向拖动，为画布填充渐变。

(13) 在【图层】面板中选中【图层1】图层，将其图层混合模式设置为【强光】。

Step 02 添加文字并处理特效

(1) 选择工具箱中的【横排文字工具】 T ，在画布中添加文字，如图3.153所示。

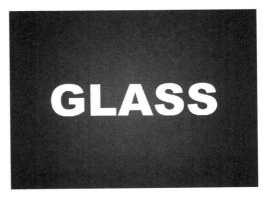

图3.153 添加文字

(2) 在【图层】面板中选中GLASS图层，单击面板底部的【添加图层样式】按钮 fx ，在菜单中选择【斜面和浮雕】命令，在弹出的对话框中将【深度】更改为5%、【大小】更改为1像素，【软化】更改为1像素，取消勾选【使用全局光】复选框，【角度】更改为100度、【高度】更改为70度、【高光模式】中的【不透明度】更改为50%，如图3.154所示。

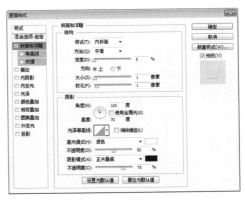

图3.154 设置斜面和浮雕

(3) 勾选【等高线】复选框，将【等高线】更改为锥形，勾选【描边】复选框，将【大小】更改为1像素、【位置】更改为【内部】、【混合模式】更改为叠加，【填充类型】更改为【渐变】、【渐变】更改为白色到透明、【角度】更改为90度，如图3.155所示。

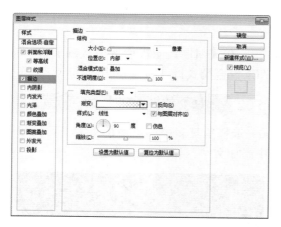

图3.155　设置描边

(4) 勾选【内阴影】复选框，将【混合模式】更改为【叠加】、颜色更改为白色，取消勾选【使用全局光】复选框、【角度】更改为-90，【距离】更改为2像素、【大小】更改为3像素，如图3.156所示。

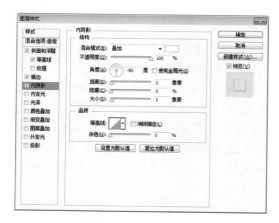

图3.156　设置内阴影

(5) 勾选【渐变叠加】复选框，将【渐变】更改为白色到白色，然后将添加两个不透明度色标，并将第1个不透明度色标的【不透明度】更改为5%，第2个不透明度色标的【不透明度】更改为30%，第3个不透明度色标的【不透明度】更改为40%，第4个不透明度色标的【不透明度】更改为90%，第2个和第3个不透明度色标位置全更改为50%，【缩放】更改为130%，如图3.157所示。

(6) 勾选【投影】复选框，将【不透明度】更改为20%，取消勾选【使用全局光】复选框，【角

度】更改为90度、【距离】更改为8像素、【大小】更改为5像素，将【等高线】更改为锥形，完成之后单击【确定】按钮，如图3.158所示。

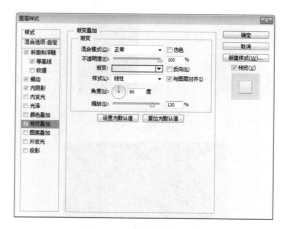

图3.157　设置渐变叠加

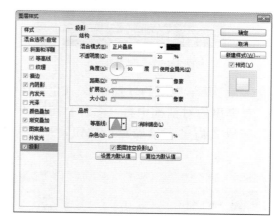

图3.158　设置投影

(7) 在【图层】面板中选中GLASS图层，将其图层【填充】更改为0%。

(8) 在【图层】面板中选中GLASS图层，将其拖至面板底部的【创建新图层】按钮 上，复制1个【GLASS 拷贝】图层，如图3.159所示。

(9) 选中【GLASS 拷贝】图层，将其图层样式中除【渐变叠加】之外的所有图层样式删除，如图3.160所示。

图3.159　复制图层

图3.160　删除图层样式

(10) 双击【GLASS 拷贝】图层样式名称，在弹出的对话框中将【混合模式】更改为【叠加】，【不透明度】更改为60%，这样就完成了效果制作。最终效果如图3.161所示。

图3.161　最终效果

实例034　发光字

素材位置：无	
案例位置：源文件\第3章\发光字.psd	
视频文件：视频教学\实例034　发光字.avi	

本例讲解的是发光字的制作。发光字的样式有多种。本例中所讲解的发光字体十分优美，字体及配色处处体现一种热情、美丽的特质，心形描边图像的添加为整个发光字体增色不少。最终效果如图3.162所示。

图3.162　发光字

操作步骤

Step 01　制作背景

(1) 执行菜单栏中的【文件】|【新建】命令，在弹出的对话框中设置【宽度】为8厘米、【高度】为6厘米、【分辨率】为300像素/英寸、【颜色模式】为RGB颜色，新建一个空白画布，选择工具箱中的【渐变工具】■，编辑紫色(R:112，G:20，B:55)到深紫色(R:20，G:0，B:16)的渐变，单击选项栏中的【径向渐变】按钮■，在画布中从中间向右侧拖动为画布填充渐变。

(2) 选择工具箱中的【椭圆工具】●，在选项栏中将【填充】更改为红色(R:247，G:64，B:0)，【描边】设置为无，在画布靠左侧位置绘制一个椭圆图形，此时将生成一个【椭圆1】图层，如图3.163所示。

图3.163　绘制图形

(3) 选中【椭圆1】图层，执行菜单栏中的【滤镜】|【模糊】|【高斯模糊】命令，在弹出的对话框中将【半径】更改为120像素，完成之后单击【确定】按钮。

(4) 在【图层】面板中选中【椭圆1】图层，将其拖至面板底部的【创建新图层】按钮■上，复制1个【椭圆1 拷贝】图层，如图3.164所示。

(5) 选中【椭圆1 拷贝】图层，在画布中将图像向右下角方向移动，如图3.165所示。

图3.164　复制图层　　　图3.165　移动图像

(6) 选择工具箱中的【画笔工具】✏，在【画笔】面板中选择一个柔角笔触，将【大小】更改为8像素，【间距】更改为830%，如图3.166所示。

(7) 勾选【形状动态】复选框，将【大小抖动】更改为30%，如图3.167所示。

(8) 勾选【散布】复选框，将【散布】更改为800%。

图3.166　设置画笔笔尖形状　　图3.167　设置形状动态

（9）勾选【平滑】复选框。

（10）单击面板底部的【创建新图层】按钮，新建一个【图层1】图层，如图3.168所示。

（11）将前景色更改为白色，选中【图层1】图层，在画布中涂抹，添加画笔笔触图像，如图3.169所示。

图3.168　新建图层　　图3.169　添加画笔笔触图像

（12）在【图层】面板中选中【椭圆1】图层，单击面板底部的【添加图层样式】按钮 *fx*，在菜单中选择【外发光】命令，在弹出的对话框中将【颜色】更改为红色(R:255，G:0，B:96)、【扩展】更改为7%、【大小】更改为20像素，如图3.170所示。

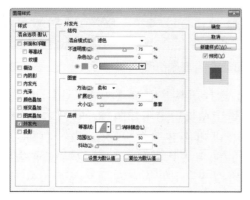

图3.170　设置外发光样式

（13）勾选【投影】复选框，将【混合模式】更改为【颜色减淡】、【颜色】更改为黄色(R:255，G:210，B:47)、【大小】更改为7像素，将【等高线】更改为半圆，完成之后单击【确定】按钮，如图3.171所示。

图3.171　设置投影

（14）单击面板底部的【创建新图层】按钮，新建一个【图层2】图层，如图3.172所示。

（15）选择工具箱中的【画笔工具】，在画布中单击鼠标右键，在弹出的面板中选择一种圆角笔触，将【大小】更改为5像素，【硬度】更改为0%，将前景色更改为白色，选中【图层2】图层，在画布中部分位置再次涂抹，添加画笔笔触图像，如图3.173所示。

图3.172　新建图层　　图3.173　添加画笔笔触图像

（16）在【图层1】图层上单击鼠标右键，从弹出的快捷菜单中选择【拷贝图层样式】命令，在【图层2】图层上单击鼠标右键，在弹出的快捷菜单中选择【粘贴图层样式】命令。

Step 02　添加文字

（1）选择工具箱中的【横排文字工具】 T，在画布中适当位置添加文字，如图3.174所示。

（2）在Love图层名称上单击鼠标右键，在弹出的快捷菜单中选择【转换为形状】命令，如图3.175所示。

图3.174　添加文字　　　　图3.175　转换为形状

（3）选择工具箱中的【直接选择工具】🔍，拖动文字的部分顶端的锚点将其变得更尖锐，如图3.176所示。

图3.176　将文字变形

（4）在【图层】面板中选中【椭圆1】图层，单击面板底部的【添加图层样式】按钮 *fx*，在菜单中选择【外发光】命令，在弹出的对话框中将【颜色】更改为洋红色(R:255，G:0，B:198)、【大小】更改为13像素，如图3.177所示。

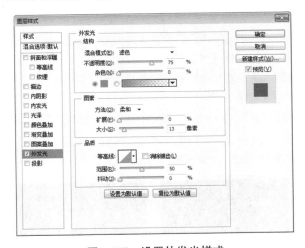

图3.177　设置外发光样式

（5）勾选【投影】复选框，将【混合模式】更改为【线性减淡(添加)】、【颜色】更改为红色(R:255，G:24，B:0)、【大小】更改为5像素，完成之后单击【确定】按钮，如图3.178所示。

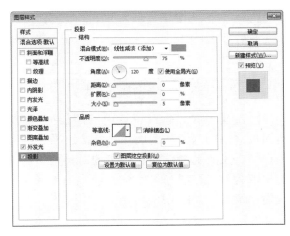

图3.178　设置投影样式

Step 03　绘制及描边路径

（1）选择工具箱中的【自定形状工具】🐾，在画布中单击鼠标右键，选择【红心形卡】。

（2）在文字位置按住Shift键绘制一个稍大的心形路径，并将绘制的路径适当旋转，如图3.179所示。

（3）选择工具箱中的【直接选择工具】🔍，选中路径的右侧部分，将其删除，如图3.180所示。

图3.179　绘制路径　　　　图3.180　删除路径

（4）单击面板底部的【创建新图层】按钮 🔲，新建一个【图层3】图层。

（5）选择工具箱中的【画笔工具】🖌，在画布中单击鼠标右键，在弹出的面板中选择一种圆角笔触，将【大小】更改为4像素，【硬度】更改为100%。

（6）选中【图层3】，将前景色更改为白色，在【路径】面板中，在【工作路径】上右击，在弹出的快捷菜单中选择【工具】为画笔，勾选【模拟压力】复选框，完成之后单击【确定】按钮，如图3.181所示。

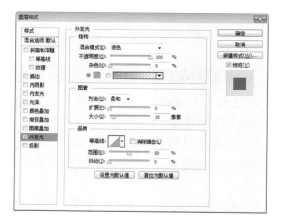

图3.181　设置描边路径

(7) 在【图层】面板中选中【图层3】图层，单击面板底部的【添加图层样式】按钮 *fx*，在菜单中选择【外发光】命令，在弹出的对话框中将【颜色】更改为红色(R:255，G:60，B:128)、【大小】更改为10像素，如图3.182所示。

图3.182　设置外发光样式

(8) 勾选【投影】复选框，将【混合模式】更改为【颜色减淡】、【颜色】更改为黄色(R:255，G:210，B:47)、【大小】更改为5像素、【等高线】更改为半圆，完成之后单击【确定】按钮，如图3.183所示。

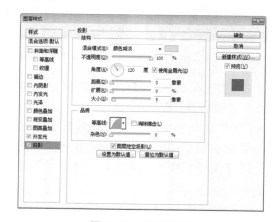

图3.183　设置投影

(9) 选择工具箱中的【路径选择工具】，选中路径，按住Alt键向右侧拖动将路径复制并将其水平翻转。

(10) 选择工具箱中的【直接选择工具】，调整复制生成的路径锚点，完成之后将左侧的路径删

除，如图3.184所示。

图3.184　删除路径

(11) 单击面板底部的【创建新图层】按钮，新建一个【图层4】图层。

(12) 选中【图层4】图层，在【路径】面板中单击面板底部的【用画笔描边路径】按钮 ○，为当前路径描边。

(13) 在【图层3】图层上右击，从弹出的快捷菜单中选择【拷贝图层样式】命令，在【图层4】图层上右击，在弹出的快捷菜单中选择【粘贴图层样式】命令，如图3.185所示。

图3.185　拷贝并粘贴图层样式

(14) 单击面板底部的【创建新图层】按钮，新建一个【图层5】图层，选择工具箱中的【钢笔工具】，在心形靠右上方位置绘制一个路径，如图3.186所示。

(15) 选中【图层5】图层，在【路径】面板中单击面板底部的【用画笔描边路径】按钮 ○，为当前路径描边，如图3.187所示。

图3.186　绘制路径　　　图3.187　描边路径

（16）在【图层5】图层名称上右击，在弹出的快捷菜单中选择【粘贴图层样式】命令，这样就完成了效果制作。最终效果如图3.188所示。

图3.188 最终效果

实例035 卷边字

- 素材位置：调用素材\第3章\卷边字
- 案例位置：源文件\第3章\卷边字.psd
- 视频文件：视频教学\实例035 卷边字.avi

本例讲解的是卷边字体制作。在制作之初采用原色的木质图像作为底图能衬托出纸质字体，同时还可以很好地渲染整个布局的氛围。最终效果如图3.189所示。

图3.189 卷边字

📝 操作步骤

Step 01 添加文字

（1）执行菜单栏中的【文件】|【新建】命令，在弹出的对话框中设置【宽度】为8厘米、【高度】为5.5厘米、【分辨率】为300像素/英寸、【颜色模式】为RGB颜色，新建一个空白画布。

（2）执行菜单栏中的【文件】|【打开】命令，打开"牛皮纸.jpg"文件，将其拖入画布中并缩小。

（3）选择工具箱中的【横排文字工具】，在画布中添加文字(字体：Hombre)，如图3.190所示。

图3.190 添加文字

（4）在【图层】面板中选中BOOK图层，单击面板底部的【添加图层样式】按钮 fx，在菜单中选择【描边】命令，在弹出的对话框中将【大小】更改为3像素、【颜色】更改为白色，如图3.191所示。

图3.191 设置描边

（5）勾选【颜色叠加】复选框，将【混合模式】更改为【正片叠底】，【颜色】更改为红色(R:160，G:50，B:36)，【不透明度】更改为85%，如图3.192所示。

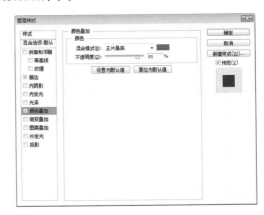

图3.192 设置颜色叠加

（6）勾选【图案叠加】复选框，单击【图案】后方的按钮，在弹出的面板中单击右上角的✿图标，在弹出的菜单中选择【彩色纸】，在面板中选择【浅黄软牛皮纸】，如图3.193所示。

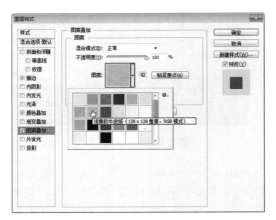

图3.193　设置图案叠加

（7）勾选【外发光】复选框，将【混合模式】更改为【正常】、【不透明度】更改为100%、【颜色】更改为黑色、【大小】更改为10像素，完成之后单击【确定】按钮，如图3.194所示。

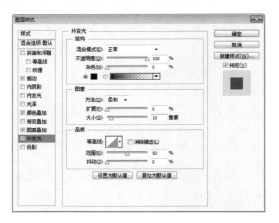

图3.194　设置外发光

Step 02　绘制图形

（1）选择工具箱中的【钢笔工具】✐，单击选项栏中的【选择工具模式】按钮 路径 ，在弹出的选项中选择【形状】，将【填充】更改为白色，【描边】更改为无，在画布中文字左上角绘制一个不规则图形，此时将生成一个【形状1】图层，如图3.195所示。

（2）在【图层】面板中选中【形状1】图层，单击面板底部的【添加图层样式】按钮 fx，在菜单中选择【渐变叠加】命令，在弹出的对话框中将【渐变】更改为灰色(R:100，G:100，B:100)到白色再

到灰色(R:160，G:160，B:160)，并将白色色标位置更改为65%、【角度】更改为-50度、【缩放】更改为50%，如图3.196所示。

图3.195　绘制图形

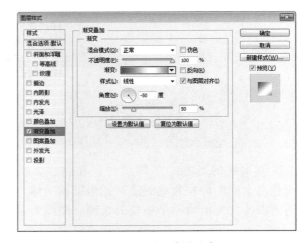

图3.196　设置渐变叠加

（3）勾选【投影】复选框，将【不透明度】更改为50%、【距离】更改为3像素、【大小】更改为3像素，完成之后单击【确定】按钮，如图3.197所示。

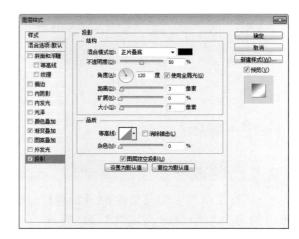

图3.197　设置投影

（4）在【图层】面板中选中【形状1】图层，将其拖至面板底部的【创建新图层】按钮 上，复制

1个【形状1拷贝】图层，如图3.198所示。

（5）选中【形状1拷贝】图层，在画布中将图形向右下角方向稍微移动，再按Ctrl+T组合键对其执行自由变换，将图形缩小，再调整图层样式以适应图形位置，完成之后按Enter键确认，如图3.199所示。

图3.198　复制图层　图3.199　变换图形并设置图层样式

（6）以刚才同样的方法在文字其他位置绘制不规则图形并为其添加图层样式。至此，完成效果制作。最终效果如图3.200所示。

图3.200　最终效果

提示
在文字其他位置绘制图形之后，可以根据实际图形效果将绘制的图形复制并利用拷贝/粘贴图层样式的方法制作卷边效果。

实例036　电影字

素材位置：调用素材\第3章\电影字
案例位置：源文件\第3章\电影字.psd
视频文件：视频教学\实例036　电影字.avi

本例讲解的是电影字的制作。电影字的制作通常采用与主题相呼应的表现形式。字体的最终效果应当引导欣赏者留意电影所表达的主题内容。在本例中以强烈的西部风格素材图像与刚性立体文字相

结合的制作方法令整个视觉效果十分出色。最终效果如图3.201所示。

图3.201　电影字

操作步骤

Step 01　制作背景

（1）执行菜单栏中的【文件】|【新建】命令，在弹出的对话框中设置【宽度】为8厘米、【高度】为5厘米、【分辨率】为300像素/英寸、【颜色模式】为RGB颜色，新建一个空白画布。

（2）执行菜单栏中的【文件】|【打开】命令，打开"背景.jpg、纹理.jpg"文件，将打开的素材拖入画布中并适当缩小至与画布相同大小，其图层名称将更改为【图层1】、【图层2】。

（3）在【图层】面板中选中【图层2】图层，将其图层混合模式设置为【正片叠底】，如图3.202所示。

图3.202　设置图层混合模式

（4）在【图层】面板中选中【图层2】图层，单击面板底部的【添加图层蒙版】按钮，为其图层添加图层蒙版。

（5）选择工具箱中的【画笔工具】，在画布中单击鼠标右键，在弹出的面板中选择一种圆角笔触，将【大小】更改为360像素，【硬度】更改为0%。

（6）将前景色更改为黑色，单击【图层2】图层

蒙版缩览图，在画布中其图像靠中间区域涂抹，将部分图像隐藏，如图3.203所示。

图3.203　隐藏图像

Step 02　制作立体效果

（1）选择工具箱中的【横排文字工具】T，在画布中添加文字，如图3.204所示。

（2）在【西部传奇】图层名称上右击，从弹出的快捷菜单中选择【转换为形状】命令，如图3.205所示。

图3.204　添加文字　　　图3.205　转换为形状

（3）选择工具箱中的【直接选择工具】，在画布中拖动文字上的锚点将文字变形，如图3.206所示。

（4）在【图层】面板中选中【西部传奇】图层，将其拖至面板底部的【创建新图层】按钮上，分别复制1个【西部传奇 拷贝】、【西部传奇 拷贝2】图层，如图3.207所示。

图3.206　变形文字　　　图3.207　复制图层

（5）在【图层】面板中选中【西部传奇 拷贝】图层，单击面板底部的【添加图层样式】按钮fx，在菜单中选择【斜面和浮雕】命令，在弹出的

对话框中将【样式】更改为外斜面、【深度】更改为300%、【大小】更改为20像素，【光泽等高线】更改为【等高线】｜【阶梯】，【高光模式】中的颜色更改为黄色(R:255，G:230，B:185)，如图3.208所示。

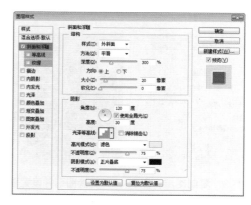

图3.208　设置斜面和浮雕

（6）勾选【等高线】复选框，将【等高线】更改为内凹-浅，【范围】更改为40%，如图3.209所示。

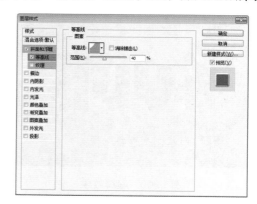

图3.209　设置等高线

（7）勾选【外发光】复选框，将【混合模式】更改为【叠加】、【颜色】更改为黑色、【大小】更改为15像素，如图3.210所示。

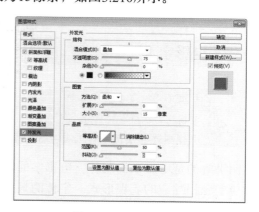

图3.210　设置外发光

（8）勾选【投影】复选框，将【混合模式】更改为【正片叠底】、【颜色】更改为深黄色（R:143，G:102，B:72）、【不透明度】更改为75%、【扩展】更改为18%、【大小】更改为10像素，【等高线】更改为锥形-反转，完成之后单击【确定】按钮，如图3.211所示。

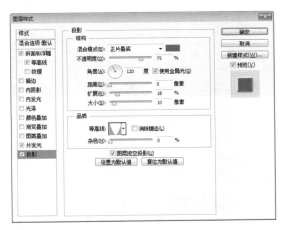

图3.211　设置投影

（9）在【图层】面板中选中【西部传奇 拷贝2】图层，单击面板底部的【添加图层样式】按钮 fx，在菜单中选择【斜面和浮雕】命令，在弹出的对话框中将【样式】更改为【浮雕效果】、【方法】更改为【雕刻清晰】、【大小】更改为10像素、【光泽等高线】更改为【等高线】|【阶梯】，如图3.212所示。

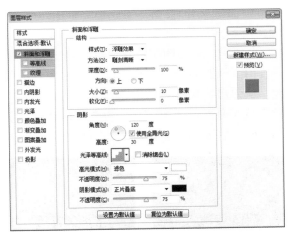

图3.212　设置斜面和浮雕

（10）勾选【等高线】复选框，将【等高线】更改为【等高线】|【阶梯】，如图3.213所示。

（11）勾选【投影】复选框，取消勾选【使用全局光】复选框，将【角度】更改为90度、【距离】更改为2像素、【大小】更改为5像素，完成之后单击【确定】按钮，如图3.214所示。

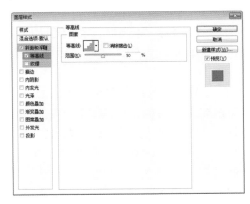

图3.213　设置等高线

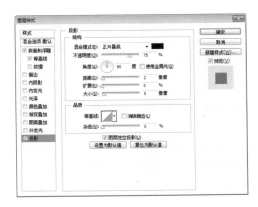

图3.214　设置投影

Step 03　添加素材

（1）执行菜单栏中的【文件】|【打开】命令，打开"纹理2.jpg"文件，将打开的素材拖入画布中并适当缩小，其图层名称将更改为【图层3】。

（2）在【图层】面板中选中【图层3】图层，单击面板底部的【添加图层蒙版】按钮 ，为其图层添加图层蒙版，如图3.215所示。

（3）按住Ctrl键单击【西部传奇 拷贝2】图层缩览图将其载入选区，单击【图层3】图层蒙版缩览图，在画布中执行菜单栏中的【选择】|【反相】命令，再将选区填充为黑色，将部分图像隐藏，完成之后按Ctrl+D组合键将选区取消，如图3.216所示。

图3.215　添加图层蒙版

图3.216　隐藏图像

（4）选中【图层3】图层，执行菜单栏中的【图像】|【调整】|【色相/饱和度】命令，在弹出的对话框中勾选【着色】复选框，将【色相】更改为35、【饱和度】更改为60，完成之后单击【确定】按钮。

（5）在【图层】面板中选中【图层2】图层，将其拖至面板底部的【创建新图层】按钮 上，复制1个【图层2 拷贝】图层，将【图层2 拷贝】图层移至所有图层上方，单击其图层蒙版缩览图，将其填充为白色。

（6）按住Ctrl键单击【西部传奇 拷贝 2】图层缩览图，将其载入选区，单击【图层2 拷贝】图层蒙版缩览图，在画布中执行菜单栏中的【选择】|【反相】命令，再将选区填充为黑色，将部分图像隐藏，完成之后按Ctrl+D组合键将选区取消。

（7）选中【西部传奇】图层，执行菜单栏中的【滤镜】|【模糊】|【高斯模糊】命令，在弹出的对话框中将【半径】更改为80像素，完成之后单击【确定】按钮。

（8）在【图层】面板中选中【西部传奇】图层，将其图层混合模式设置为【叠加】。

（9）选择工具箱中的【横排文字工具】 T ，在文字下方位置再次添加文字，这样就完成了效果制作。最终效果如图3.217所示。

图3.217　最终效果

实例037　动感水晶字

- 素材位置：无
- 案例位置：源文件\第3章\动感水晶字.psd
- 视频文件：视频教学\实例037　动感水晶字.avi

本例讲解的是动感水晶字的制作。本例的制作以动感水晶为主题，通过组合的滤镜命令制作出水晶质感效果，而3D透视命令的加入则为文字创建出一种真实透视效果，使水晶效果更加明显。整个制作过程稍微复杂，在每一步的制作中需要注意文字质感的变化。最终效果如图3.218所示。

图3.218　动感水晶字

操作步骤

Step 01　添加文字

（1）执行菜单栏中的【文件】|【新建】命令，在弹出的对话框中设置【宽度】为10厘米，【高度】为7厘米、【分辨率】为300像素/英寸、【颜色模式】为RGB颜色，新建一个空白画布。

（2）选择工具箱中的【渐变工具】 ，编辑蓝色(R:50，G:57，B:78)到蓝色(R:26，G:32，B:54)的渐变，单击选项栏中的【径向渐变】按钮 ，在画布中从中间向右下角方向拖动，为画布填充渐变。

（3）选择工具箱中的【横排文字工具】 T ，在画布中添加文字(字体：Exotc350 Bd BT)，如图3.219所示。

（4）选中Crysta图层，按Ctrl+T组合键对其执行【自由变换】命令，在出现的变形框中单击鼠标右键，从弹出的快捷菜单中选择【斜切】命令，将光标移至变形框顶部控制点，向右侧拖动将文字变形，完成之后按Enter键确认，如图3.220所示。

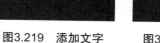

图3.219　添加文字　　　　图3.220　将文字变形

（5）选中Crysta图层，执行菜单栏中的【图层】|【栅格化】|【文字】命令，将当前文字删格化。

(6) 在【图层】面板中选中Crysta图层，将其拖至面板底部的【创建新图层】按钮🔲上，复制1个【Crysta 拷贝】图层。

(7) 选中【Crysta 拷贝】图层，将前景色更改为白色，背景色更改为黑色，执行菜单栏中的【滤镜】|【滤镜库】命令，在弹出的对话框中选择【纹理】|【染色玻璃】，将【单元格大小】更改为3、【边框粗细】更改为2、【光照强度】更改为0，完成之后单击【确定】按钮，如图3.221所示。

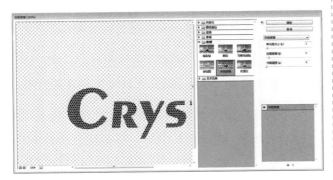

图3.221 设置染色玻璃

(8) 执行菜单栏中的【选择】|【色彩范围】命令，当弹出对话框以后在画布中文字的黑色部分位置单击，将黑色区域载入选区，如图3.222所示。

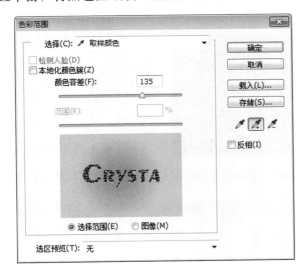

图3.222 设置色彩范围

(9) 执行菜单栏中的【选择】|【调整边缘】命令，在弹出的对话框中勾选【智能半径】复选框，将【移动边缘】更改为-10%，勾选【净化颜色】复选框，【数量】更改为100%，完成之后单击【确定】按钮，此时文字中的白色区域将消失不见，同时生成一个带有图层蒙版的独立【Crysta 拷贝2】图层，如图3.223所示。

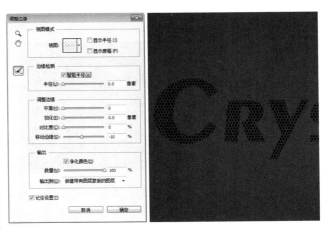

图3.223 调整边缘

提示

在执行【调整边缘】命令时需要将Crysta及【Crysta 拷贝】图层隐藏才可看见调整后的效果。

Step 02 叠加图案

(1) 在【图层】面板中选中【Crysta 拷贝2】图层，单击面板底部的【添加图层样式】按钮 fx，在菜单中选择【图案叠加】命令，在弹出的对话框中单击【图案】后方的按钮，在弹出的面板中单击右上角的⚙图标，在弹出的对菜单中选择【图案】【细胞】图案，如图3.224所示。

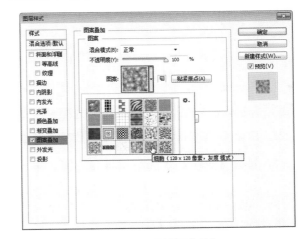

图3.224 设置图案叠加

(2) 在【图层】面板中选中【Crysta 拷贝 2】图层，在其图层名称上单击鼠标右键，从弹出的快捷菜单中选择【栅格化图层样式】命令，如图3.225所示。

(3) 选中【Crysta 拷贝 2】图层，按Ctrl+F组合键再次为其添加【染色玻璃】滤镜效果，如图3.226

所示。

图3.225　栅格化图层样式　　图3.226　添加滤镜

（4）选中【Crysta 拷贝 2】图层，执行菜单栏中的【图像】|【调整】|【色阶】命令，在弹出的对话框中将数值更改为(8，0.6，245)，完成之后单击【确定】按钮。

（5）选择工具箱中的【画笔工具】，在【画笔】面板中选择一个圆角笔触，将【大小】更改为10像素、【间距】更改为800%，如图3.227所示。

（6）勾选【形状动态】复选框，将【大小抖动】更改为30%，如图3.228所示。

图3.227　设置画笔笔尖形状　　图3.228　设置形状动态

（7）勾选【散布】复选框，将【散布】更改为800%。

（8）勾选【传递】复选框，将【不透明度抖动】更改为100%。勾选【平滑】复选框。

（9）单击面板底部的【创建新图层】按钮 ，新建一个【图层1】图层，如图3.229所示。

（10）选中【图层1】图层，将前景色更改为白色，在文字周围不断单击或者涂抹，添加画笔笔触特效，如图3.230所示。

图3.229　新建图层　　图3.230　添加画笔笔触特效

提示

为了使添加的画笔笔触特效更加无规律、效果更加自然，在添加画笔笔触图像时需要在选项栏中不断更改不透明度，在添加的过程中直接按键盘上的数字键也可随时更改画笔的不透明度。

（11）选中【图层1】图层，将前景色更改为黑色，背景色更改为白色，按Ctrl+Alt+F组合键打开【染色玻璃】滤镜命令对话框，在弹出的对话框中将【单元格大小】更改为3，【边框粗细】更改为1，完成之后单击【确定】按钮，如图3.231所示。

（12）同时选中【图层1】及【Crysta 拷贝2】图层，按Ctrl+E组合键将图层合并，此时将生成一个【图层1】图层，如图3.232所示。

 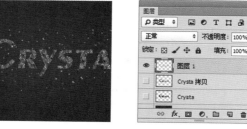

图3.231　添加染色玻璃滤镜　　图3.232　合并图层

Step 03　制作透视效果

（1）选中【图层1】图层，执行菜单栏中的3D|【从图层新建网格】|【明信片】命令，在画布中按住鼠标拖动将其旋转创建3D效果，如图3.233所示。

提示

在旋转文字的过程中可以选择选项栏中【旋转3D对象】 、【滚动3D对象】 、【拖动3D对象】 、【滑动3D对象】 及【缩放3D对象】 对文字进行旋转操作以达到最真实的3D显示效果。

图3.233　创建3D效果

（2）在【图层】面板中选中【图层1】图层，单击面板底部的【添加图层样式】按钮 *fx*，在菜单中选择【渐变叠加】命令，在弹出的对话框中将【渐变】更改为蓝色(R:112，G:202，B:240)到蓝色(R:136，G:128，B:188)到浅红色(R:232，G:153，B:184)到绿色(R:126，G:200，B:153)，【角度】更改为108度，如图3.234所示。

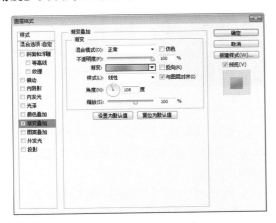

图3.234　设置渐变叠加

（3）勾选【投影】复选框，将【混合模式】更改为正常、【不透明度】更改为100%、【距离】更改为3像素、【大小】更改为4像素，完成之后单击【确定】按钮，如图3.235所示。

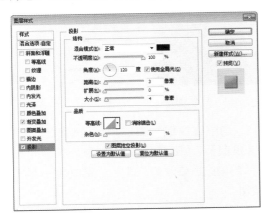

图3.235　设置投影

（4）在【图层】面板中选中【图层1】图层，将其图层【填充】更改为0%。

（5）在【图层】面板中选中【图层1】图层，将其拖至面板底部的【创建新图层】按钮上，复制1个【图层1 拷贝】图层。

（6）在【图层】面板中选中【图层1】图层，单击面板底部的【添加图层蒙版】按钮，为其图层添加图层蒙版，如图3.236所示。

（7）选中【图层1】图层，在画布中将其向下稍微移动，选择工具箱中的【渐变工具】，编辑黑色到白色的渐变，单击选项栏中的【线性渐变】按钮，单击【图层1】图层蒙版缩览图，在画布中其文字上拖动，将部分文字隐藏，为原文字制作出倒影效果，如图3.237所示。

图3.236　添加图层蒙版　　　图3.237　隐藏文字

（8）将【图层1】图层中的【渐变叠加】图层样式删除，并将其【投影】中的颜色更改为青色(R:55，G:174，B:167)。

（9）在【图层】面板中选中【图层1】图层，将其拖至面板底部的【创建新图层】按钮上，复制1个【图层1 拷贝2】图层，将【图层1 拷贝2】图层移至所有图层上方并清除其图层样式后再将其图层【混合模式】更改为【叠加】，【填充】更改为100%，如图3.238所示。

图3.238　复制图层并设置图层混合模式

（10）在【图层】面板中选中【图层1 拷贝2】图层，将其拖至面板底部的【创建新图层】按钮上，复制1个【图层1 拷贝3】图层以增强文字的立体感，如图3.239所示。

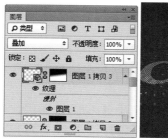

图3.239　复制图层

图3.242　复制图层并移动图像

（11）选择工具箱中的【椭圆工具】 ，在选项栏中将【填充】更改为青色(R:0，G:243，B:230)，【描边】更改为无，在文字靠左侧位置绘制一个椭圆图形，此时将生成一个【椭圆1】图层，如图3.240所示。

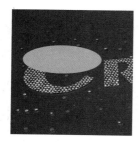

图3.240　绘制图形

（12）选中【椭圆1】图层，执行菜单栏中的【滤镜】|【模糊】|【高斯模糊】命令，在弹出的对话框中将【半径】更改为65像素，完成之后单击【确定】按钮。

（13）在【图层】面板中选中【椭圆1】图层，将其图层混合模式设置为【叠加】，如图3.241所示。

图3.241　设置图层混合模式

（14）在【图层】面板中选中【椭圆1】图层，将其拖至面板底部的【创建新图层】按钮 上，复制1个【椭圆1 拷贝】图层，选中【椭圆1 拷贝】图层，在画布中将图像移至文字靠右侧位置，如图3.242所示。

（15）选择工具箱中的【矩形工具】 ，在选项栏中将【填充】更改为灰色(R:108，G:108，B:108)，【描边】更改为无，在画布中靠左上角位置绘制一个细长矩形并适当旋转，此时将生成一个【矩形1】图层，如图3.243所示。

图3.243　绘制图形

（16）选中【矩形1】图层，按住Alt键向右下角方向拖动，将图形复制数份并将整个画布覆盖，如图3.244所示。

（17）同时选中和【矩形1】图层相关的图层，按Ctrl+E组合键将其合并，将生成的图层名称更改为【纹理】，并将【纹理】图层栅格化，如图3.245所示。

图3.244　复制图形　　图3.245　合并图层

（18）选中【纹理】图层，执行菜单栏中的【滤镜】|【扭曲】|【旋转扭曲】命令，在弹出的对话框中将【角度】更改为200度，完成之后单击【确定】按钮。

（19）选中【纹理】图层，将其图层混合模式更改为【正片叠底】，【不透明度】更改为20%，并将其移至【图层1】图层下方，这样就完成了效果制作。最终效果如图3.246所示。

图3.246 最终效果

实例038 啤酒字

🖥 素材位置：调用素材\第3章\啤酒字
✏ 案例位置：源文件\第3章\啤酒字.psd
🎬 视频文件：视频教学\实例038 啤酒字.avi

本例讲解的是啤酒字的制作。本例中的啤酒字效果十分明显，利用图层样式和不同的图像变形制作出这样一款啤酒字效果，在制作过程中多留意泡沫图像的添加。最终效果如图3.247所示。

图3.247 啤酒字

📝 操作步骤

Step 01 制作质感

（1）执行菜单栏中的【文件】|【新建】命令，在弹出的对话框中设置【宽度】为8厘米、【高度】为5.5厘米、【分辨率】为300像素/英寸。

（2）选择工具箱中的【渐变工具】，编辑绿色(R:8，G:40，B:8)到绿色(R:32，G:108，B:40)的渐变，单击选项栏中的【线性渐变】按钮，在画布中从上至下拖动为画布填充渐变。

（3）执行菜单栏中的【文件】|【打开】命令，打开"纹理.jpg"文件，将打开的素材拖入画布中并适当缩小，此时其图层名称将自动更改为【图层1】。

（4）在【图层】面板中、选中【图层 1】图层，将其图层混合模式设置为【叠加】，【不透明度】更改为50%。

（5）选择工具箱中的【横排文字工具】T，在画布中添加文字，如图3.248所示。

图3.248 添加文字

（6）在【图层】面板中选中CROWN图层，单击面板底部的【添加图层样式】按钮 fx，在菜单中选择【描边】命令，在弹出的对话框中将【大小】更改为5像素、【颜色】更改为白色，如图3.249所示。

图3.249 添加描边

> **提示**
> 添加描边以后字体变粗会影响到字间距，这时需要稍微调整文字的字间距。

（7）在【图层】面板中选中CROWN图层，在其图层名称上单击鼠标右键，从弹出的快捷菜单中选择【栅格化图层样式】命令。

(8) 在【图层】面板中选中CROWN图层,将其拖至面板底部的【创建新图层】按钮 上,复制1个【CROWN 拷贝】图层。

(9) 在【图层】面板中选中【CROWN 拷贝】图层,单击面板底部的【添加图层样式】按钮 **fx**,在菜单中选择【斜面和浮雕】命令,在弹出的对话框中将【大小】更改为15像素、【软化】更改为2像素,取消勾选【使用全局光】复选框,【角度】更改为-90度,【光泽等高线】更改为起伏斜面-下降,【阴影模式】更改为【滤色】,【颜色】为白色,并将其【不透明度】更改为100%,如图3.250所示。

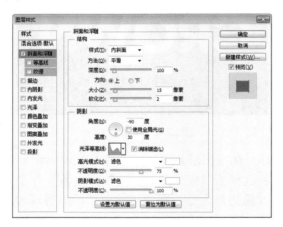

图3.250　设置斜面和浮雕

(10) 勾选【内阴影】复选框,将【混合模式】更改为【线性加深】、【不透明度】更改为30%,取消勾选【使用全局光】复选框,【角度】更改为180度、【大小】更改为20像素,如图3.251所示。

图3.251　设置内阴影

(11) 勾选【内发光】复选框,将【混合模式】更改为【叠加】、【不透明度】更改为100%、【颜色】更改为白色、【大小】更改为60像素,如

图3.252所示。

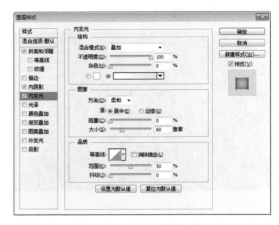

图3.252　设置内发光

(12) 勾选【渐变叠加】复选框,将【渐变】更改为黄色(R:226,G:154,B:0) 到深黄色(R:190,G:130,B:0)到深黄色(R:140,G:80,B:10)到深黄色(R:110,G:62,B:4),将第2个黄色色标位置更改为40%,第3个黄色色标位置更改为80,完成之后单击【确定】按钮,如图3.253所示。

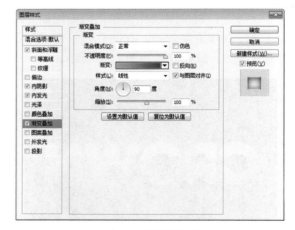

图3.253　设置渐变叠加

> **提示**
>
> 根据不同的字体选择需要对图层样式中的数值进行不断调整,为了达到真实的效果,在调整过程中需要观察图像中实际的调整结果。

(13) 在【图层】面板中选中CROWN图层,单击面板上方的【锁定透明像素】按钮 ,将当前图层中的透明像素锁定,在画布中将图层填充为黑色,填充完成之后再次单击此按钮将其解除锁定。

(14) 选中CROWN图层,执行菜单栏中的【滤镜】|【模糊】|【高斯模糊】命令,在弹出的对话框中将【半径】更改为5像素,完成之后单击【确

定】按钮。

(15) 选中CROWN图层，执行菜单栏中的【滤镜】|【模糊】|【动感模糊】命令，在弹出的对话框中将【角度】更改为90度，【距离】更改为35像素，设置完成之后单击【确定】按钮。

(16) 在【图层】面板中选中CROWN图层，单击面板底部的【添加图层蒙版】按钮 ▣ ，为其图层添加图层蒙版。

(17) 选择工具箱中的【画笔工具】 ✐ ，在画布中单击鼠标右键，在弹出的面板中选择一种圆角笔触，将【大小】更改为150像素、【硬度】更改为0%。

(18) 将前景色更改为黑色，在画布中文字上半部分区域涂抹，部分图像隐藏如图3.254所示。

(19) 单击面板底部的【创建新图层】按钮 ▣ ，新建一个【图层2】图层，并将其填充为黑色，如图3.255所示。

图3.254 隐藏图像　　　　图3.255 新建图层

Step 02　制作气体

(1) 选中【图层2】图层，执行菜单栏中的【滤镜】|【像素化】|【铜版雕刻】命令，在弹出的对话框中将【类型】更改为【中等点】，完成之后单击【确定】按钮。

(2) 在【图层】面板中选中【图层2】图层，单击面板底部的【添加图层蒙版】按钮 ▣ ，为其图层添加图层蒙版。

(3) 按住Ctrl键单击【CROWN 拷贝】图层缩览图，将其载入选区，执行菜单栏中的【选择】|【反相】命令将选区反相，并填充为黑色，将部分图像隐藏，完成之后按Ctrl+D组合键将选区取消。

(4) 在【图层】面板中选中【图层2】图层，将其图层混合模式设置为【柔光】，【不透明度】更改为60%。

(5) 选择工具箱中的【画笔工具】 ✐ ，在画布中单击鼠标右键，在弹出的面板中选择一种圆角笔触，将【大小】更改为50像素、【硬度】更改为

0%，如图3.256所示。

(6) 单击【图层 2】图层蒙版缩览图，将前景色更改为黑色，在画布中图像上部分区域涂抹，将部分图像隐藏，如图3.257所示。

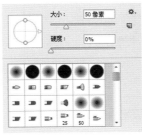

图3.256　设置笔触　　　图3.257　隐藏图像

Step 03　制作泡沫

(1) 选择工具箱中的【矩形工具】 ▣ ，在选项栏中将【填充】更改为白色，【描边】设置为无，在文字上半部分位置绘制一个矩形，此时将生成一个【矩形1】图层，如图3.258所示。

(2) 在【矩形1】图层名称上右击，从弹出的快捷菜单中选择【转换为智能对象】命令，如图3.259所示。

图3.258　绘制图形　　　图3.259　转换为智能对象

(3) 在【图层】面板中选中【矩形1】图层，单击面板底部的【添加图层样式】按钮 fx ，在菜单中选择【内阴影】命令，在弹出的对话框中将【不透明度】更改为40%，取消勾选【使用全局光】复选框，【角度】更改为90度、【大小】更改为20像素，如图3.260所示。

(4) 勾选【图案叠加】复选框，将【混合模式】更改为【正片叠底】，【不透明度】更改为15%，单击【图案】后方的按钮，在弹出的面板中单击右上角的 ✿ 图标，在弹出的菜单中选择【图案】，在面板中选择【细胞】图案，如图3.261所示。

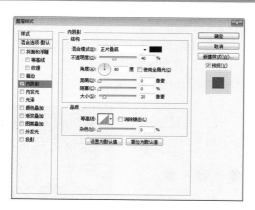

图3.260　设置内阴影

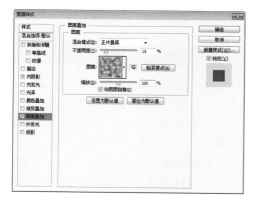

图3.261　设置图案叠加

（5）勾选【投影】复选框，将【混合模式】更改为【颜色加深】，【不透明度】更改为20%，取消勾选【使用全局光】复选框，【角度】更改为90度、【距离】更改为10像素、【大小】更改为10像素，完成之后单击【确定】按钮，如图3.262所示。

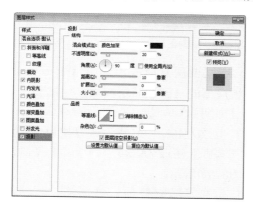

图3.262　设置投影

（6）设置【矩形1】图层，执行菜单栏中的【滤镜】|【扭曲】|【波浪】命令，在弹出的对话框中将【生成器数】更改为4，【波长】中的【最小】更改为105、【最大】更改为106，【波幅】中的【最小】更改为5、【最大】更改为10，完成之后

单击【确定】按钮，如图3.263所示。

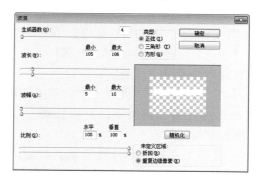

图3.263　设置波浪

（7）在【图层】面板中选中【矩形1】图层，单击面板底部的【添加图层蒙版】按钮，为其图层添加图层蒙版。

（8）按住Ctrl键单击【CROWN 拷贝】图层缩览图，将其载入选区，执行菜单栏中的【选择】|【反相】命令将选区反相并填充为黑色，将部分图像隐藏，完成之后按Ctrl+D组合键将选区取消。

（9）单击面板底部的【创建新图层】按钮，新建一个【图层3】图层。

（10）选择工具箱中的【画笔工具】，在画布中单击鼠标右键，在弹出的面板中选择一种圆角笔触，将【大小】更改为20像素、【硬度】更改为50%。

（11）将前景色更改为白色，选中【图层3】图层，在画布中文字上单击或者涂抹，添加泡沫图像，如图3.264所示。

图3.264　添加泡沫图像

（12）在【图层】面板中选中【图层 3】图层，单击面板底部的【添加图层样式】按钮，在菜单中选择【斜面和浮雕】命令，在弹出的对话框中将【深度】更改为115%，【大小】更改为15像素，取消勾选【使用全局光】复选框，【高度】更改为60度，【光泽等高线】更改为锥形-反转，【阴影模式】更改为【柔光】，将其【不透明度】更改为

50%，如图3.265所示。

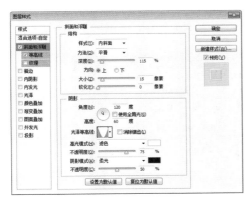

图3.265 设置斜面和浮雕

（13）勾选【内发光】复选框，将【混合模式】更改为【叠加】，【颜色】更改为白色，【大小】更改为8像素，完成之后单击【确定】按钮，如图3.266所示。

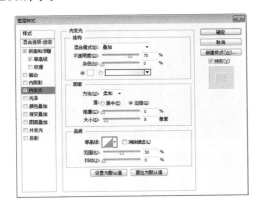

图3.266 设置内发光

Step 04 添加素材

（1）执行菜单栏中的【文件】|【打开】命令，打开"水珠.psd"文件，将打开的素材拖入画布中并适当缩小。

（2）选中【水珠】组，将其混合模式更改为【叠加】，如图3.267所示。

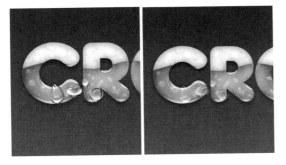

图3.267 更改图层混合模式

（3）分别选中【水珠】组中的不同图层，在画布中按住Alt键将图像复制数份并放在不同位置，如图3.268所示。

图3.268 复制图像

（4）执行菜单栏中的【文件】|【打开】命令，打开"啤酒.psd、啤酒2.psd"文件，将打开的素材拖入画布中靠右下角位置并适当缩小，这样就完成了效果制作。最终效果如图3.269所示。

图3.269 最终效果

实例039 水果字

素材位置：调用素材\第3章\水果字	
案例位置：源文件\第3章\水果字.psd	
视频文件：视频教学\实例039 水果字.avi	

本例讲解的是水果字的制作。本例的制作围绕简单的字体组合，通过水果元素的搭配及经典的版式布局体现出水果字的特性。最终效果如图3.270所示。

图3.270 水果字

操作步骤

Step 01 制作背景

(1) 执行菜单栏中的【文件】|【新建】命令，在弹出的对话框中设置【宽度】为5厘米、【高度】为5厘米、【分辨率】为300像素/英寸、【颜色模式】为RGB颜色，新建一个空白画布。

(2) 执行菜单栏中的【文件】|【打开】命令，打开"木板.jpg"文件，将打开的素材拖入画布中靠左侧位置并适当缩小，此时其图层名称将自动更改为【图层1】，如图3.271所示。

图3.271　新建画布并添加素材

(3) 在【图层】面板中选中【图层1】图层，单击面板底部的【添加图层样式】按钮 fx，在菜单中选择【描边】命令，在弹出的对话框中将【大小】更改为3像素，【位置】更改为【内部】，【颜色】更改为深黄色(R:133，G:56，B:8)，完成之后单击【确定】按钮，如图3.272所示。

图3.272　设置描边

(4) 在【图层】面板中选中【图层1】图层，将其拖至面板底部的【创建新图层】按钮 上，复制1个【图层1拷贝】图层，如图3.273所示。

(5) 选中【图层1 拷贝】图层，在画布中按Ctrl+T组合键对其执行自由变换命令，将光标移至

出现的变形框上右击，从弹出的快捷菜单中选择【垂直翻转】命令，完成之后按Enter键确认，再将图像向右侧及上方移动，如图3.274所示。

图3.273　复制图层　　　　图3.274　变换图像

(6) 以同样的方法将图像复制数份并移动，如图3.275所示。

图3.275　复制并移动图像

(7) 选择工具箱中的【矩形工具】 ，在选项栏中将【填充】更改为深黄色(R:55，G:23，B:4)，【描边】设置为无，在画布中绘制一个与画布相同大小的矩形，此时将生成一个【矩形1】图层，如图3.276所示。

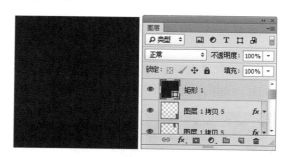

图3.276　绘制图形

(8) 在【图层】面板中选中【矩形1】图层，单击面板底部的【添加图层蒙版】按钮 ，为其图层添加图层蒙版。

(9) 选择工具箱中的【画笔工具】 ，在画布中单击鼠标右键，在弹出的面板中选择一种圆角笔

触，将【大小】更改为500像素，【硬度】更改为0%。

（10）将前景色更改为黑色，在画布中图形上涂抹，将大部分图形颜色隐藏，加深画布边缘，如图3.277所示。

图3.277 加深画布边缘

Step 02 绘制图形

（1）选择工具箱中的【多边形工具】，在选项栏中单击图标，在弹出的面板中勾选【星形】复选框，将【缩进边依据】更改为30%，【边】更改为16，将【填充】更改为白色，【描边】更改为无，在画布靠上方位置绘制一个星形，此时将生成一个【多边形1】图层，如图3.278所示。

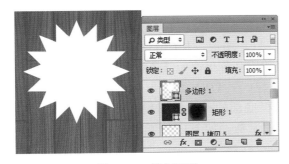

图3.278 绘制图形

（2）选择工具箱中的【删除锚点工具】，将图形下半部分的部分锚点删除，如图3.279所示。

图3.279 删除锚点

（3）在【图层】面板中选中【多边形1】图层，单击面板底部的【添加图层样式】按钮fx，在菜单中选择【描边】命令，在弹出的对话框中将【大小】更改为2像素，【位置】更改为【内部】，【填充类型】更改为【渐变】，【渐变】更改为深橙色(R:210，G:57，B:8)到橙色(R:230，G:111，B:45)，如图3.280所示。

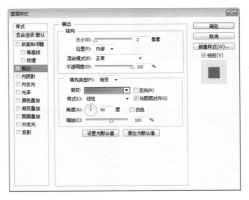

图3.280 设置描边

（4）勾选【渐变叠加】复选框，将【渐变】更改为橙色(R:233，G:117，B:0)到橙色(R:246，G:162，B:50)，完成之后单击【确定】按钮，如图3.281所示。

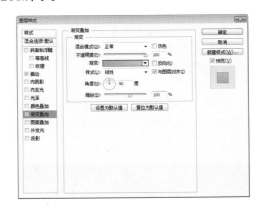

图3.281 设置渐变叠加

（5）选择工具箱中的【多边形工具】，在选项栏中单击图标，在弹出的面板中勾选【星形】复选框，将【缩进边依据】更改为40%，【边】更改为10，将【填充】更改为白色，【描边】更改为无，在刚才绘制的多边形位置再次绘制一个星形，此时将生成一个【多边形2】图层，如图3.282所示。

（6）在【多边形1】图层上右击，从弹出的快捷菜单中选择【拷贝图层样式】命令，在【多边形2】图层上右击，从弹出的快捷菜单中选择【粘贴图层样式】命令，双击【多边形2】图层样式名称，在弹出的对话框中分别更改其描边中的渐变颜色及渐变叠加中的渐变颜色，如图3.283所示。

图3.282　绘制图形

图3.283　粘贴图层样式并修改渐变颜色

 提示

　　在设置【多边形2】图层的图层样式中的渐变颜色时可以以【多边形1】图层样式中的渐变颜色为参考，适当将其数值变小即可，此处的数值可以灵活掌握。

（7）选择工具箱中的【删除锚点工具】，以刚才同样的方法将图形下半部分的部分锚点删除，如图3.284所示。

图3.284　删除锚点

（8）选择工具箱中的【椭圆工具】，在选项栏中将【填充】更改为黄色(R:250，G:232，B:100)，【描边】设置为无，在刚才绘制的多边形位置按住Shift键绘制一个正圆图形，此时将生成一个【椭圆1】图层，如图3.285所示。

图3.285　绘制图形

（9）在【图层】面板中选中【椭圆1】图层，单击面板底部的【添加图层蒙版】按钮，为其图层添加图层蒙版，如图3.286所示。

（10）选择工具箱中的【渐变工具】，编辑黑色到白色的渐变，单击选项栏中的【径向渐变】按钮，在画布中其图形上从中间向边缘方向拖动，将部分图形隐藏，如图3.287所示。

图3.286　添加图层蒙版　　　图3.287　隐藏图形

（11）同时选中【多边形1】、【多边形2】及【椭圆1】图层，按Ctrl+G组合键将图层编组，将生成的组名称更改为【多边形】，如图3.288所示。

（12）在【图层】面板中选中【多边形】组，单击面板底部的【添加图层蒙版】按钮，为其图层添加蒙版，如图3.289所示。

图3.288　将图层编组　　　图3.289　添加图层蒙版

（13）选择工具箱中的【矩形选框工具】，在多边形底部绘制一个矩形选区以选中部分图形，将选区填充为黑色，将部分图形隐藏，完成之后按Ctrl+D组合键将选区取消，如图3.290所示。

图3.290 绘制选区并隐藏图形

（14）选择工具箱中的【矩形工具】 ，在选项栏中将【填充】更改为黑色，【描边】更改为无，在多边形底部绘制一个矩形，此时将生成一个【矩形2】图层，如图3.291所示。

（15）在【图层】面板中选中【矩形2】图层，单击面板底部的【添加图层蒙版】按钮 ，为其图层添加图层蒙版，如图3.292所示。

图3.291 绘制图形 图3.292 添加图层蒙版

Step 03 添加文字

（1）选择工具箱中的【渐变工具】，编辑黑色到白色的渐变，在画布中拖动将部分图形隐藏，如图3.293所示。

（2）选择工具箱中的【横排文字工具】 T ，在画布中适当位置添加文字，如图3.294所示。

图3.293 隐藏图形 图3.294 添加文字

（3）在【图层】面板中选中HOT图层，单击面板底部的【添加图层样式】按钮 fx，在菜单中选择【斜面和浮雕】命令，在弹出的对话框中将【大小】更改为2像素，如图3.295所示。

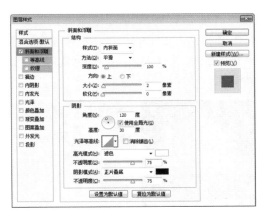

图3.295 设置斜面和浮雕

（4）勾选【渐变叠加】复选框，将【渐变】更改为蓝色(R:10，G:120，B:182) 到蓝色(R:78，G:197，B:240)，如图3.296所示。

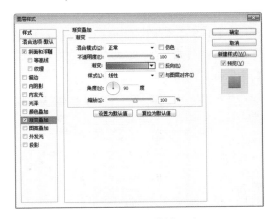

图3.296 设置渐变叠加

（5）勾选【投影】复选框，将【不透明度】更改为50%，取消勾选【使用全局光】复选框，将【角度】更改为90度、【距离】更改为3像素、【大小】更改为5像素，完成之后单击【确定】按钮，如图3.297所示。

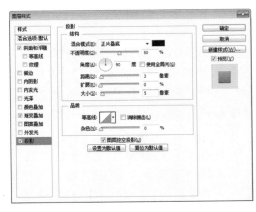

图3.297 设置投影

（6）选择工具箱中的【矩形工具】 ，在选项栏中将【填充】更改为青色(R:110，G:228，B:254)，【描边】更改为无，在HOT文字上绘制一个矩形，此时将生成一个【矩形3】图层，如图3.298所示。

图3.298 绘制图形

(7) 选中【矩形3】图层，执行菜单栏中的【滤镜】|【扭曲】|【波浪】命令，在弹出的对话框中将【生成器数】更改为1，【波长】中的【最小】更改为1、【最大】更改为200，【波幅】中的【最小】更改为1、【最大】更改为30，完成之后单击【确定】按钮，如图3.299所示。

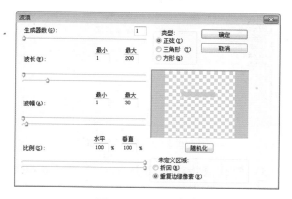

图3.299 设置波浪

(8) 在【图层】面板中选中【矩形3】图层，将其图层混合模式设置为【柔光】，再单击面板底部的【添加图层蒙版】按钮，为其图层添加图层蒙版。

(9) 按住Ctrl键单击HOT图层缩览图，将其载入选区，在画布中执行菜单栏中的【选择】|【反相】命令，将选区反相，并填充为黑色，将部分图像隐藏，完成之后按Ctrl+D组合键将选区取消。

(10) 选择工具箱中的【圆角矩形工具】，在选项栏中将【填充】更改为白色，【描边】更改为无，【半径】为2像素，在HOT文字下方绘制一个圆角矩形，此时将生成一个【圆角矩形1】图层，如图3.300所示。

图3.300 绘制图形

(11) 在HOT图层上右击，从弹出的快捷菜单中选择【拷贝图层样式】命令，同时选中【圆角矩形1】、SUMMER及vacation图层，在其名称上右击，从弹出的快捷菜单中选择【粘贴图层样式】命令，如图3.301所示。

(12) 双击SUMMER图层样式名称，在弹出的对话框中将其【渐变】更改为橙色(R:214，G:120，B:28)到黄色(R:254，G:230，B:98)，双击vacation图层样式名称，在弹出的对话框中将其【渐变】更改为红色(R:220，G:53，B:70)到浅红色(R:255，G:84，B:90)，如图3.302所示。

图3.301 拷贝并粘贴图层样式 图3.302 设置渐变

(13) 选择工具箱中的【钢笔工具】，单击选项栏中的【选择工具模式】按钮，在弹出的选项中选择【形状】，将【填充】更改为黄色(R:236，G:166，B:55)，【描边】更改为无，在画布中SUMMER文字位置绘制一个不规则图形，此时将生成一个【形状1】图层，如图3.303所示。

图3.303 绘制图形

（14）以同样的方法再次绘制8个相似的不规则图形，此时将生成【形状2】、【形状3】、【形状4】、【形状5】、【形状6】、【形状7】、【形状8】及【形状9】图层，如图3.304所示。

（15）同时选中【形状1】、【形状2】、【形状3】、【形状4】、【形状5】、【形状6】、【形状7】、【形状8】及【形状9】图层将其合并，此时将生成一个【形状9】图层，如图3.305所示。

图3.304　绘制图形　　　图3.305　合并图层

（16）在【图层】面板中选中【形状9】图层，将其图层混合模式设置为【叠加】，再单击面板底部的【添加图层蒙版】按钮，为其图层添加图层蒙版，如图3.306所示。

（17）按住Ctrl键单击SUMMER图层缩览图，将其载入选区，在画布中执行菜单栏中的【选择】|【反相】命令，将选区反相，再单击【形状9】图层蒙版缩览图，在画布中将选区填充为黑色，将部分图像隐藏，完成之后按Ctrl+D组合键将选区取消，如图3.307所示。

图3.306　添加图层蒙版　　　图3.307　隐藏图形

（18）执行菜单栏中的【文件】|【打开】命令，打开"图标.psd"文件，将打开的素材图标拖入画布中靠底部位置并适当缩小，如图3.308所示。

（19）分别选中【图标】组中的【鱼】和【棕榈】图层，为其添加和文字相同的图层样式，如图3.309所示。

（20）在【图层】面板中选中【图标】组中的【鱼】图层，将其拖至面板底部的【创建新图层】按钮上，复制1个【鱼 拷贝】图层，如图3.310所示。

所示。

（21）选中【鱼 拷贝】图层，在画布中按Ctrl+T组合键对其执行【自由变换】命令，将光标移至出现的变形框上右击，从弹出的快捷菜单中选择【水平翻转】命令，完成之后按Enter键确认，再将图形平移至右侧相对位置，如图3.311所示。

图3.308　添加素材　　　图3.309　添加图层样式

图3.310　复制图层　　　图3.311　变换图形

（22）执行菜单栏中的【文件】|【打开】命令，打开"树叶.psd"文件，将打开的素材图标拖入画布中右下角位置并适当缩小，这样就完成了效果制作。最终效果如图3.312所示。

图3.312　最终效果

实例040　创意组合文字

素材位置：无
案例位置：源文件\第3章\创意组合文字.psd
视频文件：视频教学\实例040　创意组合文字.avi

本例讲解的是创意组合文字的制作。创意组合文字在制作过程中讲究创意的视觉表现。在本例中通过将文字与图形相结合组合成具有前卫视觉的文字效果，同时十分符合文字的主题信息。最终效果如图3.313所示。

图3.313　创意组合文字

 操作步骤

Step 01　制作主题文字

（1）执行菜单栏中的【文件】|【新建】命令，在弹出的对话框中设置【宽度】为800像素、【高度】为600像素、【分辨率】为72像素/英寸，新建一个空白画布，将画布填充为深褐色(R:30，G:14，B:2)。

（2）执行菜单栏中的【滤镜】|【杂色】|【添加杂色】命令，在弹出的对话框中选中【高斯分布】单选按钮、勾选【单色】复选框，将【数量】更改为1%，完成之后单击【确定】按钮。

（3）选择工具箱中的【横排文字工具】 T，在画布适当位置添加文字(字体：Source Sans Pro 大小：160点 bold)，如图3.314所示。

（4）在文字图层名称上单击鼠标右键，从弹出的快捷菜单中选择【转换为形状】，如图3.315所示。

图3.314　添加文字　　　图3.315　转换为形状

（5）选择工具箱中的【矩形工具】 ，在选项栏中将【填充】更改为白色，【描边】更改为无，在适当位置绘制一个矩形，此时将生成一个【矩形1】图层，如图3.316所示。

图3.316　绘制图形

（6）选中【矩形 1】图层，按Ctrl+T组合键对其执行【自由变换】命令，将图形适当旋转，完成之后按Enter键确认，如图3.317所示。

（7）选择工具箱中的【直接选择工具】 ，拖动矩形锚点增加其长度，如图3.318所示。

图3.317　旋转图形　　　图3.318　拖动锚点

（8）以同样的方法将矩形复制数份并放在适当位置，如图3.319所示。

（9）同时选中除【背景】之外所有图层，按Ctrl+E组合键将其合并，将生成的图层名称更改为文字，如图3.320所示。

图3.319　复制并变换图形　　　图3.320　合并图层

 提示

复制图形之后可根据实际的图形与文字对齐效果拖动其锚点将其稍微变形。

（10）在【图层】面板中，选中【文字】图层，单击面板底部的【添加图层样式】按钮 *fx*，在菜单中选择【斜面和浮雕】命令，在弹出的对话框中将【大小】更改为3像素，完成之后单击【确定】按钮，如图3.321所示。

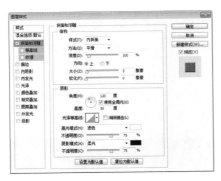

图3.321 设置斜面和浮雕

（11）勾选【描边】复选框，将【大小】更改为1像素，【不透明度】更改为60%，【颜色】更改为深褐色(R:44，G:23，B:8)，如图3.322所示。

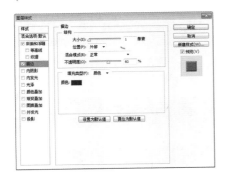

图3.322 设置描边

（12）勾选【渐变叠加】复选框，将【渐变】更改为蓝红黄渐变，勾选【反向】复选框，【样式】更改为【径向】、【缩放】更改为80%，如图3.323所示。

图3.323 设置渐变叠加

（13）勾选【投影】复选框，将【距离】更改为2像素、【大小】更改为7像素，如图3.324所示。

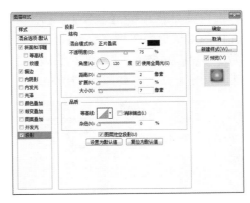

图3.324 设置投影

Step 02 绘制纹理图像

（1）选择工具箱中的【钢笔工具】 ，在选项栏中单击【选择工具模式】按钮 路径 ，在弹出的选项中选择【形状】，将【填充】更改为黄色(R:255，G:147，B:0)，【描边】更改为无，在画布左侧位置绘制1个不规则图形，此时将生成一个【形状 1】图层，将其移至【文字】图层下方，如图3.325所示。

图3.325 绘制图形

（2）按Ctrl+Alt+F组合键打开【添加杂色】命令对话框，在弹出的对话框中将【数量】更改为2%，选中【高斯分布】单选按钮、勾选【单色】复选框，完成之后单击【确定】按钮。

（3）以同样的方法在刚才绘制的图形右侧位置再次绘制1个橙色(R:255，G:108，B:0)图形，此时将生成1个【形状 2】图层，如图3.326所示。

图3.326 绘制图形

（4）执行菜单栏中的【滤镜】|【滤镜库】命令，在弹出的对话框中选择【纹理】|【纹理化】，将【缩放】更改为65%，【凸现】更改为1，完成之后单击【确定】按钮，如图3.327所示。

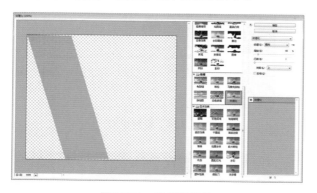

图3.327　设置纹理化

（5）以同样的方法在刚才绘制的图形右侧位置再次绘制1个蓝色(R:90，G:164，B:195)，如图3.328所示。

（6）按Ctrl+F组合键为绘制的图形添加纹理化效果，如图3.329所示。

图3.328　绘制图形　　　　图3.329　添加纹理化

（7）选择工具箱中的【横排文字工具】 **T** ，在画布适当位置添加文字，如图3.330所示。

图3.330　添加文字

（8）选中ROCK图层，将其图层混合模式设置为【柔光】，【不透明度】更改为20%，如图3.331所示。

图3.331　设置图层混合模式

（9）选中ROCK图层，在画布中按住Alt键将其复制2份并分别适当降低其不透明度，这样就完成了效果制作。最终效果如图3.332所示。

图3.332　最终效果

实例041　圆润透明文字

> 素材位置：无
> 案例位置：源文件\第3章\圆润透明文字.psd
> 视频文件：视频教学\实例041　圆润透明文字.avi

本例讲解的是圆润透明文字的制作。本例中的文字在视觉效果上十分舒适，整体的外观圆润且富有质感。在制作过程中注意图层样式的数值变化，同时在添加装饰图像时需要注意与文字的协调性。最终效果如图3.333所示。

图3.333　圆润透明文字

操作步骤

Step 01　制作背景

（1）执行菜单栏中的【文件】|【新建】命令，在弹出的对话框中设置【宽度】为700像素、【高度】为500像素、【分辨率】为72像素/英寸，新建一个空白画布。

（2）选择工具箱中的【渐变工具】 ▣ ，编辑蓝色(R:40，G:147，B:223)到蓝色(R:5，G:22，B:50)的渐变，单击选项栏中的【径向渐变】按钮 ▣ ，在画布中从中间向右下角方向拖动填充渐变。

（3）选择工具箱中的【矩形工具】 ▣ ，在选项栏中将【填充】更改为白色，【描边】更改为无，在画布中靠底部位置绘制一个与画布相同宽度的矩形，此时将生成一个【矩形 1】图层，如图3.334所示。

图3.334　绘制图形

（4）在【图层】面板中选中【矩形 1】图层，单击面板底部的【添加图层样式】按钮 fx ，在菜单中选择【渐变叠加】命令，在弹出的对话框中将【渐变】更改为深蓝色(R:5，G:20，B:47)到透明，完成之后单击【确定】按钮，如图3.335所示。

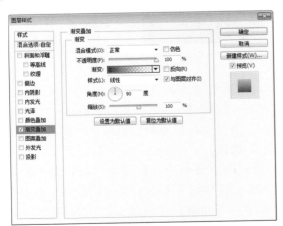

图3.335　设置渐变叠加

（5）在【图层】面板中选中【矩形 1】图层，

将其图层【填充】更改为0%。

Step 02　制作文字轮廓

（1）选择工具箱中的【横排文字工具】 T ，在画布适当位置添加文字，如图3.336所示。

图3.336　添加文字

（2）在【图层】面板中选中HAPPY图层，单击面板底部的【添加图层样式】按钮 fx ，在菜单中选择【斜面和浮雕】命令，在弹出的对话框中将【深度】更改为1000%、【大小】更改为3像素，取消勾选【使用全局光】复选框，【角度】更改为90度，【阴影模式】中的【颜色】为白色，【不透明度】更改为50%，完成之后单击【确定】按钮，如图3.337所示。

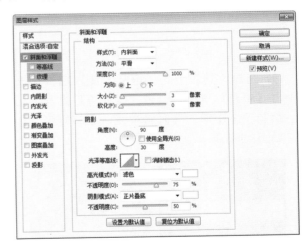

图3.337　设置斜面和浮雕

（3）勾选【光泽】复选框，将【混合模式】更改为【线性减淡(添加)】，颜色更改为白色，【不透明度】更改为30%、【角度】更改为25度、【距离】更改为30像素、【大小】更改为40像素、【等高线】更改为锥形，如图3.338所示。

（4）勾选【外发光】复选框，将【混合模式】更改为【颜色减淡】、【不透明度】更改为15%，

【颜色】更改为白色、【大小】更改为30像素，【范围】更改为25%，如图3.339所示。

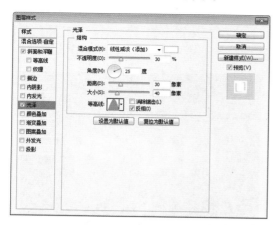

图3.338　设置光泽

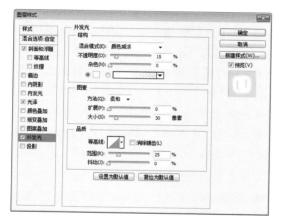

图3.339　设置外发光

（5）选择工具箱中的【矩形工具】 ，在选项栏中将【填充】更改为白色，【描边】更改为无，然后绘制一个矩形，此时将生成一个【矩形 2】图层，如图3.340所示。

图3.340　绘制图形

（6）在【图层】面板中选中【矩形 2】图层，单击面板底部的【添加图层样式】按钮 fx ，在菜单中选择【渐变叠加】命令，在弹出的对话框中将【混合模式】更改为【线性减淡(添加)】、【不透明度】更改为10%、【渐变】更改为白色到透明、

【缩放】更改为50%，完成之后单击【确定】按钮，如图3.341所示。

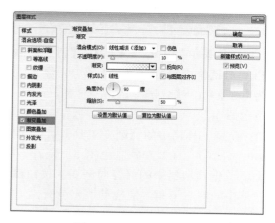

图3.341　设置渐变叠加

（7）在【图层】面板中、选中【矩形 2】图层，将其图层【填充】更改为0%。

（8）按住Ctrl键单击HAPPY图层缩览图，将其载入选区。

（9）在【图层】面板中选中【矩形 2】图层，单击面板底部的【添加图层蒙版】按钮 将部分图像隐藏。

（10）选择工具箱中的【椭圆工具】 ，在选项栏中将【填充】更改为蓝色(R:0，G:190，B:244)，【描边】更改为无，在文字底部位置绘制一个椭圆图形，此时将生成一个【椭圆 1】图层，如图3.342所示。

图3.342　绘制图形

（11）选中【椭圆 1】图层，执行菜单栏中的【滤镜】|【模糊】|【高斯模糊】命令，在弹出的对话框中将【半径】更改为15像素，完成之后单击【确定】按钮。

（12）选中【椭圆 1】图层，执行菜单栏中的【滤镜】|【模糊】|【动感模糊】命令，在弹出的对话框中将【角度】更改为0度，【距离】更改为255像素，设置完成之后单击【确定】按钮。

（13）以同样的方法绘制1个白色椭圆图形，此时将生成1个【椭圆 2】图层，如图3.343所示。

（14）选中【椭圆 2】图层，以刚才同样的方法绘制相同的图形并添加模糊特效，如图3.344所示。

图3.343　绘制图形　　图3.344　添加模糊特效

（15）选中【椭圆 2】图层，将其复制2份，如图3.345所示。

图3.345　复制图层

（16）选中【矩形 2】及HAPPY图层，按Ctrl+G组合键将其编组，将生成的组名称更改为【文字】，如图3.346所示。

（17）在【图层】面板中选中【文字】组，将其拖至面板底部的【创建新图层】按钮 上，复制1个【文字 拷贝】组，单击面板底部的【添加图层蒙版】按钮 ，为其添加图层蒙版，如图3.347所示。

图3.346　将图层编组　图3.347　复制组并添加图层蒙版

（18）选中【文字 拷贝】组，按Ctrl+T组合键对其执行【自由变换】命令，单击鼠标右键，从弹出的快捷菜单中选择【垂直翻转】命令，完成之后按Enter键确认，将文字向下垂直移动并与原文字对齐，如图3.348所示。

（19）选择工具箱中的【渐变工具】 ，编辑黑色到白色的渐变，单击选项栏中的【线性渐变】按钮 ，在其文字上拖动，将部分文字隐藏，如图3.349所示。

图3.348　变换文字　　图3.349　隐藏文字

Step 03　添加装饰图像

（1）在【画笔】面板中选择1个圆角笔触，将【大小】更改为15像素、【硬度】更改为100%、【间距】更改为1000%，如图3.350所示。

（2）勾选【形状动态】复选框，将【大小抖动】更改为100%、【角度抖动】更改为50%、【圆度抖动】更改为30%、【最小圆度】更改为25%，如图3.351所示。

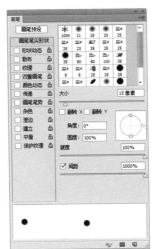 

图3.350　设置画笔笔尖形状　图3.351　设置形状动态

（3）勾选【散布】复选框，将【散布】更改为1000%。

（4）勾选【传递】复选框，将【不透明度抖动】更改为80%。

（5）单击面板底部的【创建新图层】按钮 ，新建一个【图层 1】图层。

（6）将前景色更改为白色，在画布中拖动鼠标绘制图像，如图3.352所示。

图3.352　绘制图像

(7) 选中【图层1】图层，将其图层混合模式设置为【叠加】。

(8) 单击面板底部的【创建新图层】按钮 ，新建一个【图层2】图层，如图3.353所示。

(9) 在【画笔】面板中将【大小】更改为10像素，在文字位置再次绘制图像，如图3.354所示。

图3.353　新建图层　　　图3.354　绘制图像

(10) 选中【图层 2】图层，执行菜单栏中的【滤镜】|【模糊】|【高斯模糊】命令，在弹出的对话框中将【半径】更改为2像素，完成之后单击【确定】按钮，这样就完成了效果制作。最终效果如图3.355所示。

图3.355　最终效果

PS

第4章

创意视觉表现

本章介绍

本章讲解创意视觉表现制作。所谓创意视觉表现是指在制作特效图像的过程中加入创意思路，使其视觉效果更加新颖、潮流、出色。整个制作过程并不复杂，只需要将传统的特效图像与创意思路结合并以此为出发点进行制作即可。本章的制作重点在于如何将创意的思路体现在特效图像上，所以就需要对本章中大量实例的操作进行体会。通过对本章的学习，读者可以掌握创意视觉表现的特效图像制作。

要点索引

◆ 学会制作潮流运动鞋特效
◆ 了解水晶放射视觉效果制作
◆ 学会制作飘逸光线特效
◆ 掌握雕刻艺术特效制作
◆ 学习制作超现实草原特效

图4.3　绘制路径　　　　图4.4　转换为选区

实例042　潮流运动鞋特效

- 素材位置：调用素材\第4章\潮流运动鞋特效
- 案例位置：源文件\第4章\潮流运动鞋特效.psd
- 视频文件：视频教学\实例042　潮流运动鞋特效.avi

本例讲解的是潮流运动鞋特效制作。本例在制作过程中重点在于潮流特效的表达，所以在绘制图形及添加素材图像的过程中重点留意将其与鞋子图像的结合，同时在色彩的使用过程中注意与主题颜色的相匹配。最终效果如图4.1所示。

图4.1　潮流运动鞋特效

📝 操作步骤

（1）执行菜单栏中的【文件】|【新建】命令，在弹出的对话框中设置【宽度】为1000像素、【高度】为550像素、【分辨率】为72像素/英寸，新建一个空白画布。

（2）执行菜单栏中的【文件】|【打开】命令，打开"鞋子.psd"文件，将打开的素材拖入画布中并适当缩小，如图4.2所示。

图4.2　添加素材

（3）选择工具箱中的【钢笔工具】 ，在鞋子图像位置绘制一个封闭路径以选中鞋身部分图像，如图4.3所示。

（4）按Ctrl+Enter组合键将路径转换为选区，如图4.4所示。

（5）执行菜单栏中的【图层】|【新建】|【通过剪切的图层】命令，将生成的图层名称更改为【鞋身】，如图4.5所示。

（6）选中【鞋身】图层，按Ctrl+T组合键对其执行【自由变换】命令，当出现变形框以后按住Alt键将中心点移至鞋身左侧位置，再将图像适当旋转，完成之后按Enter键确认，如图4.6所示。

图4.5　通过剪切的图层　　图4.6　旋转图像

（7）选择工具箱中的【钢笔工具】 ，在选项栏中单击【选择工具模式】按钮 路径 ，在弹出的选项中选择【形状】，将【填充】更改为黄色（R:254，G:148，B:46），【描边】更改为无，在鞋子右侧位置绘制1个不规则图形，此时将生成一个【形状1】图层，如图4.7所示。

图4.7　绘制图形

（8）以同样的方法在刚才绘制的图形旁边位置再次绘制数个相似图形，如图4.8所示。

 提示

在绘制图形时需要注意更改图形的颜色以与鞋子一侧的颜色相匹配。

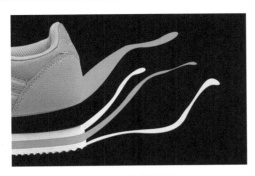

图4.8 绘制图形

(9) 在【图层】面板中选中【鞋身】图层，单击面板上方的【锁定透明像素】按钮，将透明像素锁定，如图4.9所示。

(10) 选择工具箱中的【套索工具】，在鞋身图像右侧区域绘制1个选区以选中黄色中多余的青色，如图4.10所示。

图4.9 锁定透明像素　　图4.10 绘制选区

(11) 将选区填充为橙色(R:255，G:126，B:32)，完成之后按Ctrl+D组合键将选区取消，如图4.11所示。

(12) 执行菜单栏中的【文件】|【打开】命令，打开"油漆.psd"文件，将打开的素材拖入画布中鞋身右侧位置并适当缩小，如图4.12所示。

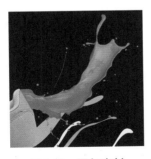

图4.11 填充颜色　　图4.12 添加素材

(13) 选中【油漆】图层，执行菜单栏中的【图像】|【调整】|【色相/饱和度】命令，在弹出的对话框中勾选【着色】复选框，将【色相】更改为32、【饱和度】更改为100、【明度】更改为1，完成之后单击【确定】按钮，如图4.13所示。

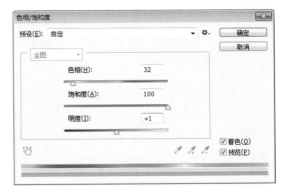

图4.13 设置色相/饱和度

(14) 单击面板底部的【创建新图层】按钮，在【背景】图层上方新建一个【图层1】图层，如图4.14所示。

(15) 选择工具箱中的【画笔工具】，在画布中单击鼠标右键，在弹出的面板中选择一种圆角笔触，将【大小】更改为300像素，【硬度】更改为0%，如图4.15所示。

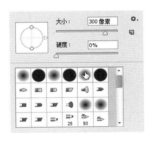

图4.14 新建图层　　图4.15 设置笔触

(16) 选择工具箱中的【吸管工具】，在鞋身上黄色或青色区域单击，在画布中单击添加图像，如图4.16所示。

图4.16 添加图像

 提示

在添加图像时可以不断地更改画笔大小及不透明度，这样经过添加的图像效果更加自然。

（17）在【图层】面板中选中【鞋身】图层，单击面板底部的【添加图层样式】按钮 **fx**，在菜单中选择【投影】命令，在弹出的对话框中取消勾选【使用全局光】复选框，【角度】更改为90度，【距离】更改为2像素、【大小】更改为10像素、完成之后单击【确定】按钮，如图4.17所示。

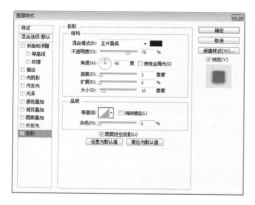

图4.17　设置投影

（18）在【鞋身】图层名称上右击，从弹出的快捷菜单中选择【拷贝图层样式】命令，在【鞋子】图层名称上右击，从弹出的快捷菜单中选择【粘贴图层样式】命令。

（19）双击【鞋子】图层样式名称，在弹出的对话框中将【角度】更改为-90度，完成之后单击【确定】按钮，这样就完成了效果制作。最终效果如图4.18所示。

图4.18　最终效果

实例043　水晶放射视觉效果

素材位置：无

案例位置：源文件\第4章\水晶放射视觉效果.psd

视频文件：视频教学\实例043　水晶放射视觉效果.avi

本例讲解的是水晶放射视觉效果制作。本例的制作过程十分简单，但整个最终效果却相当出色，以巧妙的思路将3种滤镜命令进行结合打造出这样一款新锐视觉特效的水晶放射图像。最终效果如图4.19所示。

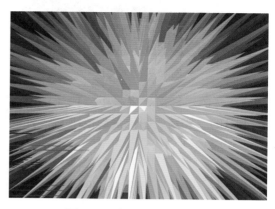

图4.19　水晶放射视觉效果

 操作步骤

（1）将背景色设置为黑色。执行菜单栏中的【文件】|【新建】命令，打开【新建】对话框，设置【名称】为【水晶放射视觉效果】，【宽度】为400像素、【高度】为400像素、【分辨率】为300像素/英寸、【颜色模式】为RGB颜色、【背景内容】为背景色，新建一块画布。

（2）执行菜单栏中的【滤镜】|【渲染】|【镜头光晕】命令，打开【镜头光晕】对话框，设置【亮度】为100%，【镜头类型】设置为50～300毫米变焦，单击【确定】按钮，效果如图4.20所示。

（3）执行菜单栏中的【滤镜】|【滤镜库】|【艺术效果】|【壁画】命令，打开【壁画】对话框，设置【画笔大小】为2、【画笔细节】为8、【纹理】为1，图像效果如图4.21所示。

 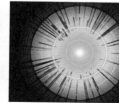

图4.20　镜头光晕效果　　　图4.21　壁画效果

（4）执行菜单栏中的【滤镜】|【风格化】|【凸出】命令，打开【凸出】对话框，设置【类型】为金字塔，【大小】为20像素、【深度】为255%，单击【确定】按钮，效果如图4.22所示。

（5）单击【图层】面板底部的【创建新的填充或调整图层】按钮 ，在弹出的菜单中选择【渐变】命令，打开【渐变填充】对话框，渐变颜色选择为色谱，如图4.23所示。单击【确定】按钮后，将图层混合模式改为【饱和度】，完成了整个效果的制作。

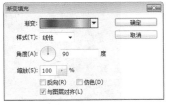

图4.22　凸出效果　　　图4.23　【渐变填充】对话框

实例044　飘逸光线特效

- 素材位置：无
- 案例位置：源文件\第4章\飘逸光线特效.psd
- 视频文件：视频教学\实例044　飘逸光线特效.avi

本例讲解的是飘逸光线特效制作。整个制作过程围绕定义笔触展开，通过绘制定义的画笔预设制作出飘逸的光线特效，再为光线添加色彩，从而完成效果制作。最终效果如图4.24所示。

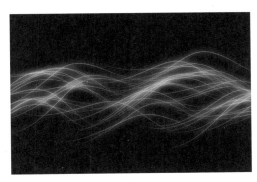

图4.24　飘逸光线特效

操作步骤

（1）执行菜单栏中的【文件】|【新建】命令，在弹出的对话框中设置【宽度】为800像素、【高度】为550像素、【分辨率】为72像素/英寸，新建一个空白画布，将其填充为黑色。

（2）选择工具箱中的【钢笔工具】，在画布中绘制1条曲线路径，如图4.25所示。

（3）单击面板底部的【创建新图层】按钮，新建一个【图层1】图层。

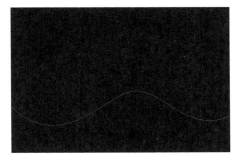

图4.25　绘制路径

（4）选择工具箱中的【画笔工具】，在画布中单击鼠标右键，在弹出的面板中选择一种圆角笔触，将【大小】更改为1像素、【硬度】更改为0%。

（5）将前景色更改为白色，选中【图层1】图层，在【路径】面板中选中路径，在其名称上单击鼠标右键，从弹出的快捷菜单中选择【描边路径】命令，在弹出的对话框中选择【工具】为画笔，确认勾选【模拟压力】复选框，完成之后单击【确定】按钮，如图4.26所示。

图4.26　设置描边路径

> 提示　模拟压力可以模拟出真实的画笔力度，使用此项辅助功能可以制作出许多出色的特效。

（6）按住Ctrl键单击【图层1】图层缩览图，将其载入选区。

（7）执行菜单栏中的【编辑】|【定义画笔预设】命令，在弹出的对话框中将【名称】更改为【光线】，完成之后单击【确定】按钮，如图4.27所示。

图4.27　设置画笔名称

（8）按Ctrl+A组合键将【图层 1】图层中图像选中，按Delete键将选区中图像删除，完成之后按Ctrl+D组合键取消选区。

（9）在【画笔】面板中选择定义的【光线】笔触，将【大小】更改为720像素，【间距】更改为20%，如图4.28所示。

（10）勾选【形状动态】复选框，将【角度抖动】更改为5%、【圆度抖动】更改为50%、【最小圆度】更改为25%，如图4.29所示。

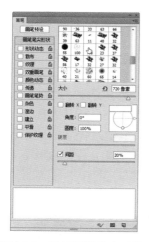 

图4.28 设置画笔笔尖形状　　图4.29 设置形状动态

（11）勾选【散布】复选框，勾选【两轴】复选框，并将其更改为10%，【数量】更改为1，【数量抖动】更改为100%，如图4.30所示。

（12）勾选【平滑】复选框，如图4.31所示。

图4.30 设置散布　　图4.31 勾选【平滑】复选框

（13）在画布中拖动鼠标添加图像，如图4.32所示。

（14）在【图层】面板中选中【图层 1】图层，单击面板底部的【添加图层样式】按钮 *fx*，在菜单中选择【外发光】命令，在弹出的对话框中将

【混合模式】更改为【正常】，【不透明度】更改为100%，选中【渐变】单选按钮，将【渐变】更改为透明彩虹渐变，【大小】更改为20像素，如图4.33所示。

图4.32 添加图像

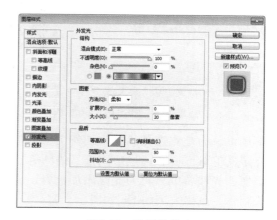

图4.33 设置外发光

（15）勾选【投影】复选框，将【混合模式】更改为【正常】，【颜色】更改为紫色(R:240，G:4，B:170)，【等高线】更改为半圆，如图4.34所示。

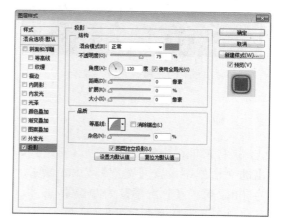

图4.34 设置投影

（16）在【图层】面板中选中【图层 1】图层，将其拖至面板底部的【创建新图层】按钮 上，复

制1个【图层1拷贝】图层。

(17) 双击【图层1拷贝】图层样式名称，在弹出的对话框中将【渐变】更改为色谱，完成之后单击【确定】按钮，如图4.35所示。

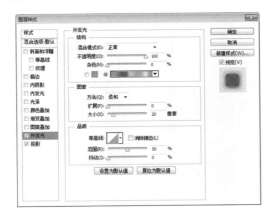

图4.35 设置外发光

(18) 选中【图层1拷贝】图层，按Ctrl+E组合键向下合并，此时将生成1个【图层1拷贝】图层。

(19) 单击面板底部的【创建新图层】按钮 ，新建一个【图层1】图层，如图4.36所示。

(20) 选择工具箱中的【画笔工具】 ，在画布中单击鼠标右键，在弹出的面板中选择一种圆角笔触，将【大小】更改为250像素，【硬度】更改为0%，如图4.37所示。

 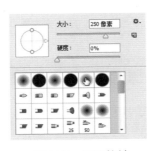

图4.36 新建图层　　　图4.37 设置笔触

(21) 将前景色分别更改为红色(R:250，G:0，B:0)和紫色(R:252，G:0，B:255)，在画布中单击添加图像，如图4.38所示。

图4.38 添加图像

提示

在添加图像时可以不断地更改前景色，这样添加的图像色彩更加丰富，线条的视觉效果更加绚丽。需要注意，不要使用与线条图像本身反差过大的颜色，如黑色、白色、绿色、蓝色等，添加这类颜色会使线条的色彩不协调。

(22) 选中【图层1】图层，将其图层混合模式设置为【颜色】，这样就完成了效果制作。最终效果如图4.39所示。

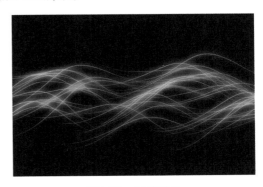

图4.39 最终效果

实例045 雕刻的艺术

> 素材位置：调用素材\第4章\雕刻的艺术
> 案例位置：源文件\第4章\雕刻的艺术.psd
> 视频文件：视频教学\实例045 雕刻的艺术.avi

本例讲解的是雕刻的艺术效果制作。首先将打开的素材图像合并至同一个文档，再为部分图像制作镂空效果，最后再为镂空图像添加具有雕刻效果的图层样式，完成效果制作。最终效果如图4.40所示。

图4.40 雕刻的艺术

操作步骤

(1) 执行菜单栏中的【文件】|【打开】命令，打开"龙纹.psd，木纹纹理.jpg"。将"龙纹"拖动到"木纹纹理"画布中。

(2) 将"背景"图层拷贝一份。然后按Ctrl键在"龙纹"层的图层缩览图上单击载入选区。选中"背景 拷贝"层，按Delete键将其删除，并将"龙纹"图层删除。

(3) 选择"背景 拷贝"图层，单击【图层】面板底部的【添加图层样式】按钮**fx**，在弹出的菜单栏中选择【投影】命令。打开【图层样式】对话框，设置【距离】为2像素、【大小】为10像素。

(4) 勾选【斜面和浮雕】复选框，设置【深度】为317%，【大小】为2像素、【角度】为120度、【高度】为30度，单击【确定】按钮。这样就完成了雕刻的艺术处理。

实例046 蜂窝状背景

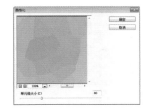

- 素材位置：调用素材\第4章\蜂窝状背景
- 案例位置：源文件\第4章\蜂窝状背景.psd
- 视频文件：视频教学\实例046 蜂窝状背景.avi

本例讲解的是蜂窝状背景制作。本例的制作十分简单，为渐变背景制作晶格化特效，再添加相应的装饰元素即可完成效果制作。最终效果如图4.41所示。

图4.41 蜂窝状背景

操作步骤

(1) 执行菜单栏中的【文件】|【新建】命令，打开【新建】对话框，设置【名称】为【蜂窝状背景】，【宽度】为600像素、【高度】为250像素、【分辨率】为150像素/英寸、【颜色模式】为RGB颜色，【背景内容】为白色，新建一块画布。选择工具箱中的【渐变工具】■，将渐变的颜色设置为由橘黄色(C：10；M：50；Y：88；K：0) 到黄色(C：15；M：5；Y：80；K：0) 的径向渐变，

从画布的中心向外拖动填充渐变，填充后的效果如图4.42所示。

(2) 执行菜单栏中的【滤镜】|【像素化】|【晶格化】命令，打开【晶格化】对话框，将【单元格大小】设置为80，设置的具体参数如图4.43所示。

 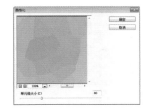

图4.42 填充背景　　　图4.43 【晶格化】对话框

(3) 单击【确定】按钮，晶格化后的效果如图4.44所示。

(4) 为了配合背景，执行菜单栏中的【文件】|【打开】命令，打开"剪影.psd"。将"剪影"移动到新建画布中，然后缩小并放置到合适的位置。

(5) 使用【横排文字工具】**T**，在画布中输入文字，将字体设置为Agency FB，大小设置为18点，颜色设置为黑色，效果如图4.45所示。这样就完成了蜂窝状背景的设计。

图4.44 晶格化效果　　　图4.45 最终效果

实例047 国际潮流图像

- 素材位置：调用素材\第4章\国际潮流图像
- 案例位置：源文件\第4章\国际潮流图像.psd
- 视频文件：视频教学\实例047 国际潮流图像.avi

本例讲解的是国际潮流图像制作。本例的制作比较简单，只需要分别对每个图层进行变形，同时添加滤镜特效即可，重点在于对整个图像特效的组合应用。最终效果如图4.46所示。

图4.46 国际潮流图像

操作步骤

(1) 执行菜单栏中的【文件】|【打开】命令，打开"街头夜景.jpg"文件。

(2) 在【图层】面板中选中【背景】图层，将其拖至面板底部的【创建新图层】按钮 上，复制2个拷贝图层。

(3) 选中【背景 拷贝2】图层，按Ctrl+T组合键对其执行【自由变换】命令，单击鼠标右键，从弹出的快捷菜单中选择【斜切】命令，在选项栏中H后方文本框中输入45，完成之后按Enter键确认，如图4.47所示。

图4.47　将图像变形

(4) 执行菜单栏中的【滤镜】|【像素化】|【马赛克】命令，在弹出的对话框中将【单元格大小】更改为20方形，完成之后单击【确定】按钮，如图4.48所示。

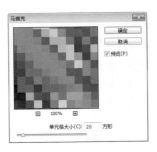
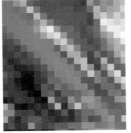

图4.48　设置马赛克

(5) 选中【背景 拷贝2】图层，按Ctrl+T组合键对其执行【自由变换】命令，单击鼠标右键，从弹出的快捷菜单中选择【斜切】命令，在选项栏中H后方文本框中输入-45，完成之后按Enter键确认，如图4.49所示。

(6) 选中【背景 拷贝 2】图层，将其图层【不透明度】更改为50%，如图4.50所示。

(7) 选中【背景 拷贝】图层，按Ctrl+T组合键对其执行【自由变换】命令，单击鼠标右键，从弹出的快捷菜单中选择【斜切】命令，在选项栏中H后方文本框中输入-45，完成之后按Enter键确认，如图4.51所示。

图4.49　将图像变形

图4.50　更改图层不透明度

图4.51　将图像变形

(8) 选中【背景 拷贝】图层，按Ctrl+F组合键为其添加马赛克滤镜，如图4.52所示。

图4.52　添加马赛克滤镜

(9) 选中【背景 拷贝】图层，按Ctrl+T组合键对其执行【自由变换】命令，单击鼠标右键，从弹出的快捷菜单中选择【斜切】命令，在选项栏中H后方文本框中输入45，完成之后按Enter键确认，如图4.53所示。

图4.53　将图像变形

（10）选择工具箱中的【横排文字工具】 T，在画布适当位置添加文字，这样就完成了效果制作。最终效果如图4.54所示。

图4.54　最终效果

实例048　方格艺术背景

> 素材位置：调用素材\第4章\方格艺术背景
> 案例位置：源文件\第4章\方格艺术背景.psd
> 视频文件：视频教学\实例048　方格艺术背景.avi

本例讲解的是方格艺术背景效果制作。本例的制作过程比较简单，需要重点注意的是方格图像的细节与背景风格的协调性，同时在添加人物图像时尽量选取与艺术化背景相接近的图像。最终效果如图4.55所示。

图4.55　方格艺术背景

操作步骤

Step 01　打开素材

（1）执行菜单栏中的【文件】|【打开】命令，打开"背景.jpg"文件。

（2）选择工具箱中的【画笔工具】 ，在画布中单击鼠标右键，在弹出的面板中单击右上角的 图标，在出现的菜单中选择【方头画笔】，在弹出的对话框中单击【确定】按钮，【在画笔】面板中选择刚才载入的方头画笔，将【大小】更改为45像素，【间距】更改为130%，如图4.56所示。

（3）勾选【形状动态】复选框，将【大小抖动】更改为100%，【最小直径】更改为20%，如图4.57所示。

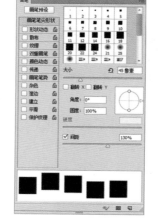 

图4.56　设置画笔笔尖形状　　图4.57　设置形状动态

（4）勾选【散布】复选框，将【散布】更改为700%，【数量抖动】更改为20%，如图4.58所示。

（5）勾选【平滑】复选框，如图4.59所示。

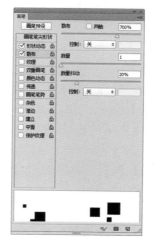 

图4.58　设置散布　　图4.59　勾选【平滑】复选框

Step 02　添加画笔特效

（1）单击【图层】面板底部的【创建新图层】按钮 ，新建一个【图层1】图层，如图4.60所示。

（2）选中【图层1】图层，将前景色更改为黑色，在画布中拖动，添加画笔特效图像，如图4.61所示。

 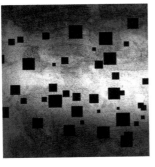

　图4.60　新建图层　　　图4.61　添加画笔特效

（3）在【图层】面板中同时选中【图层1】及【背景】图层，将其拖至面板底部的【创建新图层】按钮 上，复制【图层1 拷贝】及【背景 拷贝】图层，将【背景 拷贝】图层移至图层最上方，如图4.62所示。

 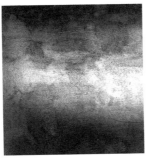

图4.62　复制图层并更改图层顺序

（4）选中【背景 拷贝】图层，执行菜单栏中的【图层】|【创建剪贴蒙版】命令，为当前图层创建剪贴蒙版。

（5）在【图层】面板中选中【图层1 拷贝】图层，单击面板底部的【添加图层样式】按钮 ，在菜单中选择【斜面和浮雕】命令，在弹出的对话框中将【深度】更改为1%，【大小】更改为5像素，单击【光泽等高线】后方的按钮，在弹出的对话框中调整曲线，如图4.63所示。

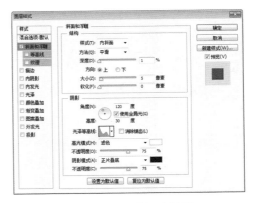

图4.63　设置斜面和浮雕

> **提示**
>
> 在设置等高线时创建2～3个点再拖动曲线调整即可，在调整过程中需要一边细致地调整曲线同时观察图形效果，如图4.64所示。

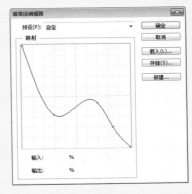

图4.64　曲线效果

（6）勾选【内阴影】复选框，将【距离】更改为0像素，【大小】更改为0像素，如图4.65所示。

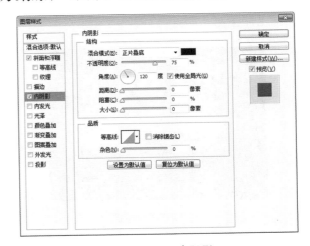

图4.65　设置内阴影

（7）勾选【内发光】复选框，将颜色更改为白色，【大小】更改为5像素，如图4.66所示。

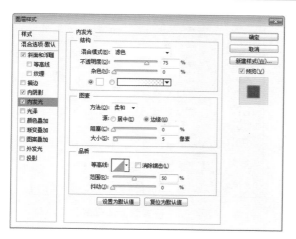

图4.66　设置内发光

（8）勾选【投影】复选框，将【距离】更改为2像素，【大小】更改为5像素，完成之后单击【确定】按钮，如图4.67所示。

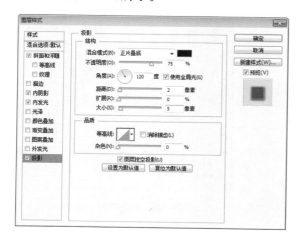

图4.67　设置投影

（9）选中【图层 1 拷贝】图层，在画布中将图像向下稍微移动，如图4.68所示。

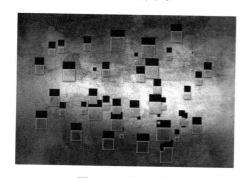

图4.68　移动图像

（10）选择工具箱中的【减淡工具】，在画布中单击鼠标右键，从弹出的面板中选择一个柔角笔触，选中【背景 拷贝】图层，在画布中其图像上涂抹，提升图像亮度，如图4.69所示。

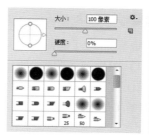 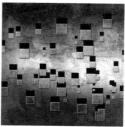

图4.69　设置笔触并提升图像亮度

（11）单击面板底部的【创建新图层】按钮，新建一个【图层2】图层，如图4.70所示。

（12）选择工具箱中的【画笔工具】，在画布中单击鼠标右键，从弹出的快捷菜单中选择与刚才相同的方头笔触，将【大小】更改为20像素，选中【图层2】图层，将前景色更改为黑色，在画布中拖动，添加画笔特效图像，如图4.71所示。

 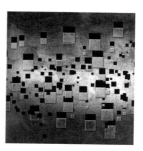

图4.70　新建图层　　　图4.71　添加画笔特效

 提示

在添加新的画笔特效之前已经设置过画笔预设参数，所以在执行新的特效添加时无需再次绘制。

（13）在【图层】面板中，选中【背景】图层，将其拖至面板底部的【创建新图层】按钮上，复制1个【背景 拷贝2】图层，将【背景 拷贝2】图层移至【图层2】上方，再按Ctrl+Alt+G组合键为其创建剪贴蒙版，如图4.72所示。

 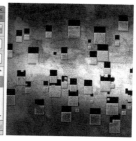

图4.72　创建剪贴蒙版

（14）在【图层1 拷贝】图层上单击鼠标右键，

从弹出的快捷菜单中选择【拷贝图层样式】命令，在【图层2】图层上右击，从弹出的快捷菜单中选择【粘贴图层样式】命令，如图4.73所示。

（15）双击【图层2】图层样式名称，在弹出的对话框中分别适当降低各图层样式的数值，如图4.74所示。

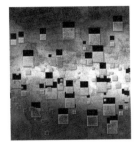

图4.73　拷贝并粘贴图层样式　　图4.74　设置图层样式

Step 03　添加素材

（1）执行菜单栏中的【文件】|【打开】命令，打开"人物.jpg"文件，将打开的素材拖入画布中并适当缩小，其图层名称将更改为【图层3】，如图4.75所示。

（2）选择工具箱中的【自由钢笔工具】，在选项栏中勾选【磁性的】复选框，沿人物图像边缘绘制一个路径，按Ctrl+Enter组合键将路径转换成选区，选中【图层3】图层，将选区中多余图像删除，完成之后按Ctrl+D组合键将选区取消，如图4.76所示。

图4.75　添加素材　　　　图4.76　删除图像

（3）在【图层】面板中选中【图层3】图层，将其拖至面板底部的【创建新图层】按钮上，复制1个【图层3 拷贝】图层。

（4）在【图层】面板中选中【图层3】图层，单击面板上方的【锁定透明像素】按钮，将当前图层中的透明像素锁定，将图层填充为黑色，填充完成之后再次单击此按钮将其解除锁定。

（5）选中【图层3】图层，执行菜单栏中的【滤镜】|【模糊】|【高斯模糊】命令，在弹出的对话框中将【半径】更改为8，完成之后单击【确定】按钮。

（6）执行菜单栏中的【滤镜】|【模糊】|【动感模糊】命令，在弹出的对话框中将【角度】更改为-45度，【距离】更改为130像素，设置完成之后单击【确定】按钮，这样就完成了效果制作。最终效果如图4.77所示。

图4.77　最终效果

实例049　水母仙女

 　素材位置：调用素材\第4章\水母仙女
 　案例位置：源文件\第4章\水母仙女.psd
 　视频文件：视频教学\实例049　水母仙女.avi

本例讲解的是水母仙女制作。在制作过程中围绕"水母"的特性进行特效的制作，同时合适的素材图像选用及色调的搭配也是实现本特效的关键所在。最终效果如图4.78所示。

图4.78　水母仙女

操作步骤

Step 01　新建画布和添加素材

（1）执行菜单栏中的【文件】|【新建】命令，在弹出的对话框中设置【宽度】为7.5厘米、【高度】为10厘米、【分辨率】为300像素/英寸、【颜色模式】为RGB颜色，新建一个空白画布。

（2）选择工具箱中的【渐变工具】■，编辑蓝色(R:72，G:96，B:125)到蓝色(R:68，G:92，B:120)到蓝色(R:93，G:120，B:156)的渐变，将中间蓝色色标位置更改为35%，如图4.79所示。单击选项栏中的【线性渐变】按钮■，在画布中从上至下拖动，为画布填充渐变，如图4.80所示。

图4.79　设置渐变　　　图4.80　填充渐变

（3）执行菜单栏中的【文件】|【打开】命令，打开"仙女.psd"文件，将打开的素材拖入画布中并适当缩小。

（4）选择工具箱中的【矩形工具】■，在选项栏中将【填充】更改为绿色(R:56，G:136，B:90)，【描边】设置为无，在画布靠底部绘制一个矩形，此时将生成一个【矩形1】图层，如图4.81所示。

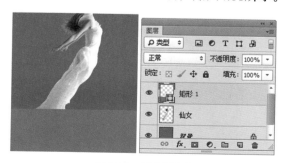

图4.81　绘制图形

（5）在【图层】面板中选中【矩形1】图层，单击面板底部的【添加图层蒙版】按钮■，为其图层添加图层蒙版，如图4.82所示。

（6）选择工具箱中的【渐变工具】■，编辑黑色到白色的渐变，单击选项栏中的【线性渐变】按钮■，单击【矩形1】图层蒙版缩览图，在画布中其图形上从上至下拖动，将部分图形隐藏，如图4.83所示。

图4.82　添加图层蒙版　　　图4.83　隐藏图形

Step 02　制作高光和阴影

（1）选择工具箱中的【椭圆工具】●，在选项栏中将【填充】更改为白色，【描边】设置为无，在画布中绘制一个椭圆图形，此时将生成一个【椭圆1】图层，如图4.84所示。

图4.84　绘制图形

（2）选中【椭圆1】图层，执行菜单栏中的【滤镜】|【模糊】|【高斯模糊】命令，在弹出的对话框中将【半径】更改为100像素，完成之后单击【确定】按钮。

（3）选中【椭圆1】图层，在画布中按Ctrl+T组合键对其执行自由变换，将图像高度等比缩小，再适当增加其长度，并将其移至画布右上角位置适当旋转，完成之后按Enter键确认，如图4.85所示。

（4）在【图层】面板中选中【椭圆1】图层，将其拖至面板底部的【创建新图层】按钮■上，复制1个【椭圆1 拷贝】图层。

（5）同时选中【椭圆1】及【椭圆1 拷贝】图层，将其图层混合模式更改为【叠加】，如图4.86所示。

图4.85　变换图像

图4.86　复制图层并设置图层混合模式

(6) 在【图层】面板中选中【椭圆1 拷贝】图层，单击面板底部的【添加图层样式】按钮 *fx*，在菜单中选择【内发光】命令，在弹出的对话框中将【混合模式】更改为【叠加】、【不透明度】更改为50%、【颜色】更改为浅蓝色(R:206，G:242，B:255)、【大小】更改为30像素，【等高线】更改为半圆，完成之后单击【确定】按钮，如图4.87所示。

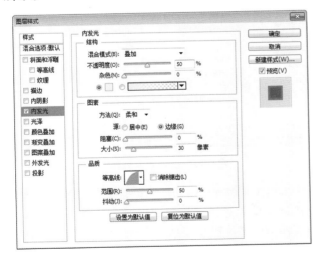

图4.87　设置内发光

(7) 在【仙女】图层样式名称上右击，从弹出的快捷菜单中选择【创建图层】命令，此时将生成一个【"仙女"的内发光】图层，如图4.88所示。

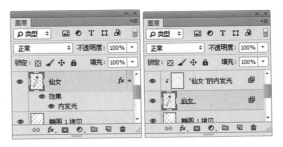

图4.88　创建图层

(8) 在【图层】面板中选中【"仙女"的内发光】图层，单击面板底部的【添加图层蒙版】按钮 ▢，为其添加图层蒙版。

(9) 选择工具箱中的【画笔工具】 ✐，在画布中单击鼠标右键，在弹出的面板中选择一种圆角笔触，将【大小】更改为150像素，【硬度】更改为0%。

(10) 将前景色更改为黑色，单击【"仙女"的内发光】图层蒙版缩览图，在仙女身上部分区域涂抹，将部分特效隐藏，如图4.89所示。

图4.89　隐藏部分特效

(11) 选择工具箱中的【椭圆工具】 ⬭，在选项栏中将【填充】更改为白色，【描边】更改为无，在人物图像靠左下方位置绘制一个椭圆图形，此时将生成一个【椭圆2】图层，如图4.90所示。

图4.90　绘制图形

(12) 选中【椭圆2】图层，执行菜单栏中的【滤镜】|【模糊】|【高斯模糊】命令，在弹出的对话框中将【半径】更改为80像素，完成之后单击

【确定】按钮。

(13) 在【图层】面板中选中【椭圆 2】图层，将其图层混合模式设置为【叠加】。

(14) 选中【椭圆2】图层，执行菜单栏中的【滤镜】|【模糊】|【高斯模糊】命令，在弹出的对话框中将【半径】更改为30像素，完成之后单击【确定】按钮。

(15) 在【图层】面板中选中【椭圆2】图层，将其图层混合模式设置为【正片叠底】、【不透明度】更改为80%。

Step 03　制作纱质特效

(1) 选择工具箱中的【椭圆工具】，在选项栏中将【填充】更改为无，【描边】更改为白色，【大小】更改为0.6像素，在人物腿部位置按住Shift键绘制一个正圆图形，此时将生成一个【椭圆4】图层，如图4.91所示。

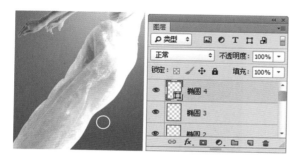

图4.91　绘制图形

(2) 在【图层】面板中选中【椭圆4】图层，将其拖至面板底部的【创建新图层】按钮上，复制1个【椭圆4 拷贝】图层，如图4.92所示。

(3) 选中【椭圆4 拷贝】图层，在选项栏中将【描边】更改为0.5点，在画布中再按Ctrl+T组合键对其执行【自由变换】命令，将图像等比缩小，完成之后按Enter键确认，如图4.93所示。

图4.92　复制图层　　　图4.93　变换图形

(4) 在【图层】面板中选中【椭圆4 拷贝】图层，将其拖至面板底部的【创建新图层】按钮

上，复制1个【椭圆4 拷贝2】图层，如图4.94所示。

(5) 选中【椭圆4 拷贝2】图层，在选项栏中将【填充】更改为白色，【描边】更改为无，在画布中再按Ctrl+T组合键对其执行【自由变换】命令，将图像等比缩小，完成之后按Enter键确认，如图4.95所示。

图4.94　复制图层　　　图4.95　变换图形

(6) 在【图层】面板中选中【椭圆4】图层，单击面板底部的【添加图层样式】按钮，在菜单中选择【外发光】命令，在弹出的对话框中将颜色更改为灰色(R:124，G:130，B:135)，【大小】更改为5像素，完成之后单击【确定】按钮，如图4.96所示。

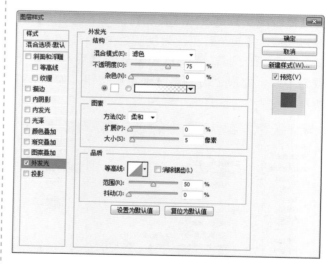

图4.96　设置外发光样式

(7) 在【椭圆4】图层上单击鼠标右键，从弹出的快捷菜单中选择【拷贝图层样式】命令，同时选中【椭圆4 拷贝】及【椭圆4 拷贝2】图层并在其上单击鼠标右键，从弹出的快捷菜单中选择【粘贴图层样式】命令。

(8) 同时选中所有和【椭圆4】图层相关的图层并将其编组，将组复制数份并适当缩小及移动，如图4.97所示。

图4.97 复制组并变换图形

提示

为了使小圈图形看上去更加具有律动性，在复制图像以后可以适当降低部分图形的图层样式不透明度

（9）选择工具箱中的【钢笔工具】，在画布中绘制一条曲线路径，绘制完成之后按Esc键结束，如图4.98所示。

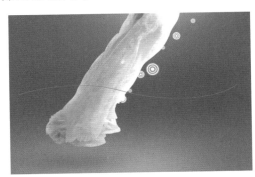

图4.98 绘制路径

（10）单击面板底部的【创建新图层】按钮，新建一个【图层1】图层。

（11）选择工具箱中的【画笔工具】，在画布中单击鼠标右键，在弹出的面板中选择一种圆角笔触，将【大小】更改为1像素、【硬度】更改为100%。

（12）将前景色更改为黑色，选中【图层1】图层，在【路径】面板中的【工作路径】名称上单击鼠标右键，从弹出的快捷菜单中选择【描边路径】命令，在弹出的对话框中选择【工具】为画笔，确认勾选【模拟压力】复选框，完成之后单击【确定】按钮，如图4.99所示。

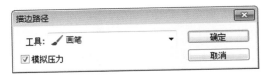

图4.99 设置描边路径

（13）在【图层】面板中，按住Ctrl键单击【图层1】缩览图将其载入选区，执行菜单栏中的【编辑】|【定义画笔预设】命令，在弹出的对话框中将【名称】更改为【纱质笔触】，完成之后单击【确定】按钮，如图4.100所示。

图4.100 设置画笔名称

（14）在【画笔】面板中选择定义的【纱质笔触】，将【大小】更改为500像素、【角度】更改为56°、【间距】更改为1%，如图4.101所示。

（15）勾选【平滑】复选框，如图4.102所示。

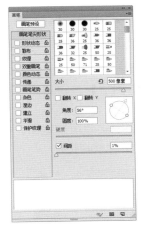
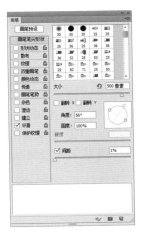

图4.101 设置画笔笔尖形状 图4.102 勾选【平滑】复选框

（16）将前景色更改为白色，选中【图层1】图层，在画布中人物靠下半部分区域涂抹，添加纱质特效，如图4.103所示。

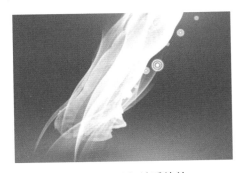

图4.103 添加纱质特效

（17）在【图层】面板中选中【图层1】图层，单击面板底部的【添加图层蒙版】按钮，为其图层添加图层蒙版。

（18）选择工具箱中的【画笔工具】，在画布中单击鼠标右键，在弹出的面板中选择一种圆角笔触，将【大小】更改为60像素、【硬度】更改为0%。

（19）将前景色更改为黑色，单击【图层1】图层蒙版缩览图，在画布中其图像部分区域涂抹，将部分图像隐藏，如图4.104所示。

（20）选中【图层1】图层，将其图层【不透明度】更改为60%，如图4.105所示。

图4.104　隐藏图像　　图4.105　更改不透明度

（21）在【图层】面板中选中【图层1】图层，将其拖至面板底部的【创建新图层】按钮上，复制1个【图层1拷贝】图层。

（22）单击【图层1拷贝】图层蒙版缩览图，在画布中将其部分图像隐藏，如图4.106所示。

图4.106　复制图层并隐藏图像

Step 04　绘制图形

（1）选择工具箱中的【钢笔工具】，在选项栏中将【填充】更改为白色，【描边】更改为无，在人物图像靠右侧位置绘制一个弯曲图形，此时将生成一个【形状1】，将【形状1】图层移至【背景】图层上方，如图4.107所示。

（2）在【图层】面板中选中【形状1】图层，单击面板底部的【添加图层蒙版】按钮，为其图层添加图层蒙版。

（3）选择工具箱中的【画笔工具】，在画布中单击鼠标右键，在弹出的面板中选择一种圆角笔触，将【大小】更改为250像素、【硬度】更改为0%。

图4.107　绘制并移动图形

（4）在选项栏中将画笔【不透明度】更改为50%，单击【形状1】图层蒙版缩览图，在画布中其图形上部分区域涂抹，降低其不透明度，如图4.108所示。

（5）选中【形状1】图层，在画布中将其图形复制数份并移至适当位置，如图4.109所示。

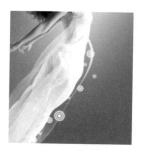 

图4.108　降低图形不透明度　　图4.109　复制图形

（6）执行菜单栏中的【文件】|【打开】命令，打开"形状.psd"文件，将打开的素材拖入画布中人物靠右下角附近位置并适当缩小，如图4.110所示。

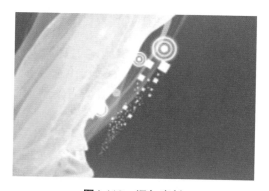

图4.110　添加素材

（7）在【图层】面板中选中【形状】图层，单击面板底部的【添加图层样式】按钮，在菜单中选择【外发光】命令，在弹出的对话框中将【颜色】更改为白色，【大小】更改为5像素，完成之后单击【确定】按钮，如图4.111所示。

图4.111 设置外发光

（8）在【图层】面板中选中【形状】图层，将其拖至面板底部的【创建新图层】按钮 □ 上，复制多个拷贝图层，并分别将复制生成的图形移动，如图4.112所示。

（9）执行菜单栏中的【文件】|【打开】命令，打开"元素.psd"文件，将打开的素材拖入画布中并适当缩小，如图4.113所示。

图4.112 复制图形　　　　图4.113 添加素材

（10）选中【水母】图层，在画布中按住Alt键将图像复制数份，更改不透明度并适当缩小和移动，这样就完成了效果制作。最终效果如图4.114所示。

图4.114 最终效果

实例050　模拟花朵背景

💻 素材位置：无

✏️ 案例位置：源文件\第4章\模拟花朵背景.psd

🎬 视频文件：视频教学\实例050　模拟花朵背景.avi

本例讲解的是模拟花朵背景效果制作。本例的制作过程虽然简单，但整体的最终视觉效果相当不错，以圆形为主题将图形进行组合并添加细节，从而制作出相当出色并具有画面感的图像效果。最终效果如图4.115所示。

图4.115 模拟花朵背景

📝 操作步骤

Step 01　绘制花朵图形

（1）执行菜单栏中的【文件】|【新建】命令，在弹出的对话框中设置【宽度】为700像素、【高度】为500像素、【分辨率】为72像素/英寸，新建一个空白画布。

（2）选择工具箱中的【渐变工具】 ■，编辑深红色(R:47，G:10，B:25)到红色(R:93，G:56，B:63)的渐变，单击选项栏中的【线性渐变】按钮 ■，在画布中从左侧向右侧方向拖动填充渐变。

（3）选择工具箱中的【椭圆工具】 ○，在选项栏中将【填充】更改为白色，【描边】更改为深红色(R:47，G:15，B:26)，【大小】更改为1点，在画布靠右侧位置按住Shift键绘制一个正圆图形，此时将生成一个【椭圆1】图层，如图4.116所示。

（4）在【图层】面板中选中【椭圆1】图层，单击面板底部的【添加图层样式】按钮 fx，在菜单中选择【内发光】命令，在弹出的对话框中将【混合模式】更改为【正常】、【不透明度】更改为100%、【颜色】更改为深红色(R:65，G:24，B:38)、【大小】更改为25像素，如图4.117所示。

图4.116　绘制图形

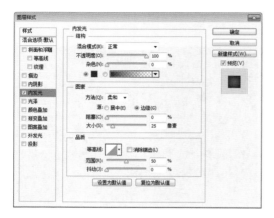

图4.117　设置内发光

(5) 勾选【渐变叠加】复选框，将【渐变】更改为深红色(R:48，G:17，B:30) 到深红色(R:72，G:26，B:40)，【缩放】更改为150%，完成之后单击【确定】按钮，如图4.118所示。

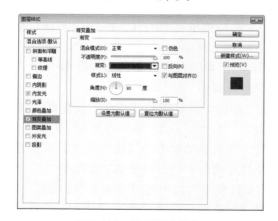

图4.118　设置渐变叠加

(6) 单击面板底部的【创建新图层】按钮，在【背景】图层上方新建一个【图层1】图层。

(7) 选择工具箱中的【画笔工具】，在画布中单击鼠标右键，在弹出的面板中选择一种圆角笔触，将【大小】更改为400像素，【硬度】更改为0%。

(8) 将前景色更改为红色(R:180，G:27，B:10)，在椭圆图形位置单击数次以添加颜色，如图4.119所示。

图4.119　添加颜色

(9) 选中【图层 1】图层，将其图层混合模式设置为【叠加】。

(10) 选择工具箱中的【椭圆工具】，在选项栏中将【填充】更改为红色(R:200，G:25，B:6)，【描边】更改为无，在椭圆图形左上角位置再次按住Shift键绘制一个正圆图形，此时将生成一个【椭圆 2】图层，如图4.120所示。

(11) 将【椭圆 2】图层【不透明度】更改为50%，如图4.121所示。

图4.120　绘制图形　　图4.121　更改不透明度

(12) 选中【椭圆 2】图层，在画布中按住Alt键将其复制数份，并分别将部分图形等比缩小或放大，如图4.122所示。

图4.122　复制并变换图形

(13) 选中刚才复制生成的任意1个椭圆图形，将其复制并将其图层【不透明度】更改为20%，然后将图形适当放大，再以同样的方法将图形复制数份，如图4.123所示。

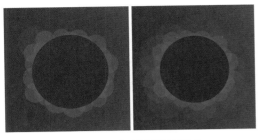

图4.123 复制并调整图形

Step 02 绘制细节图像

（1）选中【椭圆1】图层，在【路径】面板中选中【椭圆1形状路径】，将其拖至面板底部的【创建新路径】按钮 上，复制一个【椭圆1形状路径 拷贝】路径，如图4.124所示。

图4.124 复制路径

（2）在画布中按Ctrl+T组合键对路径执行【自由变换】命令，将其等比缩小，完成之后按Enter键确认，如图4.125所示。

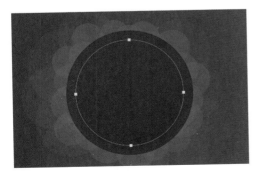

图4.125 缩小路径

（3）在【画笔】面板中选择1个圆角笔触，将【大小】更改为5像素、【硬度】更改为100%、【间距】更改为200%，如图4.126所示。

（4）勾选【平滑】复选框，如图4.127所示。

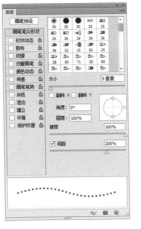
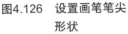

图4.126 设置画笔笔尖　　图4.127 勾选【平滑】
形状　　　　　　　　　　　复选框

（5）单击面板底部的【创建新图层】按钮 ，新建一个【图层2】图层，如图4.128所示。

（6）将前景色更改为白色，在【路径】面板中，在【椭圆1形状路径 拷贝】路径名称上单击鼠标右键，在弹出的菜单中选择【描边路径】命令，在弹出的对话框中选择【工具】为画笔，确认勾选【模拟压力】复选框，如图4.129所示。

图4.128 新建图层　　　　图4.129 描边路径

（7）选择工具箱中的【钢笔工具】 ，在画布靠左侧位置绘制1条水平路径，并使路径左侧超出画布，如图4.130所示。

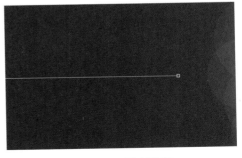

图4.130 绘制路径

（8）单击面板底部的【创建新图层】按钮 ，新建一个【图层3】图层，如图4.131所示。

（9）在【路径】面板中单击面板底部的【用画笔描边路径】按钮 ○，如图4.132所示。

图4.131　新建图层

图4.132　描边路径

（10）同时选中【图层 3】及【图层 2】图层，将其图层混合模式设置为【叠加】。

（11）单击面板底部的【创建新图层】按钮 ⬚，新建一个【图层 4】图层。

（12）选择工具箱中的【画笔工具】 ✒，在画布中单击鼠标右键，在弹出的面板中选择一种圆角笔触，将【大小】更改为400像素，【硬度】更改为0%。

（13）将前景色设置为白色，在椭圆图形位置单击添加颜色，如图4.133所示。

图4.133　添加颜色

（14）选中【图层 4】图层，将其图层混合模式设置为【叠加】。

（15）选择工具箱中的【横排文字工具】 T，在画布适当位置添加文字，这样就完成了效果制作。最终效果如图4.134所示。

图4.134　最终效果

实例051　魔术特效

```
📷 素材位置：调用素材\第4章\魔术特效
✎ 案例位置：源文件\第4章\魔术特效.psd
🎬 视频文件：视频教学\实例051　魔术特效.avi
```

本例讲解的是魔术特效制作。本例的制作思路十分前卫，通过选用魔术帽图像与经过变形的文字图像相结合，整体表现一种与主题十分贴切而且出色的视觉效果。最终效果如图4.135所示。

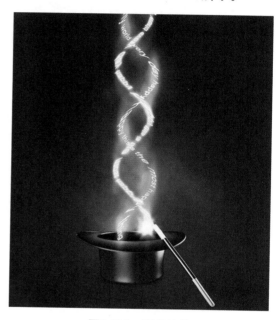
图4.135　魔术特效

📖 操作步骤

Step 01　打开素材并添加文字

（1）执行菜单栏中的【文件】|【新建】命令，在弹出的对话框中设置【宽度】为600像素、【高度】为700像素、【分辨率】为72像素/英寸，新建一个空白画布。

（2）选择工具箱中的【渐变工具】 ▬，编辑紫色(R:56，G:20，B:45)到深紫色(R:22，G:0，B:15)的渐变，单击选项栏中的【径向渐变】按钮 ◉，在图像中从底部向右上角方向拖动填充渐变，如图4.136所示。

（3）执行菜单栏中的【文件】|【打开】命令，打开"魔术帽.psd"文件，将打开的素材拖入画布中间位置并适当缩小，如图4.137所示。

图4.136　填充渐变　　图4.137　添加素材

（4）选择工具箱中的【椭圆工具】 ，在选项栏中将【填充】更改为黑色，【描边】更改为无，在帽子图像底部位置绘制1个椭圆图形，此时将生成一个【椭圆】1图层，将其移至【魔术帽】图层下方，如图4.138所示。

图4.138　绘制图形

（5）选中【椭圆 1】图层，执行菜单栏中的【滤镜】|【模糊】|【高斯模糊】命令，在弹出的对话框中将【半径】更改为5像素，完成之后单击【确定】按钮。

（6）选中【椭圆 1】图层，将其图层【不透明度】更改为60%。

（7）选择工具箱中的【横排文字工具】 T ，在画布适当位置添加文字，如图4.139所示。

图4.139　添加文字

（8）执行菜单栏中的【滤镜】|【扭曲】|【波浪】命令，在弹出的对话框中将【生成器数】更改为5，【波长】中【最小】更改为120、【最大】更改为121，【波幅】中【最小】更改为5、【最大】

更改为30，完成之后单击【确定】按钮，如图4.140所示。

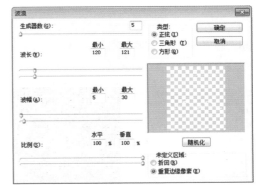

图4.140　设置波浪

提示
当执行命令以后，在弹出的提示对话框中直接单击【确定】按钮即可。

提示
添加的文字字体随意，需要注意文字的大小。

（9）选中文字图层，按Ctrl+T组合键执行【自由变换】命令，单击鼠标右键，从弹出的快捷菜单中选择【旋转90度(顺时针)】命令，完成之后按Enter键确认，如图4.141所示。

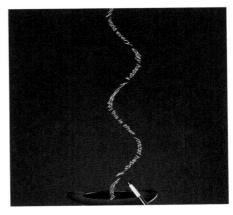

图4.141　旋转图像

提示
旋转图像之后可以根据实际的文字大小与位置对图像进行缩小等操作。

（10）在【图层】面板中选中文字图层，将其拖至面板底部的【创建新图层】按钮 上，复制1个文字拷贝图层，如图4.142所示。

（11）选中文字拷贝图层，按Ctrl+T组合键对其执行【自由变换】命令，单击鼠标右键，从弹出的快捷菜单中选择【水平翻转】命令，完成之后按Enter键确认，再将图像稍微移动，如图4.143所示。

图4.142　复制图层　　　图4.143　变换图像

（12）在【图层】面板中选中文字图层，单击面板底部的【添加图层样式】按钮 fx，在菜单中选择【外发光】命令，在弹出的对话框中将【混合模式】更改为【颜色减淡】、【不透明度】更改为100%、【颜色】更改为橙色(R:255，G:186，B:0)、【扩展】更改为10%、【大小】更改为50像素，完成之后单击【确定】按钮，如图4.144所示。

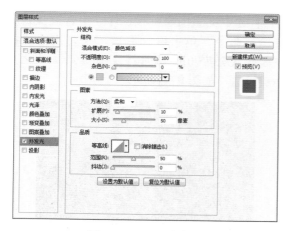

图4.144　设置外发光

（13）在文字图层名称上单击鼠标右键，从弹出的快捷菜单中选择【拷贝图层样式】命令，在文字拷贝图层名称上单击鼠标右键，从弹出的快捷菜单中选择【粘贴图层样式】命令，如图4.145所示。

（14）双击文字拷贝图层样式名称，在弹出的对话框中将【不透明度】更改为85%、【颜色】更改为黄色(R:246，G:255，B:0)、【大小】更改为10像素，完成之后单击【确定】按钮，如图4.146所示。

 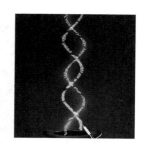

图4.145　拷贝并粘贴图层样式　　图4.146　设置图层样式

（15）同时选中2个文字图层，按Ctrl+G组合键将其编组，将生成的组名称更改为【光线】，选中【光线】组，将其拖至面板底部的【创建新图层】按钮 回 上，复制1个【光线 拷贝】组，如图4.147所示。

（16）将【光线】组展开，同时选中2个文字图层，单击鼠标右键，从弹出的快捷菜单中选择【清除图层样式】命令，如图4.148所示。

图4.147　将图层编组并复制组　　图4.148　清除图层样式

（17）选中【光线】组，按Ctrl+E组合键将其合并，再执行菜单栏中的【滤镜】|【模糊】|【高斯模糊】命令，在弹出的对话框中将【半径】更改为5像素，完成之后单击【确定】按钮，如图4.149所示。

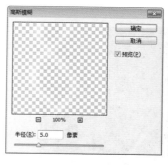 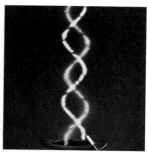

图4.149　设置高斯模糊

（18）选中【光线】图层，执行菜单栏中的【滤镜】|【模糊】|【动感模糊】命令，在弹出的对话框中将【角度】更改为90度、【距离】更改为100像素，设置完成之后单击【确定】按钮，如图4.150所示。

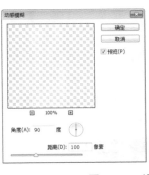

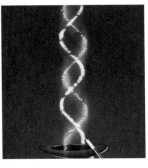

图4.150　设置动感模糊

（19）单击面板底部的【创建新图层】按钮 ▣，在【光线】图层下方新建一个【图层1】图层。

（20）选择工具箱中的【画笔工具】 ✐，在画布中单击鼠标右键，在弹出的面板中选择一种圆角笔触，将【大小】更改为50像素，【硬度】更改为0%。

（21）将前景色设置为白色，在光线底部位置单击添加图像，如图4.151所示。

图4.151　添加图像

（22）执行菜单栏中的【滤镜】|【液化】命令，在弹出的对话框中的图像上拖动，将图像变形，完成之后单击【确定】按钮，如图4.152所示。

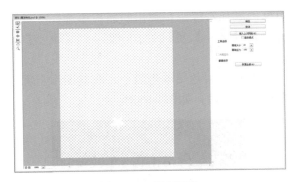

图4.152　设置液化

Step 02　制作氛围图像

（1）创建一个新的图层——图层2，设置默认的前景色和背景色，执行菜单栏中的【滤镜】|【渲染】|【云彩】命令，如图4.153所示。

图4.153　制作云彩

（2）选中【图层2】图层，将其图层混合模式设置为【颜色减淡】。

（3）在【图层】面板中选中【图层2】图层，单击面板底部的【添加图层蒙版】按钮 ▣，为其图层添加图层蒙版，如图4.154所示。

（4）选择工具箱中的【画笔工具】 ✐，在画布中单击鼠标右键，在弹出的面板中选择一种圆角笔触，将【大小】更改为100像素，【硬度】更改为0%，如图4.155所示。

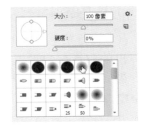

图4.154　添加图层蒙版　　图4.155　设置笔触

（5）将前景色更改为黑色，在其图像上部分区域涂抹将其隐藏，这样就完成了效果制作。最终效果如图4.156所示。

图4.156　最终效果

实例052　足球特效

📷 素材位置：调用素材\第4章\足球特效
✐ 案例位置：源文件\第4章\足球特效.psd
🎬 视频文件：视频教学\实例052　足球特效.avi

本例讲解的是足球特效制作。本例中主题原本是一幅十分平常的足球运动图像，但通过绘制图形为图像添加运动特效，加强了运动的主题效应，令整体效果相当出色。最终效果如图4.157所示。

图4.157 足球特效

操作步骤

Step 01 添加素材

（1）执行菜单栏中的【文件】|【新建】命令，在弹出的对话框中设置【宽度】为700像素、【高度】为500像素、【分辨率】为72像素/英寸，新建一个空白画布。

（2）选择工具箱中的【渐变工具】，编辑深蓝色(R:0，G:46，B:64)到深蓝色(R:0，G:14，B:25)的渐变，单击选项栏中的【线性渐变】按钮，在图像中从上至下拖动填充渐变。

（3）执行菜单栏中的【文件】|【打开】命令，打开"素材.psd"文件，将打开的素材拖入画布中并适当缩小，如图4.158所示。

图4.158 添加素材

（4）在【图层】面板中选中【球】图层，单击面板上方的【锁定透明像素】按钮，将透明像素锁定。

（5）选择工具箱中的【画笔工具】，在画布中单击鼠标右键，在弹出的面板中选择一种圆角

笔触，将【大小】更改为100像素，【硬度】更改为0%。

（6）在选项栏中将【模式】更改为【叠加】，在足球图像左侧位置涂抹添加颜色，完成之后单击图层面板上方的【锁定透明像素】按钮，将透明像素解除锁定，如图4.159所示。

图4.159 添加颜色

（7）选中【球】图层，执行菜单栏中的【滤镜】|【模糊】|【动感模糊】命令，在弹出的对话框中将【角度】更改为10度、【距离】更改为10像素，设置完成之后单击【确定】按钮。

（8）在【图层】面板中选中【球员】图层，将其拖至面板底部的【创建新图层】按钮上，复制1个【球员 拷贝】图层。

（9）选中【球员】图层，按Ctrl+Alt+F组合键打开【动感模糊】命令对话框，在弹出的对话框中将【角度】更改为10度、【距离】更改为25像素，设置完成之后单击【确定】按钮。

（10）在【图层】面板中选中【球员 拷贝】图层，单击面板底部的【添加图层蒙版】按钮，为其图层添加图层蒙版。

（11）选择工具箱中的【画笔工具】，在画布中单击鼠标右键，在弹出的面板中选择一种圆角笔触，将【大小】更改为100像素、【硬度】更改为0%。

（12）将前景色更改为黑色，在其图像上部分区域涂抹将其隐藏，如图4.160所示。

图4.160 隐藏图像

Step 02　绘制特效

（1）选择工具箱中的【钢笔工具】 ，在选项栏中单击【选择工具模式】按钮 ，在弹出的选项中选择【形状】，将【填充】更改为红色(R:255，G:72，B:0)，【描边】更改为无，在足球右侧位置绘制1个不规则图形，此时将生成一个【形状 1】图层，将其移至【背景】图层上方，如图4.161所示。

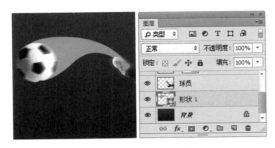

图4.161　绘制图形

（2）选中【形状 1】图层，执行菜单栏中的【滤镜】|【模糊】|【高斯模糊】命令，在弹出的对话框中将【半径】更改为5像素，完成之后单击【确定】按钮。

（3）执行菜单栏中的【滤镜】|【模糊】|【动感模糊】命令，在弹出的对话框中将【角度】更改为-18度、【距离】更改为47像素，完成之后单击【确定】按钮。

（4）按住Ctrl键单击【形状 1】图层缩览图，将其载入选区，如图4.162所示。

（5）执行菜单栏中的【选择】|【修改】|【收缩】命令，在弹出的对话框中将【半径】更改为20像素，完成之后单击【确定】按钮，如图4.163所示。

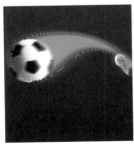

图4.162　载入选区　　　图4.163　收缩选区

（6）单击面板底部的【创建新图层】按钮 ，新建一个【图层1】图层。

（7）将选区填充为黄色(R:255，G:180，B:0)，完成之后按Ctrl+D组合键将选区取消。

（8）选中【图层1】图层，将其图层混合模式设置为【颜色减淡】。

（9）在【图层】面板中选中【球】图层，单击面板上方的【锁定透明像素】按钮 ，将透明像素锁定，如图4.164所示。

（10）选择工具箱中的【画笔工具】 ，在选项栏中将【模式】更改为【颜色减淡】，将前景色更改为黄色(R:255，G:216，B:0)，在足球图像右侧边缘位置涂抹添加颜色，如图4.165所示。

图4.164　锁定透明像素　　图4.165　添加颜色

（11）单击面板底部的【创建新图层】按钮 ，新建一个【图层2】图层。

（12）选择工具箱中的【画笔工具】 ，在画布中单击鼠标右键，在弹出的面板中选择一种圆角笔触，将【大小】更改为300像素，【硬度】更改为0%。

（13）将前景色更改为蓝色(R:115，G:210，B:242)，背景色更改为绿色(R:60，G:150，B:70)，在画布中部分位置单击添加颜色，如图4.166所示。

图4.166　添加颜色

（14）在【画笔】面板中选择1个圆角笔触，将【大小】更改为8像素、【间距】更改为800%，如图4.167所示。

（15）勾选【形状动态】复选框，将【大小抖动】更改为50%，如图4.168所示。

（16）勾选【散布】复选框，将【散布】更改为500%。

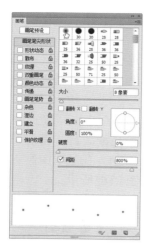 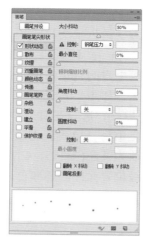

图4.167　设置画笔笔尖形状　　图4.168　设置形状动态

（17）在【图层】面板中单击面板底部的【创建新组】按钮 ，新建一个【组 1】组，如图4.169所示。

（18）单击面板底部的【创建新图层】按钮 ，新建一个【图层 3】图层，如图4.170所示。

图4.169　新建组　　　　图4.170　新建图层

（19）将前景色更改为白色，在画布中足球图像位置涂抹添加图像，如图4.171所示。

图4.171　添加图像

（20）选中【组 1】组，将其图层混合模式设置为【颜色减淡】，这样就完成了效果制作。最终效果如图4.172所示。

图4.172　最终效果

实例053　梦幻光点人像特效

　　本例讲解的是梦幻光点人像特效制作。本例的制作所需要的命令及工具较多，在整个制作过程要注意命令的组合使用，同时不同的数值将产生不同的图像效果。制作完成之后可以尝试使用不同的数值以得到不一样的特效。最终效果如图4.173所示。

图4.173　梦幻光点人像特效

 操作步骤

Step 01　打开人物素材

（1）执行菜单栏中的【文件】|【打开】命令，打开"微笑姑娘.jpg"文件。

（2）在【图层】面板中选中【背景】图层，将其拖至面板底部的【创建新图层】按钮 上，复制1个【背景 拷贝】图层。

（3）选中【背景 拷贝】图层，执行菜单栏中的【图像】|【调整】|【去色】命令。

（4）选中【背景 拷贝】图层，执行菜单栏中的【滤镜】|【滤镜库】命令，在弹出的对话框中选择【风格化】|【照亮边缘】，将【边缘宽度】更改为2、【边缘亮度】更改为8、【平滑度】更改为7，完成之后单击【确定】按钮，如图4.174所示。

图4.174　设置照亮边缘

（5）执行菜单栏中的【图像】|【调整】|【色阶】命令，在弹出的对话框中将数值更改为（20，1.07，195），完成之后单击【确定】按钮，如图4.175所示。

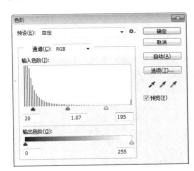

图4.175　调整色阶

（6）在【通道】面板中，按住Ctrl键单击RGB通道，将其载入选区，如图4.176所示。

图4.176　载入选区

（7）在【路径】面板中单击面板底部的【从选区生成路径】按钮 ，如图4.177所示。

（8）单击面板底部的【创建新图层】按钮 ，新建一个【图层 1】图层，将其填充为黑色，如图4.178所示。

图4.177　创建路径　　　图4.178　新建图层

> **提示**
>
> 新建图层并填充颜色的目的是方便观察实际的路径显示效果。

Step 02　制作粒子图像

（1）在【画笔】面板中选择1个圆角笔触，将【大小】更改为3像素、【硬度】更改为100%、【间距】更改为200%，如图4.179所示。

（2）勾选【形状动态】复选框，将【大小抖动】更改为100%，如图4.180所示。

图4.179　设置画笔笔尖形状　图4.180　设置形状动态

（3）勾选【散布】复选框，将【散布】更改为800%、【数量】更改为2、【数量抖动】更改为100%，如图4.181所示。

（4）勾选【传递】复选框，将【不透明度抖动】更改为100%，如图4.182所示。

（5）单击面板底部的【创建新图层】按钮 ，新建一个【图层 2】图层。

图4.181　设置散布　　　图4.182　设置传递

（6）将前景色设置为白色，在【路径】面板中选中路径，在其名称上单击鼠标右键，从弹出的快捷菜单中选择【描边路径】命令，在弹出的对话框中选择【工具】为画笔，确认勾选【模拟压力】复选框，完成之后单击【确定】按钮，效果如图4.183所示。

图4.183　描边路径

（7）在【图层】面板中选中【背景 拷贝】图层，将其拖至面板底部的【创建新图层】按钮上，复制1个【背景 拷贝 2】图层，再将【背景 拷贝 2】图层移至所有图层上方。

（8）执行菜单栏中的【图像】|【调整】|【色阶】命令，在弹出的对话框中将数值更改为(20，1.07，195)，完成之后单击【确定】按钮，如图4.184所示。

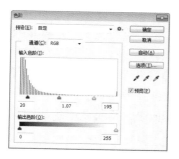

图4.184　调整色阶

（9）按住Ctrl键单击RGB通道缩览图，将其载入选区，如图4.185所示。

（10）选中【背景】图层，执行菜单栏中的【图层】|【新建】|【通过拷贝的图层】命令，将生成的【图层 3】图层移至所有图层上方，如图4.186所示。

图4.185　载入选区　　　图4.186　通过拷贝的图层

（11）在【图层】面板中选中【图层 3】图层，单击面板底部的【添加图层蒙版】按钮，为其图层添加图层蒙版。

（12）选择工具箱中的【画笔工具】，在画布中单击鼠标右键，在弹出的面板中选择一种圆角笔触，将【大小】更改为100像素，【硬度】更改为0%。

（13）将前景色更改为黑色，在其图像上部分区域涂抹以将其隐藏，如图4.187所示。

图4.187　隐藏图像

> **提示**
> 为了方便观察实际的编辑效果，可以将【背景 拷贝2】图层隐藏。

（14）执行菜单栏中的【图像】|【模式】|【灰度】命令，在弹出的对话框中单击【拼合】按钮，如图4.188所示。

（15）执行菜单栏中的【图像】|【模式】|【索引】命令。

图4.188　转换模式

（16）执行菜单栏中的【图像】|【模式】|【颜色表】命令，在弹出的对话框中选择【颜色表】为黑体，完成之后单击【确定】按钮。

（17）执行菜单栏中的【图像】|【模式】|【RGB颜色】命令。

（18）执行菜单栏中的【图像】|【调整】|【替换颜色】命令，当弹出对话框以后在图像中金黄色的亮点位置单击以吸取颜色，将【色相】更改为50，完成之后单击【确定】按钮，如图4.189所示。

图4.189　设置替换颜色

> **提示**
> 在对图像中金黄色颜色区域进行取样时可以先将画布放大，这样更加方便操作。

> **提示**
> 替换颜色的目的是增强颜色对比，提升整体视觉上的对比效果。在替换颜色时可以根据自己的需要调整不同的颜色，但需要注意调整后的颜色与原来的颜色相协调。

（19）执行菜单栏中的【选择】|【色彩范围】命令，当弹出对话框以后在图像中黑色区域单击，按Ctrl+Shift+I组合键将选区反相，如图4.190所示。

（20）执行菜单栏中的【图层】|【新建】|【通过拷贝的图层】命令，此时将生成1个【图层1】图层。

（21）执行菜单栏中的【滤镜】|【模糊】|【高斯模糊】命令，在弹出的对话框中将【半径】更改为5像素，完成之后单击【确定】按钮，如图4.191所示。

所示。

图4.190　设置色彩范围

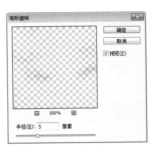

图4.191　设置高斯模糊

（22）选中【图层1】图层，将其图层混合模式设置为【滤色】，这样就完成了效果制作。最终效果如图4.192所示。

图4.192　最终效果

实例054　老照片特效

> 素材位置：调用素材\第4章\老照片特效
> 案例位置：源文件\第4章\老照片特效.psd
> 视频文件：视频教学\实例054　老照片特效.avi

本例讲解的是老照片特效制作。本例制作过程中重点部分在于手势图像的加入。手势图像可以增强老照片的立体感，同时还需要注意老照片图像的处理。最终效果如图4.193所示。

图4.193　老照片特效

操作步骤

Step 01　绘制选区

（1）执行菜单栏中的【文件】|【打开】命令，打开"背景.jpg"文件。

（2）选择工具箱中的【矩形选框工具】 ▢，在背景图像中的部分区域绘制一个矩形选区，如图4.194所示。

图4.194　绘制选区

（3）执行菜单栏中的【图层】|【新建】|【通过拷贝的图层】命令，此时将生成一个【图层 1】图层，如图4.195所示。

（4）执行菜单栏中的【图像】|【调整】|【去色】命令，如图4.196所示。

图4.195　通过拷贝的图层　　图4.196　去色

技巧

按Ctrl+U组合键可快速去色。

（5）执行菜单栏中的【图像】|【调整】|【曲线】命令，在弹出的对话框中拖动曲线调整图像对比度，完成之后单击【确定】按钮，如图4.197所示。

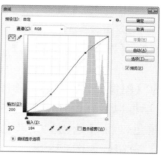

图4.197　调整曲线

提示

调整曲线的目的是让图像中阴暗部分更暗，高光部分更亮。

（6）执行菜单栏中的【图像】|【调整】|【照片滤镜】命令，在弹出的对话框中选择【滤镜】为【加温滤镜(85)】，【浓度】更改为30%，完成之后单击【确定】按钮，如图4.198所示。

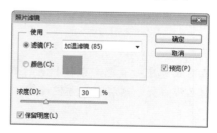

图4.198　设置照片滤镜

（7）执行菜单栏中的【滤镜】|【模糊】|【高斯模糊】命令，在弹出的对话框中将【半径】更改为0.5像素，完成之后单击【确定】按钮。

（8）执行菜单栏中的【滤镜】|【滤镜库】命令，在弹出的对话框中选择【艺术效果】|【胶片颗粒】，将【颗粒】更改为1、【高光区域】更改为8、【强度】更改为1，完成之后单击【确定】按钮，如图4.199所示。

（9）单击面板底部的【创建新图层】按钮 ▢，新建一个【图层 2】图层，如图4.200所示。

（10）设置默认的前景色和背景色。执行菜单栏中的【滤镜】|【渲染】|【云彩】命令，如图4.201所示。

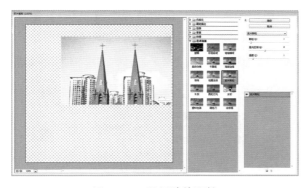

图4.199 设置胶片颗粒

图4.200 新建图层　　　图4.201 添加云彩

（11）选中【图层 2】图层，执行菜单栏中的【图层】|【创建剪贴蒙版】命令，为当前图层创建剪贴蒙版，将部分图像隐藏，再将其图层混合模式更改为【柔光】，如图4.202所示。

图4.202 设置图层混合模式

（12）选中【图层 2】图层，按Ctrl+E组合键向下合并，将生成的新图层名称更改为【老照片】，如图4.203所示。

图4.203 合并图层

（13）选中【老照片】图层，按Ctrl+T组合键对其执行【自由变换】命令，单击鼠标右键，从弹出的快捷菜单中选择【变形】命令，拖动变形框部分控制点将图像变形，完成之后按Enter键确认，如图4.204所示。

图4.204 将图像变形

（14）选中【老照片】图层，执行菜单栏中的【编辑】|【描边】命令，在弹出的对话框中将【宽度】更改为8像素，【颜色】更改为白色，选中【内部】单选按钮，完成之后单击【确定】按钮，如图4.205所示。

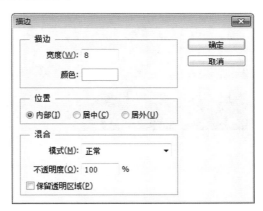

图4.205 设置描边

> **提示**
>
> 在此处添加描边时切不可使用添加图层样式的方法，因为它并不是对图像本身描边，且图像已经经过变形，所以添加描边之后在边缘位置将出现锯齿。

Step 02　添加手势素材

（1）执行菜单栏中的【文件】|【打开】命令，打开"手.psd"文件，将打开的素材拖入画布中右下角位置并适当缩小，如图4.206所示。

图4.206　添加素材

（2）在【图层】面板中选中【手】图层，单击面板底部的【添加图层蒙版】按钮🔲，为其图层添加图层蒙版。

（3）选择工具箱中的【画笔工具】✒，在画布中单击鼠标右键，在弹出的面板中选择一种圆角笔触，将【大小】更改为20像素，【硬度】更改为100%。

（4）将前景色更改为黑色，在其图像上面部分区域涂抹将其隐藏，如图4.207所示。

图4.207　隐藏图像

> **提示**
>
> 　　隐藏图像的目的是让手指与照片接触的区域更加自然，在涂抹的过程中可以不断地更改画笔笔触大小，这样隐藏后的效果更加自然。

（5）在【图层】面板中选中【手】图层，单击面板底部的【添加图层样式】按钮 *fx*，在菜单中选择【渐变叠加】命令，在弹出的对话框中将【混合模式】更改为【叠加】、【不透明度】更改为58%、【渐变】更改为黑色到透明，完成之后单击【确定】按钮，如图4.208所示。

（6）选择工具箱中的【钢笔工具】✒，在选项栏中单击【选择工具模式】按钮 路径 ，在弹出的选项中选择【形状】，将【填充】更改为黑色，【描边】更改为无，在大拇指图像左下角位置绘制

1个不规则图形，此时将生成一个【形状1】图层，将其移至【老照片】图层上方，如图4.209所示。

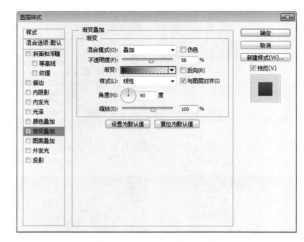

图4.208　设置渐变叠加

图4.209　绘制图形

（7）在【图层】面板中选中【形状 1】图层，按Ctrl+Alt+G组合键创建剪贴蒙版，将部分图形隐藏，再单击面板底部的【添加图层蒙版】按钮🔲，为其图层添加图层蒙版，如图4.210所示。

（8）选择工具箱中的【画笔工具】✒，在画布中单击鼠标右键，在弹出的面板中选择一种圆角笔触，将【大小】更改为100像素，【硬度】更改为0%，如图4.211所示。

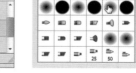

图4.210　添加图层蒙版　　图4.211　设置笔触

（9）将前景色更改为黑色，在其图像上面部分区域涂抹将其隐藏，如图4.212所示。

图4.212 隐藏图像

（10）选择工具箱中的【套索工具】 ◯，在大拇指位置绘制一个不规则选区将其选中，如图4.213所示。

（11）执行菜单栏中的【图层】|【新建】|【通过拷贝的图层】命令，此时将生成一个【图层 1】图层，如图4.214所示。

图4.213 绘制选区　　图4.214 通过拷贝的图层

（12）以刚才同样的方法为【图层 1】图层添加图层蒙版，并使用【画笔工具】 ∕ 在其图像右侧区域涂抹，加深左侧阴影，这样就完成了效果制作。最终效果如图4.215所示。

图4.215 最终效果

实例055　超现实草原特效

🖥 素材位置：调用素材\第4章\超现实草原特效
✏ 案例位置：源文件\第4章\超现实草原特效.psd
▶ 视频文件：视频教学\实例055 超现实草原特效.avi

本例讲解的是超现实草原特效制作。超现实风格的图像制作稍有些复杂，其制作难点在于整个制作思路。由于它并没有特定的表现主题，所以在整个制作过程中需要多加注意图像的整体协调程度。最终效果如图4.216所示。

图4.216 超现实草原特效

📝 操作步骤

Step 01　制作背景

（1）执行菜单栏中的【文件】|【打开】命令，打开"草原.jpg"文件。

（2）在【图层】面板中选中【背景】图层，将其拖至面板底部的【创建新图层】按钮 🔲 上，复制1个【背景 拷贝】图层。

（3）选中【背景 拷贝】图层，执行菜单栏中的【滤镜】|【模糊】|【高斯模糊】命令，在弹出的对话框中将【半径】更改为5像素，完成之后单击【确定】按钮，如图4.217所示。

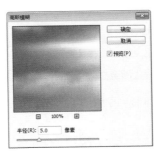

图4.217 设置高斯模糊

（4）选中【图层1】图层，将其图层混合模式设置为【变亮】。

Step 02 绘制彩条图像

(1) 选择工具箱中的【钢笔工具】 ，在选项栏中单击【选择工具模式】按钮 ，在弹出的选项中选择【形状】，将【填充】更改为白色，【描边】更改为无，在适当位置绘制1个不规则图形，此时将生成一个【形状 1】图层，如图4.218所示。

图4.218 绘制图形

(2) 在【图层】面板中选中【形状 1】图层，单击面板底部的【添加图层样式】按钮 ，在菜单中选择【渐变叠加】命令，在弹出的对话框中将【渐变】更改为绿色(R:184，G:207，B:165) 到绿色(R:180，G:190，B:103) 再到绿色(R:210，G:220，B:107)，将中间色标位置更改为60%、【角度】更改为50度，完成之后单击【确定】按钮，如图4.219所示。

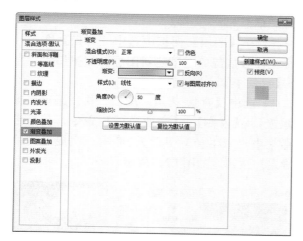

图4.219 设置渐变叠加

(3) 以同样的方法绘制数条相似彩条图形，如图4.220所示。

(4) 同时选中所有和彩条相关图层，按Ctrl+G组合键将图层编组，将生成的组名称更改为【彩条】，如图4.221所示。

(5) 在【图层】面板中选中【彩条】组，单击面板底部的【添加图层样式】按钮 ，在菜单中选

择【渐变叠加】命令，在弹出的对话框中将【混合模式】更改为【叠加】、【渐变】更改为白色到透明、【样式】更改为【径向】，完成之后单击【确定】按钮，如图4.222所示。

图4.220 绘制图形　　　图4.221 将图层编组

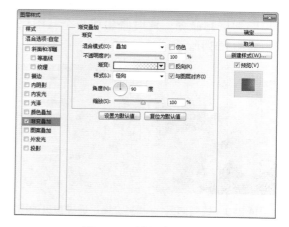

图4.222 设置渐变叠加

(6) 单击面板底部的【创建新图层】按钮 ，新建一个【图层 1】图层，将其图层混合模式更改为【叠加】。

(7) 选择工具箱中的【画笔工具】 ，在画布中单击鼠标右键，在弹出的面板中选择一种圆角笔触，将【大小】更改为250像素，【硬度】更改为0%。

(8) 将前景色设置为白色，在太阳位置单击添加图像，如图4.223所示。

图4.223 添加图像

Step 03　绘制装饰图像

（1）选择工具箱中的【椭圆工具】 ◯ ，在选项栏中将【填充】更改为白色，【描边】更改为无，在画布适当位置按住Shift键绘制一个正圆图形，此时将生成一个【椭圆 1】图层，如图4.224所示。

图4.224　绘制图形

（2）在【图层】面板中选中【椭圆 1】图层，单击面板底部的【添加图层样式】按钮 fx ，在菜单中选择【渐变叠加】命令，在弹出的对话框中将【渐变】更改为白色到青色(R:78，G:190，B:208)、【样式】更改为【径向】、【缩放】更改为135%，完成之后单击【确定】按钮，如图4.225所示。

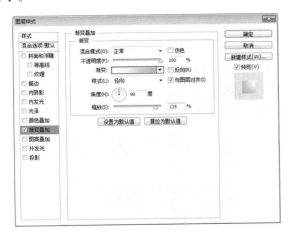

图4.225　设置渐变叠加

（3）在【图层】面板中选中【椭圆1】图层，将其拖至面板底部的【创建新图层】按钮 🔲 上，复制1个【椭圆1 拷贝】图层，将其移至彩条所在图层下方，如图4.226所示。

（4）选中【椭圆1 拷贝】图层，按Ctrl+T组合键对其执行【自由变换】命令，将图形等比缩小，完成之后按Enter键确认，如图4.227所示。

（5）双击【椭圆1 拷贝】图层样式名称，在弹出的对话框中将【渐变】更改为白色到红色(R:216，G:104，B:82)，完成之后单击【确定】按钮，如图4.228所示。

（6）以同样的方法将椭圆图形复制数份并将其缩小或放大后更改其渐变颜色，如图4.229所示。

图4.226　复制图层　　　图4.227　变换图形

图4.228　更改图层样式　　　图4.229　复制并变换图形

（7）选中【椭圆 1】图层，执行菜单栏中的【滤镜】|【模糊】|【动感模糊】命令，在弹出的对话框中将【角度】更改为0度、【距离】更改为10像素，完成之后单击【确定】按钮。

（8）以同样的方法选中其他几个图形，为其添加动感模糊效果，如图4.230所示。

图4.230　添加动感模糊

（9）选中最大椭圆图形所在图层，执行菜单栏中的【滤镜】|【模糊】|【高斯模糊】命令，在弹出的对话框中将【半径】更改为6像素，完成之后单击【确定】按钮。

（10）选择工具箱中的【钢笔工具】 ✐ ，在选项栏中单击【选择工具模式】按钮 路径 ，在弹出的选项中选择【形状】，将【填充】更改为白色，【描边】更改为无，在画布右下角位置绘制1个不规则图形，此时将生成一个【形状 6】图层，将其移至【背景】图层上方，如图4.231所示。

图4.231　绘制图形

(11) 在【图层】面板中选中【形状 6】图层，单击面板底部的【添加图层样式】按钮 fx，在菜单中选择【渐变叠加】命令，在弹出的对话框中将【渐变】更改为紫色(R:145，G:118，B:133)到浅红色(R:227，G:144，B:106)到浅绿色(R:225，G:230，B:180)到黄色(R:250，G:220，B:106)，【角度】更改为103度，完成之后单击【确定】按钮，如图4.232所示。

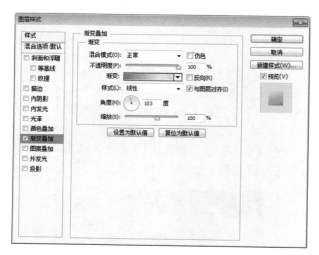

图4.232　设置渐变叠加

(12) 以刚才同样的方法绘制1个椭圆图形并为其添加渐变叠加，然后再添加高斯模糊效果，如图4.233所示。

图4.233　绘制图形并添加高斯模糊

(13) 单击面板底部的【创建新图层】按钮 ，新建一个【图层 2】图层，将其图层混合模式更改为【颜色减淡】，如图4.234所示。

(14) 选择工具箱中的【画笔工具】 ，在画布中单击鼠标右键，在弹出的面板中选择一种圆角笔触，将【大小】更改为100像素，【硬度】更改为0%，如图4.235所示。

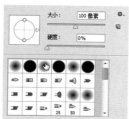

图4.234　新建图层　　　图4.235　设置笔触

(15) 将前景色更改为黄色(R:255，G:150，B:0)，在画布中部分位置单击添加氛围图像，这样就完成了效果制作。最终效果如图4.236所示。

图4.236　最终效果

PS

第5章

创意合成处理

本章介绍

　　本章讲解创意合成处理。创意单从字面上理解十分容易。它与创意视觉表现的相同之处，就在于具有一定的创意思路。因此，在制作过程中需要加入创意想法。合成则更加容易理解，它是指将两个或多个不相同的对象利用各种工具、命令进行整合，从而生成一种新的对象。通过对全章的学习，读者可以掌握创意合成处理。

要点索引

◆ 学会制作湖泊奇观
◆ 学习复古墨迹剪影的制作
◆ 掌握水瓶舞者的制作要领
◆ 了解蛋壳特效的制作思路
◆ 学会制作水墨美女

实例056 湖泊奇观

📷 素材位置：调用素材\第5章\湖泊奇观
📝 案例位置：源文件\第5章\湖泊奇观.psd
🎬 视频文件：视频教学\实例056 湖泊奇观.avi

本例讲解湖泊奇观特效的制作。本例的制作比较简单，主要体现出一种大气、奇异的视觉特效。最终效果如图5.1所示。

图5.1 湖泊奇观

📝 操作步骤

（1）执行菜单栏中的【文件】|【打开】命令，打开"湖泊.jpg、月球.psd"文件，将打开的月球素材拖至湖泊图像右上角位置并缩小，如图5.2所示。

图5.2 打开素材

（2）在【图层】面板中选中【月球】图层，将图层混合模式更改为【滤色】、【不透明度】更改为50%。

（3）在【图层】面板中选中【月球】图层，单击面板底部的【添加图层蒙版】按钮 ◙，为其添加图层蒙版。

（4）选择工具箱中的【画笔工具】 ✐，在画布中单击鼠标右键，在弹出的面板中选择一种圆角

笔触，将【大小】更改为300像素、【硬度】更改为0%。

（5）将前景色更改为黑色，在图像上面部分区域涂抹将其隐藏，如图5.3所示。

图5.3 隐藏图像

💬 提示

在隐藏图像时可以适当降低画笔的不透明度，这样经过隐藏的月球图像边缘过渡更加自然。

（6）在【图层】面板中选中【月球】图层，将其拖至面板底部的【创建新图层】按钮 🗔 上，复制1个【月球 拷贝】图层，如图5.4所示。

（7）选中【月球 拷贝】图层，按Ctrl+T组合键对其执行【自由变换】命令，单击鼠标右键，从弹出的快捷菜单中选择【垂直翻转】命令，再分别将图像的宽度与高度缩小，完成之后按Enter键确认，如图5.5所示。

图5.4 复制图层　　　　　图5.5 变换图像

（8）选中【月球 拷贝】图层，执行菜单栏中的【滤镜】|【扭曲】|【波纹】命令，在弹出的对话框中将【大小】更改为【中】、【数量】更改为100%，完成之后按Enter键确认，如图5.6所示。

（9）选择工具箱中的【矩形工具】 ▭，在选项栏中将【填充】更改为白色、【描边】更改为无，在适当位置绘制一个矩形，此时将生成1个【矩形1】图层，如图5.7所示。

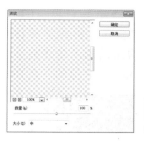

图5.6 设置波纹

图5.7 绘制图形

(10) 选中【矩形 1】图层，执行菜单栏中的【滤镜】|【风格化】|【风】命令，在弹出的对话框中分别选中【风】及【从右】单选按钮，完成之后单击【确定】按钮，如图5.8所示。

图5.8 设置风

(11) 按Ctrl+F组合键数次重复添加风效果，如图5.9所示。

(12) 选中【矩形 1】图层，按Ctrl+T组合键对其执行【自由变换】命令，单击鼠标右键，从弹出的快捷菜单中选择【透视】命令，拖动变形框将图像变形，完成之后按Enter键确认，如图5.10所示。

图5.9 重复添加风效果 　　图5.10 将图像变形

(13) 选中【矩形 1】图层，按Ctrl+T组合键对其执行【自由变换】命令，将图形适当旋转，完成之后按Enter键确认，如图5.11所示。

图5.11 旋转图像

(14) 选中【矩形 1】图层，在画布中按住Alt键将其复制数份，并分别将生成的拷贝图像适当缩小及移动，这样就完成了效果制作。最终效果如图5.12所示。

图5.12 最终效果

实例057 复古墨迹剪影

素材位置：调用素材\第5章\复古墨迹剪影
案例位置：源文件\第5章\复古墨迹剪影.psd
视频文件：视频教学\实例057 复古墨迹剪影.avi

本例讲解复古墨迹剪影特效的制作。制作复古风格的图像重点在于色调的确定及视觉上的表现。它所表达的主题大多体现复古怀旧风情，在图像的处理过程中一定要把握好制作思路。最终效果如图5.13所示。

图5.13 复古墨迹剪影

（1）执行菜单栏中的【文件】|【新建】命令，在弹出的对话框中设置【宽度】为800像素、【高度】为550像素、【分辨率】为72像素/英寸，新建一个空白画布。

（2）将前景色更改为白色、背景色更改为黑色，执行菜单栏中的【滤镜】|【滤镜库】命令，在弹出的对话框中选择【纹理】|【纹理化】选项，将【缩放】更改为80%、【凸现】更改为3，完成之后单击【确定】按钮，如图5.14所示。

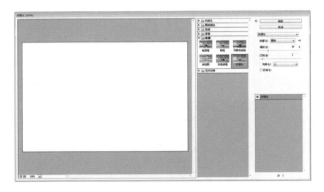

图5.14　设置纹理化

（3）执行菜单栏中的【文件】|【打开】命令，打开"纹理.jpg"文件，将打开的素材拖入画布中并缩小，其图层名称将更改为【图层1】。

（4）选中【图层1】图层，将图层混合模式设置为【正片叠底】、【不透明度】更改为80%。

（5）执行菜单栏中的【文件】|【打开】命令，打开"背影.jpg"文件，将打开的素材拖入画布中并缩小，其图层名称将更改为【图层2】，将其移至【图层1】图层的下方，如图5.15所示。

图5.15　添加素材

（6）在【图层】面板中选中【图层2】图层，单击面板底部的【添加图层蒙版】按钮，为其添加图层蒙版。

（7）将图层蒙版填充为黑色。

（8）选择工具箱中的【画笔工具】，在画布中单击鼠标右键，在弹出的面板中选择【粗边圆形钢笔】笔触，将【大小】更改为80像素，如图5.16所示。

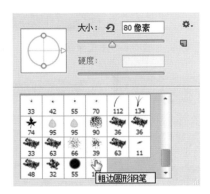

图5.16　选择笔触

（9）将前景色更改为白色，在选项栏中将【不透明度】更改为70%，在画布中涂抹，显示部分图像，如图5.17所示。

图5.17　显示部分图像

 提示

　　在涂抹的过程中可以不断地更改画笔不透明度及大小，这样显示的效果更加自然。

（10）单击面板底部的【创建新图层】按钮，在【图层2】图层的下方新建一个【图层3】图层，如图5.18所示。

（11）将前景色更改为红色(R:238，G:105，B:105)，在适当位置单击添加图像，如图5.19所示。

 提示

　　在添加图像的过程中可以不断地更改画笔颜色，这样添加的效果更加自然。

图5.18 新建图层　　　　图5.19 添加图像

（12）选择【图层2】，在【图层】面板中，单击面板底部的【创建新的填充或调整图层】按钮 ⊘，在弹出的快捷菜单中选择【照片滤镜】命令，在弹出的面板中单击面板底部的【此调整影响下面的所有图层】按钮 ⎘，选择【滤镜】为【加温滤镜(85)】，将【浓度】更改为40%，如图5.20所示。

图5.20 设置照片滤镜

（13）选中【图层 2】图层，按Ctrl+F组合键为其添加纹理化，这样就完成了效果制作。最终效果如图5.21所示。

图5.21 最终效果

实例058　水瓶舞者

素材位置：调用素材\第5章\水瓶舞者
案例位置：源文件\第5章\水瓶舞者.psd
视频文件：视频教学\实例058　水瓶舞者.avi

本例讲解水瓶舞者的制作。本例制作的重点在于舞者与水瓶的融合，通过选取及复制区域图像的

方法实现人物在水瓶中起舞的效果，最后再加以调色制作出完美的水瓶舞者效果。最终效果如图5.22所示。

图5.22 水瓶舞者

操作步骤

Step 01　添加素材

（1）执行菜单栏中的【文件】|【新建】命令，在弹出的对话框中设置【宽度】为6厘米、【高度】为8厘米、【分辨率】为300像素/英寸、【颜色模式】为RGB，新建一个空白画布。

（2）执行菜单栏中的【文件】|【打开】命令，打开"水瓶.jpg、舞者.jpg"文件，将打开的素材拖入画布中并缩小至与画布相同大小，其图层名称将更改为【图层1】、【图层2】，如图5.23所示。

图5.23 添加素材

（3）选择工具箱中的【钢笔工具】，沿舞者边缘绘制一个封闭路径，如图5.24所示。

（4）按Ctrl+Enter组合键，将路径转换成选区，执行菜单栏中的【选择】|【反相】命令，将选区反相，再按Delete键将选区中多余的图像删除，完成之后按Ctrl+D组合键将选区取消，如图5.25所示。

图5.24　绘制路径　　　图5.25　删除图像

提示

由于人物的姿势比较复杂，在绘制路径时需要多加注意，不要有遗漏的区域。

（5）选中【图层2】图层，按Ctrl+T组合键对其执行【自由变换】命令，根据瓶子大小将图像等比缩小，单击鼠标右键，从弹出的快捷菜单中选择【水平翻转】命令，完成之后按Enter键确认。

Step 02　拷贝图层

（1）按住Ctrl键单击【图层2】图层缩览图，将其载入选区，如图5.26所示。

（2）选中【图层1】图层，执行菜单栏中的【图层】|【新建】|【通过拷贝的图层】命令，此时将生成1个【图层3】图层，如图5.27所示。

图5.26　载入选区　　　图5.27　生成【图层3】

（3）在【图层】面板中选中【图层3】图层，将图层混合模式设置为【变暗】。

（4）在【图层】面板中选中【图层3】图层，单击面板底部的【添加图层蒙版】按钮，为其

添加图层蒙版。

（5）选择工具箱中的【画笔工具】，在画布中单击鼠标右键，在弹出的面板中选择一种圆角笔触，将【大小】更改为30像素、【硬度】更改为100%。

（6）将前景色更改为黑色，在画布中的人物图像部分涂抹，将多余图像隐藏，如图5.28所示。

图5.28　隐藏图像

（7）在【图层】面板中选中【图层3】图层，将其拖至面板底部的【创建新图层】按钮上，复制1个【图层3 拷贝】图层，如图5.29所示。

（8）选中【图层3 拷贝】图层，将图层混合模式更改为【点光】、【不透明度】更改为50%，如图5.30所示。

图5.29　复制图层　　　图5.30　设置图层混合模式

Step 03　对素材调色

（1）在【图层】面板中选中【图层2】图层，单击面板底部的【添加图层样式】按钮，在菜单中选择【颜色叠加】命令，在弹出的对话框中将【混合模式】更改为【柔光】、【颜色】更改为青色（R:90，G:138，B:152），如图5.31所示。

（2）勾选【渐变叠加】复选框，将【混合模式】更改为【颜色加深】、【不透明度】更改为80%、【渐变】更改为黑色到白色再到黑色的渐变、【角度】更改为-15度，完成之后单击【确定】按钮，如图5.32所示。

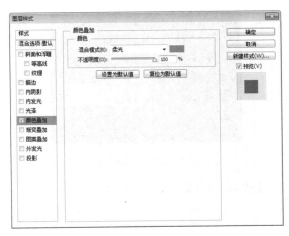

图5.31 设置颜色叠加样式

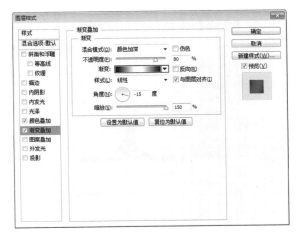

图5.32 设置渐变叠加样式

（3）在【图层】面板中选中【图层2】图层，单击面板底部的【创建新的填充或调整图层】按钮，在弹出的菜单中选择【照片滤镜】命令，在弹出的面板中单击面板底部的【此调整影响下面的所有图层】按钮，选择【滤镜】为【青】，如图5.33所示。

图5.33 设置照片滤镜

（4）单击面板底部的【创建新的填充或调整图层】按钮，在弹出的菜单中选择【色相/饱和度】命令，在弹出的面板中单击面板底部的【此调

整影响下面的所有图层】按钮，将【色相】更改为12、【饱和度】更改为-20，如图5.34所示。

图5.34 调整色相/饱和度

Step 04 绘制装饰图形

（1）选择工具箱中的【钢笔工具】，在适当位置绘制一条弯曲路径，如图5.35所示。

（2）单击面板底部的【创建新图层】按钮，新建1个【图层4】图层，如图5.36所示。

图5.35 绘制路径

图5.36 新建图层

（3）选择工具箱中的【画笔工具】，在画布中单击鼠标右键，在弹出的面板中选择一种圆角笔触，将【大小】更改为5像素、【硬度】更改为100%。

（4）将前景色更改为浅紫色(R:255，G:210，B:252)，选中【图层4】图层，在【路径】面板中的【工作路径】上单击鼠标右键，在弹出的菜单中设置【描边路径】命令，然后在弹出的对话框中设置【工具】为画笔，确认勾选【模拟压力】复选框，完成之后单击【确定】按钮，如图5.37所示。

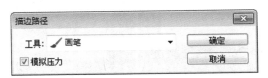

图5.37 设置描边路径

（5）以同样的方法在人物周围绘制类似线条，这样就完成了效果制作。最终效果如图5.38所示。

图5.38　最终效果

实例059　蛋壳特效

- 素材位置：调用素材\第5章\蛋壳特效
- 案例位置：源文件\第5章\蛋壳特效.psd
- 视频文件：视频教学\实例059　蛋壳特效.avi

本例讲解蛋壳特效的制作。本例的蛋壳图像绘制比较简单，只需要把握好蛋壳的轮廓及质感即可，同时在绘制破损图像时要注意真实性，最后添加的素材图像应能很好地体现出主题，整体表现出一种相当出色的特效。最终效果如图5.39所示。

图5.39　蛋壳特效

📝 操作步骤

Step 01　绘制蛋壳

（1）执行菜单栏中的【文件】|【新建】命令，在弹出的对话框中设置【宽度】为700像素、【高度】为500像素、【分辨率】为72像素/英寸，新建一个空白画布。

（2）选择工具箱中的【椭圆工具】，在选项栏

中单击【选择工具模式】按钮 [路径 ÷]，在弹出的选项中选择【路径】，在画布中绘制一个椭圆路径，如图5.40所示。

（3）选择工具箱中的【直接选择工具】 ▷，拖动路径锚点将其变形，如图5.41所示。

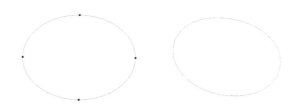

图5.40　绘制路径　　图5.41　拖动锚点

（4）单击面板底部的【创建新图层】按钮 ，新建1个【图层1】图层，如图5.42所示。

（5）将选区填充为灰色（R:242，G:242，B:242），完成之后按Ctrl+D组合键将选区取消，如图5.43所示。

图5.42　新建图层　　图5.43　填充颜色

（6）将路径转换为选区，选择工具箱中的【渐变工具】 ，编辑灰色（R:240，G:240，B:240)到灰色（R:104，G:90，B:90)的渐变，将第1个灰色色标位置更改为30%，如图5.44左图所示。单击选项栏中的【径向渐变】按钮 ，在选区中拖动鼠标填充渐变，如图5.44右图所示。

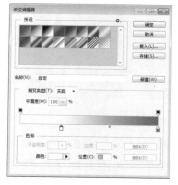

图5.44　填充渐变

(7) 选择工具箱中的【椭圆选区工具】 ○ ，在选区位置按住Alt键拖动，将部分选区减去，然后按Shift+F6组合键将其羽化5像素，如图5.45所示。

(8) 执行菜单栏中的【图像】|【调整】|【曲线】命令，在弹出的对话框中拖动曲线，提高选区中图像的亮度，完成之后单击【确定】按钮，如图5.46所示。

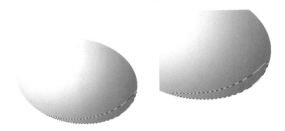

图5.45 减去选区并羽化选区

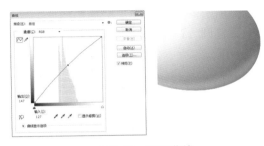

图5.46 调整曲线

(9) 在【图层】面板中，选中【图层 1】图层，将其拖至面板底部的【创建新图层】按钮 ▣ 上，复制1个【图层 1 拷贝】图层。

(10) 执行菜单栏中的【滤镜】|【杂色】|【添加杂色】命令，在弹出的对话框中选中【高斯分布】单选按钮，勾选【单色】复选框，将【数量】更改为3%，完成之后单击【确定】按钮。

(11) 选中【图层 1 拷贝】图层，将图层混合模式设置为【柔光】，如图5.47所示。

图5.47 设置图层混合模式

(12) 选择工具箱中的【钢笔工具】 ⌀ ，在蛋壳的上半部分绘制一个不规则封闭路径，如图5.48

所示。

(13) 按Ctrl+Enter组合键将路径转换为选区，如图5.49所示。

图5.48 绘制路径　　图5.49 转换为选区

(14) 选中【椭圆1 拷贝】图层，按Delete键将选区中的图像删除，如图5.50所示。

(15) 单击面板底部的【创建新图层】按钮 ▣ ，新建1个【图层 2】图层，如图5.51所示。

图5.50 删除图像　　图5.51 新建图层

(16) 选中【图层 2】图层，执行菜单栏中的【编辑】|【描边】命令，在弹出的对话框中将【宽度】更改为1像素、【颜色】更改为灰色(R:248，G:248，B:248)，完成之后单击【确定】按钮，再按Ctrl+D组合键将选区取消，如图5.52所示。

图5.52 设置描边

(17) 单击面板底部的【创建新图层】按钮 ▣ ，新建1个【图层 3】图层。

Step 02　添加花朵素材

(1) 选择工具箱中的【画笔工具】 ✎ ，在画布中单击鼠标右键，在弹出的面板中选择一种圆角笔触，将【大小】更改为1像素、【硬度】更改为100%。

（2）将前景色更改为灰色(R:80，G:80，B:80)，在破碎的边缘位置绘制裂纹效果，如图5.53所示。

（3）执行菜单栏中的【文件】|【打开】命令，打开"小花朵.psd"文件，将打开的素材拖入画布中蛋壳图像位置并适当缩小，如图5.54所示。

图5.53　绘制图像　　　图5.54　添加素材

（4）按住Ctrl键单击【图层 1 拷贝】图层缩览图，将其载入选区，如图5.55所示。

（5）选择工具箱中的【套索工具】，在选区中按住Alt键将部分多余选区减去，如图5.56所示。

图5.55　载入选区　　　图5.56　减去选区

（6）按Delete键将选区中的图像删除，完成之后按Ctrl+D组合键将选区取消，如图5.57所示。

图5.57　删除图像

（7）单击面板底部的【创建新图层】按钮，新建一个【图层3】图层。

（8）选择工具箱中的【画笔工具】，在画布中单击鼠标右键，在弹出的面板中选择一种圆角笔触，将【大小】更改为100像素、【硬度】更改为0%。

（9）将前景色更改为黑色、【不透明度】更改为30%，在花朵图像的适当位置单击添加阴影，如图5.58所示。

图5.58　添加阴影

（10）选择工具箱中的【椭圆工具】，在选项栏中将【填充】更改为黑色、【描边】更改为无，在蛋壳图像的底部绘制一个椭圆图形，此时将生成一个【椭圆 1】图层，将其移至【背景】图层的上方，如图5.59所示。

图5.59　绘制图形

（11）选中【椭圆 1】图层，执行菜单栏中的【滤镜】|【模糊】|【高斯模糊】命令，在弹出的对话框中将【半径】更改为10像素，完成之后单击【确定】按钮，如图5.60所示。

图5.60　设置高斯模糊

（12）执行菜单栏中的【滤镜】|【模糊】|【动感模糊】命令，在弹出的对话框中将【角度】更改为0度、【距离】更改为150像素，完成之后单击

【确定】按钮，这样就完成了效果制作。最终效果如图5.61所示。

图5.61 最终效果

实例060 水墨美女

- 素材位置：调用素材\第5章\水墨美女
- 案例位置：源文件\第5章\水墨美女.psd
- 视频文件：视频教学\实例060 水墨美女.avi

本例讲解水墨美女特效的制作。本例中的水墨特效十分明显，以美女模特为中心，将具有古典风格的水墨与现代美女图像相结合给人一种超越时空的视觉特效。最终效果如图5.62所示。

图5.62 水墨美女

操作步骤

Step 01 制作背景

（1）执行菜单栏中的【文件】|【新建】命令，在弹出的对话框中设置【宽度】为10厘米、【高度】为10厘米、【分辨率】为300像素/英寸、【颜色模式】为RGB，新建一个空白画布。

（2）选择工具箱中的【渐变工具】■，编辑白色到浅蓝色(R:177，G:190，B:215)的渐变，单击

选项栏中的【径向渐变】按钮■，在画布中从中间向边缘拖动为画布填充渐变，如图5.63所示。

（3）执行菜单栏中的【文件】|【打开】命令，打开"美女.psd"文件，将打开的素材拖入画布中并适当缩小，如图5.64所示。

图5.63 新建画布并填充渐变　图5.64 添加素材

（4）选中【美女】图层，单击面板底部的【创建新的填充或调整图层】按钮●，在弹出的菜单中选择【曲线】命令，在弹出的面板中选择【红】通道，调整曲线，然后单击【此调整影响下面的所有图层】按钮●，如图5.65所示。

图5.65 调整【红】通道

（5）选择【蓝】通道，调整曲线，如图5.66所示。

图5.66 调整【蓝】通道

（6）单击面板底部的【创建新的填充或调整图层】按钮●，在弹出的菜单中选择【色相/饱和度】命令，在弹出的面板中将【色相】更改

为-10、【饱和度】更改为-20，然后单击【此调整影响下面的所有图层】按钮，如图5.67所示。

图5.67 调整色相/饱和度

（7）单击面板底部的【创建新图层】按钮，新建一个【图层1】图层，如图5.68所示。

（8）选择工具箱中的【画笔工具】，在画布中单击鼠标右键，在弹出的面板中单击右上角的图标，在出现的菜单中选择【载入画笔】命令，在弹出的对话框中选择"水墨笔刷.ABR"文件，如图5.69所示。

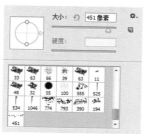

图5.68 新建图层　　　图5.69 载入笔刷

（9）选中【图层1】图层，将前景色更改为黑色，在人物图像的底部位置单击添加水墨笔触特效，如图5.70所示。

（10）在【图层】面板中选中【美女】图层，单击面板底部的【添加图层蒙版】按钮，为其添加图层蒙版，如图5.71所示。

图5.70 添加笔触　　　图5.71 添加图层蒙版

提示

在添加水墨特效时需要不断地选择刚才载入的不同笔刷效果，这样可以使添加的笔触更加散乱，效果更加自然。

（11）按住Ctrl键单击【图层1】图层缩览图，将其载入选区，将选区填充为黑色，将部分图像隐藏，完成之后按Ctrl+D组合键将选区取消，如图5.72所示。

（12）选中【图层1】图层，执行菜单栏中的【选择】|【全选】命令，将选区中所有的图像删除，如图5.73所示。

图5.72 隐藏图像　　　图5.73 删除图像

（13）选中【图层1】图层，将前景色更改为深红色(R:28，G:12，B:17)，在画布中人物的底部和顶部位置单击添加笔触特效，如图5.74所示。

图5.74 添加笔触特效

Step 02 添加素材

（1）执行菜单栏中的【文件】|【打开】命令，打开"水墨背景.jpg"文件，将打开的素材拖入画布中并适当缩小，此时其图层名称将自动更改为【图层2】，将【图层2】图层移至【美女】图层的下方，如图5.75所示。

（2）在【图层】面板中双击【图层2】图层，在弹出的【图层样式】对话框中，按住Alt键拖动【混合颜色带】下方的右侧色标，将图像中的白色部分隐藏，完成之后单击【确定】按钮，如图5.76所示。

图5.75 添加素材

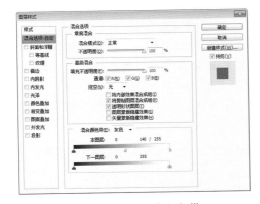

图5.76 设置混合颜色带

（3）在【图层】面板中选中【图层2】图层，单击面板底部的【添加图层蒙版】按钮 ◘ ，为其添加图层蒙版，如图5.77所示。

（4）选择工具箱中的【画笔工具】 ✓ ，在画布中单击鼠标右键，在弹出的面板中选择之前载入的任意一个水墨画笔笔触，如图5.78所示。

 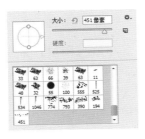

图5.77 添加图层蒙版　　图5.78 设置笔触

（5）将前景色更改为黑色，在图像上面部分区域涂抹，将部分图像隐藏，如图5.79所示。

 提示

　　隐藏图像以后可以适当地将【图层2】图层中的图像旋转及移动，使其与人物图像的位置关系更加协调。

图5.79 隐藏图像

（6）选中【图层2】图层，单击面板底部的【创建新的填充或调整图层】按钮 ◎ ，在弹出的菜单中选择【色相/饱和度】命令，在弹出的面板中将【色相】更改为125、【饱和度】更改为-30，并单击【此调整影响下面的所有图层】按钮 ↓□ ，如图5.80所示。

图5.80 调整色相/饱和度

（7）执行菜单栏中的【文件】|【打开】命令，打开"树枝.jpg"文件，将打开的素材拖入画布中并适当缩小，此时其图层名称将自动更改为【图层3】，将【图层3】移至【美女】图层的下方，效果如图5.81所示。

图5.81 添加素材

（8）在【图层】面板中选中【图层3】图层，将图层混合模式设置为【正片叠底】。

（9）以刚才同样的方法为【图层3】图层添加图层蒙版，并利用画笔工具将多余的图像隐藏，如图5.82所示。

图5.82　添加图层蒙版并隐藏图像

（10）执行菜单栏中的【文件】|【打开】命令，打开"水墨背景2.jpg"文件，将打开的素材拖入画布中并适当缩小，此时其图层名称将自动更改为【图层4】。双击【图层4】图层，以刚才同样的方法将图像中的白色部分隐藏，再将图层混合模式更改为【强光】，如图5.83所示。

图5.83　添加素材并隐藏图像白色部分

（11）选中【图层4】图层，单击面板底部的【创建新的填充或调整图层】按钮 ，在弹出的菜单中选择【色相/饱和度】命令，在弹出的面板中将【色相】更改为180、【饱和度】更改为-80，然后单击【此调整影响下面的所有图层】按钮 ，如图5.84所示。

图5.84　调整色相/饱和度

Step 03　绘制图形

（1）选择工具箱中的【多边形套索工具】 ，在画布中绘制一个不规则选区，如图5.85所示。

（2）单击面板底部的【创建新图层】按钮 ，新

建一个【图层5】图层，将选区填充为白色，完成之后按Ctrl+D组合键将选区取消，如图5.86所示。

图5.85　绘制选区　　　图5.86　新建图层

（3）在【图层】面板中选中【图层5】图层，单击面板底部的【添加图层样式】按钮 ，在菜单中选择【渐变叠加】命令，在弹出的对话框中将【混合模式】更改为【柔光】、【渐变】更改为蓝色(R:157，G:170，B:197)到白色再到蓝色(R:157，G:170，B:197)，完成之后单击【确定】按钮，如图5.87所示。

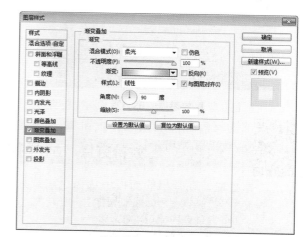

图5.87　设置渐变叠加

（4）在【图层】面板中选中【图层5】图层，将图层【填充】更改为0%。

（5）选中【图层5】图层，按住Alt键将图形复制2份，如图5.88所示。

图5.88　复制图形

（6）选择工具箱中的【画笔工具】 ，在【画笔】面板中选择【散布叶片】笔触，将【大小】更改为100像素、【间距】更改为160%，如图5.89所示。

（7）勾选【形状动态】复选框，将【大小抖动】更改为90%、【最小直径】更改为60%、【角度抖动】更改为80%、【圆度抖动】更改为55%，如图5.90所示。

图5.89 设置画笔笔尖形状　　图5.90 设置形状动态

（8）单击面板底部的【创建新图层】按钮 ，新建1个【图层6】图层，如图5.91所示。

（9）选中【图层6】图层，将前景色更改为深红色(R:28，G:12，B:17)，在画布中的适当位置单击添加画笔笔触特效，如图5.92所示。

图5.91 新建图层　　　　图5.92 添加笔触

（10）在【图层】面板中选中【图层6】图层，将其拖至面板底部的【创建新图层】按钮 上，复制1个【图层6 拷贝】图层。

（11）选中【图层6】图层，执行菜单栏中的【滤镜】|【模糊】|【动感模糊】命令，在弹出的对话框中将【角度】更改为45度、【距离】更改为30像素，完成之后单击【确定】按钮。

（12）执行菜单栏中的【文件】|【打开】命令，打开"蝴蝶.psd"文件，将打开的素材拖入画布中的人物头部并适当缩小，如图5.93所示。

图5.93 添加素材

（13）选中【蝴蝶】图层，单击面板底部的【创建新的填充或调整图层】按钮 ，在弹出的菜单中选择【色相/饱和度】命令，在弹出的面板中选择【蓝色】通道，将【色相】更改为90，并单击【此调整影响下面的所有图层】按钮 ，如图5.94所示。

图5.94 调整色相

（14）同时选中【色相/饱和度】及【蝴蝶 拷贝】图层，在画布中按住Alt键拖动至头部靠右侧位置，将图像旋转并等比缩小，如图5.95所示。

图5.95 复制图层并变换图像

（15）单击面板底部的【创建新图层】按钮 ，新建一个【图层7】图层。

（16）选择工具箱中的【画笔工具】 ，在画布中单击鼠标右键，在弹出的面板中选择一种圆角笔触，将【大小】更改为400像素、【硬度】更改为0%。

(17) 将颜色分别设置为蓝色(R:95，G:122，B:160) 和浅青色(R:180，G:242，B:238)，在人物与背景接触的边缘位置单击添加圆点图像效果，如图5.96所示。

图5.96　添加圆点图像

(18) 在【图层】面板中选中【图层7】图层，将图层混合模式设置为【柔光】，这样就完成了效果制作。最终效果如图5.97所示。

图5.97　最终效果

实例061　潮流剪影

🖥 素材位置：调用素材\第5章\潮流剪影
✒ 案例位置：源文件\第5章\潮流剪影.psd
🖌 视频文件：视频教学\实例061　潮流剪影.avi

本例讲解潮流剪影效果特效的制作。剪影类图像在视觉效果上比较趋于平面化，因此在制作过程中需要重点注意细节对整体效果的影响。在本例中，人物的剪影与数字图形的组合给人一种十分前卫潮流的视觉感受。最终效果如图5.98所示。

图5.98　潮流剪影

📝 操作步骤

Step 01　打开素材

(1) 执行菜单栏中的【文件】|【打开】命令，打开"剪影.psd、木板.jpg"文件，将打开的剪影素材图像拖入木板图像中并适当缩小，如图5.99所示。

图5.99　添加素材

(2) 选择工具箱中的【横排文字工具】 T，在剪影图像位置添加文字，如图5.100所示。

(3) 同时选中与文字相关的所有图层，按Ctrl+G组合键将其编组，将生成的组名称更改为"文字"，如图5.101所示。

图5.100　添加文字

图5.101　将文字编组

(4) 选择工具箱中的【矩形工具】 ▭ ，在选项栏中将【填充】更改为白色、【描边】更改为无，在剪影部分位置按住Shift键绘制矩形，如图5.102所示。

(5) 同时选中所有矩形和文字图层，按Ctrl+E组合键将其合并，将生成的图层名称更改为"文字和方块"，单击面板底部的【添加图层蒙版】按钮 ▣ ，为其添加图层蒙版，如图5.103所示。

图5.102　绘制图形　　图5.103　合并图层并添加图层蒙版

(6) 按住Ctrl键单击【剪影】图层缩览图，将其载入选区，如图5.104所示。

(7) 执行菜单栏中的【选择】|【反相】命令将选区反相，再将选区填充为黑色，将部分图像隐藏，完成之后按Ctrl+D组合键将选区取消，如图5.105所示。

图5.104　载入选区　　　图5.105　隐藏图像

(8) 在【图层】面板中选中【文字和方块】图层，单击面板底部的【添加图层样式】按钮 fx ，在菜单中选择【颜色叠加】命令，在弹出的对话框中将【颜色】更改为青色(R:98，G:226，B:250)，完成之后单击【确定】按钮，如图5.106所示。

(9) 单击面板底部的【创建新图层】按钮 ▢ ，新建1个【图层 1】图层。

(10) 选择工具箱中的【画笔工具】 ✎ ，在画布中单击鼠标右键，在弹出的面板菜单中选择【载入画笔】|【喷溅】、【喷溅 2】选项，将笔触载入，然后选择任意画笔并适当更改大小。

(11) 将前景色更改为白色，在图像中单击数次

添加图像，如图5.107所示。

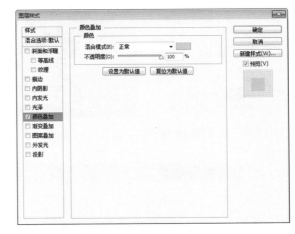

图5.106　设置颜色叠加

图5.107　添加图像

(12) 在【文字和方块】图层名称上单击鼠标右键，从弹出的快捷菜单中选择【拷贝图层样式】命令。在【图层 1】图层名称上单击鼠标右键，从弹出的快捷菜单中选择【粘贴图层样式】命令，如图5.108所示。

图5.108　拷贝并粘贴图层样式

(13) 在【图层】面板中选中【图层 1】图层，单击面板底部的【添加图层蒙版】按钮 ▣ ，为其添加图层蒙版，如图5.109所示。

(14) 按住Ctrl键单击【剪影】图层缩览图，将其载入选区，将选区填充为黑色，将部分图像隐藏，完成之后按Ctrl+D组合键将选区取消，如图5.110所示。

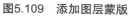

图5.109　添加图层蒙版

图5.110　隐藏图像

Step 02　调整剪影效果

（1）在【图层】面板中选中【背景】图层，将其拖至面板底部的【创建新图层】按钮 🖿 上，复制1个【背景 拷贝】图层，将其移至所有图层的上方，如图5.111所示。

（2）在【通道】面板中，选中【红】通道，将其拖至面板底部的【创建新图层】按钮 🖿 上，复制1个【红 拷贝】通道，如图5.112所示。

图5.111　复制图层　　　　图5.112　复制通道

（3）执行菜单栏中的【图像】|【调整】|【色阶】命令，在弹出的对话框中将数值更改为(40，0.93，224)，完成之后单击【确定】按钮，如图5.113所示。

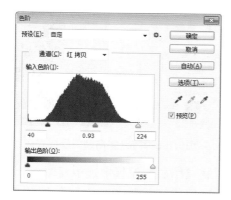

图5.113　调整色阶

（4）按住Ctrl键单击【红 拷贝】图层缩览图，将其载入选区，如图5.114所示。

（5）执行菜单栏中的【选择】|【反相】命令将选区反相，如图5.115所示。

图5.114　载入选区　　　　图5.115　将选区反相

（6）在【图层】面板中选中【背景 拷贝】图层，单击面板底部的【添加图层蒙版】按钮 ▣，为其添加图层蒙版，将部分图像隐藏，这样就完成了效果制作。最终效果如图5.116所示。

图5.116　最终效果

实例062　黑暗力量

> 素材位置：调用素材\第5章\黑暗力量
> 案例位置：源文件\第5章\黑暗力量.psd
> 视频文件：视频教学\实例062　黑暗力量.avi

本例讲解黑暗力量的制作，本例的最终效果十分醒目且出色，通过高对比度的场景色调及力量人物图像的整合制作出最终效果，给人一种极强的力量感。最终效果如图5.117所示。

图5.117　黑暗力量

Step 01 添加素材

(1) 执行菜单栏中的【文件】|【打开】命令，打开"图像.jpg"文件。

(2) 在【图层】面板中选中【背景】图层，将其拖至面板底部的【创建新图层】按钮 上，复制1个【背景 拷贝】图层。

(3) 在【图层】面板中选中【背景 拷贝】图层，单击面板底部的【添加图层样式】按钮 *fx*，在菜单中选择【渐变叠加】命令，在弹出的对话框中将【渐变】更改为黑色到透明、【角度】更改为-90度、【缩放】更改为25%，完成之后单击【确定】按钮，如图5.118所示。

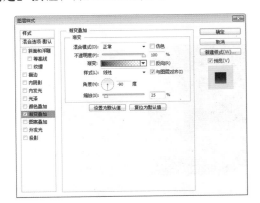

图5.118 设置渐变叠加样式

(4) 在【图层】面板中单击面板底部的【创建新的填充或调整图层】按钮 ，在弹出的菜单中选择【色相/饱和度】，在弹出的面板中选择【黄色】通道，将【色相】更改为5、【饱和度】更改为-70，【明度】更改为15，如图5.119所示。

图5.119 调整色相/饱和度

(5) 在【图层】面板中单击面板底部的【创建新的填充或调整图层】按钮 ，在弹出的菜单中选择【曲线】命令，在弹出的面板中调整曲线，如图5.120所示。

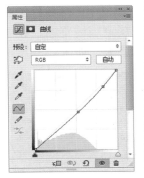

图5.120 调整曲线

(6) 在【图层】面板中单击面板底部的【创建新的填充或调整图层】按钮 ，在弹出的菜单中选择【渐变映射】命令，在弹出的面板中选择黑白渐变。

(7) 在【图层】面板中选中【渐变映射 1】图层，将图层混合模式设置为【柔光】，将【不透明度】更改为60%，如图5.121所示。

图5.121 设置图层混合模式

(8) 执行菜单栏中的【文件】|【打开】命令，打开"天空.jpg"文件，将打开的素材拖入画布中并适当缩小，其图层名称将更改为"图层1"，如图5.122所示。

图5.122 添加素材

(9) 在【图层】面板中选中【图层1】图层，单击面板底部的【添加图层蒙版】按钮 ，为其添加图层蒙版，如图5.123所示。

(10) 选择工具箱中的【渐变工具】 ，编辑黑色到白色的渐变，单击选项栏中的【线性渐变】按钮 ■，单击【图层1】图层蒙版缩览图，在图像上从上至下拖动将部分图像隐藏，如图5.124所示。

图5.123　添加图层蒙版　　图5.124　隐藏图像

（11）在【图层】面板中单击面板底部的【创建新的填充或调整图层】按钮 ◐，在弹出的菜单中选择【色彩平衡】，在弹出的面板中单击面板左下角的【此调整影响下面的所有图层】按钮 ↙□，选择【色调】为【中间调】，将其数值更改为偏青色-12、偏洋红-3、偏黄色-5，如图5.125所示。

图5.125　调整中间调

（12）选择【色调】为【高光】，将其数值更改为偏红色15、偏绿色10、偏黄色-13，如图5.126所示。

图5.126　调整高光

（13）在【图层】面板中单击面板底部的【创建新的填充或调整图层】按钮 ◐，在弹出的菜单中选择【色阶】，在弹出的面板中将其数值更改为(14，0.8，226)，如图5.127所示。

图5.127　调整色阶

（14）执行菜单栏中的【文件】|【打开】命令，打开"男模特.psd"文件，将打开的素材拖入画布中并适当缩小，如图5.128所示。

（15）在【图层】面板中选中【男模特】图层，将其拖至面板底部的【创建新图层】按钮 ▣ 上，复制1个【男模特 拷贝】图层，如图5.129所示。

图5.128　添加素材　　图5.129　复制图层

（16）在【图层】面板中选中【男模特 拷贝】图层，单击面板底部的【添加图层样式】按钮 fx，在菜单中选择【内阴影】命令，在弹出的对话框中将【混合模式】更改为【颜色加深】、【不透明度】更改为20%、【距离】更改为30像素、【大小】更改为60像素，如图5.130所示。

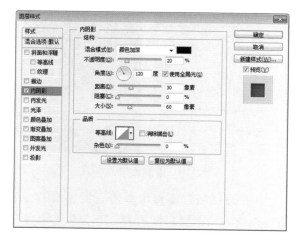

图5.130　设置内阴影

（17）勾选【内发光】复选框，将【混合模式】更改为【叠加】、【不透明度】更改为50%、【颜色】更改为黑色，【大小】更改为10像素，完成之后单击【确定】按钮，如图5.131所示。

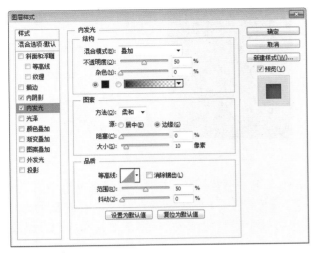

图5.131 设置内发光样式

（18）在【图层】面板中选中【男模特】图层，单击面板上方的【锁定透明像素】按钮 ▣，将当前图层中的透明像素锁定，在画布中将图层填充为黑色，填充完成之后再次单击此按钮将其解除锁定，如图5.132所示。

（19）选中【男模特】图层，按Ctrl+T组合键对其执行【自由变换】命令，在出现的变形框中单击鼠标右键，从弹出的快捷菜单中选择【扭曲】命令，将图像扭曲变形，完成之后按Enter键确认，如图5.133所示。

图5.132 填充颜色　　图5.133 变换图像

（20）选中【男模特】图层，执行菜单栏中的【滤镜】|【模糊】|【高斯模糊】命令，在弹出的对话框中将【半径】更改为8，完成之后单击【确定】按钮。

（21）单击面板底部的【创建新图层】按钮 ▣，新建1个【图层2】图层。

（22）选择工具箱中的【画笔工具】 ✎，在画布中单击鼠标右键，在弹出的面板中选择一种圆角笔触，将【大小】更改为150像素、【硬度】更改为0%。

（23）在选项栏中将画笔的【不透明度】更改为30%，将前景色更改为黑色，选中【图层2】图层，在画布中的人物图像周围位置单击加深环境，如图5.134所示。

图5.134 加深环境

（24）在【图层】面板中选中【图层 2】图层，将图层混合模式设置为【柔光】。

Step 02　对素材调色

（1）在【图层】面板中单击面板底部的【创建新的填充或调整图层】按钮 ◐，在弹出的菜单中选择【色阶】命令，在弹出的面板中将其数值更改为（5，0.97，255），如图5.135所示。

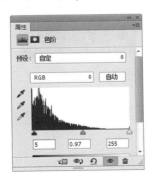 

图5.135 调整色阶

（2）在【图层】面板中单击面板底部的【创建新的填充或调整图层】按钮 ◐，在弹出的菜单中选择【色彩平衡】命令，在弹出的面板中选择【色调】为【阴影】，将其数值调整为偏青色-10、绿色2、偏黄色5，如图5.136所示。

（3）选择【色调】为【中间调】，将其数值更改为偏青色-10、偏绿色5、偏蓝色15，如图5.137所示。

(4) 选择【色调】为【高光】，将其数值调整为偏蓝色15，如图5.138所示。

图5.136　设置阴影

图5.137　设置中间调

图5.138　调整高光

Step 03　添加场景元素

(1) 执行菜单栏中的【文件】|【打开】命令，打开"烛光.psd"文件，将打开的素材拖入画布中并适当缩小，如图5.139所示。

图5.139　添加素材

(2) 选择工具箱中的【椭圆工具】 ，在选项栏中将【填充】更改为黑色、【描边】更改为无，在烛光图像的底部位置绘制一个椭圆图形，此时将生成1个【椭圆1】图层，如图5.140所示。

图5.140　绘制图形

(3) 选中【椭圆1】图层，执行菜单栏中的【滤镜】|【模糊】|【高斯模糊】命令，在弹出的对话框中将【半径】更改为2，完成之后单击【确定】按钮。

(4) 同时选中【烛光】及【椭圆1】图像，在画布中按住Alt键将图像复制数份并适当缩小及移动，如图5.141所示。

图5.141　复制图像并调整

(5) 单击面板底部的【创建新图层】按钮 ，新建1个【图层3】图层，将其移至【椭圆1】图层的下方。

(6) 选择工具箱中的【画笔工具】，在画布中单击鼠标右键，在弹出的面板中选择一种圆角笔触，将【大小】更改为40像素、【硬度】更改为0%。

(7) 将前景色更改为深黄色(R:122，G:90，B:35)，选中【图层3】图层，在画布中烛光图像位置单击，添加笔触效果，如图5.142所示。

(8) 在【图层】面板中选中【图层3】图层，将图层混合模式设置为【颜色减淡】。

(9) 在【图层】面板中单击面板底部的【创建新的填充或调整图层】按钮 ，在弹出的菜单中选择【渐变映射】，在弹出的面板中将【渐变】更改为蓝色(R:40，G:10，B:90)到橙色(R:255，G:124，B:0)，如图5.143所示。

图5.142　添加图像

图5.143　设置渐变映射

（10）在【图层】面板中选中【渐变映射2】图层，将图层混合模式设置为【柔光】。

（11）选择工具箱中的【画笔工具】，在画布中单击鼠标右键，在弹出的面板中选择一种圆角笔触，将【大小】更改为100像素、【硬度】更改为0%，将前景色更改为黑色，单击【渐变映射2】图层蒙版缩览图，在画布中的人物底部区域涂抹，将部分颜色隐藏，这样就完成了效果制作。最终效果如图5.144所示。

图5.144　最终效果

实例063　迷失天使

- 素材位置：调用素材\第5章\迷失天使
- 案例位置：源文件\第5章\迷失天使.psd
- 视频文件：视频教学\实例063　迷失天使.avi

本例讲解迷失天使的制作。本例中的主题给人一种极强的"幻想""孤独"的视觉效果，通过灰暗的场景及天使素材的添加营造出这样一款迷失世界的出色特效。最终效果如图5.145所示。

图5.145　迷失天使

操作步骤

Step 01　新建画布制作背景

（1）执行菜单栏中的【文件】|【新建】命令，在弹出的对话框中设置【宽度】为8厘米、【高度】为10厘米、【分辨率】为300像素/英寸，将画布填充为灰色(R:105，G:105，B:110)。

（2）执行菜单栏中的【文件】|【打开】命令，打开"图像.jpg、图像2.jpg"文件，将打开的素材拖入画布中并适当旋转及缩小，其图层名称将更改为"图层1"和"图层2"，如图5.146所示。

图5.146　添加素材

(3) 在【图层】面板中选中【图层2】图层，将其图层混合模式更改为【柔光】，再单击面板底部的【添加图层蒙版】按钮 ⬚，为其添加图层蒙版。

(4) 选择工具箱中的【画笔工具】✏️，在画布中单击鼠标右键，在弹出的面板中选择一种圆角笔触，将【大小】更改为200像素、【硬度】更改为0%。

(5) 将前景色更改为黑色，单击【图层2】图层蒙版缩览图，在画布中的图像底部位置涂抹，将部分图像隐藏，如图5.147所示。

图5.147　隐藏图像

(6) 在【图层】面板中选中【图层1】图层，单击面板底部的【添加图层蒙版】按钮 ⬚，为其添加图层蒙版，如图5.148所示。

(7) 以同样的方法将部分图像隐藏，使2个图像的边缘融合形成一个图像，如图5.149所示。

图5.148　添加图层蒙版　　图5.149　隐藏图像

(8) 执行菜单栏中的【文件】|【打开】命令，打开"乌云.jpg"文件，将打开的素材拖入画布中并适当缩小，如图5.150所示。

(9) 在【图层】面板中选中【图层 3】图层，单击面板底部的【添加图层蒙版】按钮 ⬚，为其添加图层蒙版。

(10) 选择工具箱中的【画笔工具】✏️，在画布中单击鼠标右键，在弹出的面板中选择一种圆角笔触，将【大小】更改为380像素、【硬度】更改为0%。

图5.150　添加素材

(11) 将前景色更改为黑色，在画布中的图像部分区域涂抹，将多余乌云部分隐藏，如图5.151所示。

图5.151　隐藏图像

Step 02　添加场景元素

(1) 执行菜单栏中的【文件】|【打开】命令，打开"月亮.psd"文件，将打开的素材拖入画布的左上角位置并适当缩小，为其添加图层蒙版，将部分图像隐藏，使其融入背景，如图5.152所示。

图5.152　添加素材并隐藏图像

(2) 在【图层】面板中选中【月亮】图层，单击面板底部的【添加图层样式】按钮 fx，在菜单中选择【外发光】命令，在弹出的对话框中将【混合模式】更改为【叠加】、【颜色】更改为白色、【大小】更改为20像素，完成之后单击【确定】按钮，如图5.153所示。

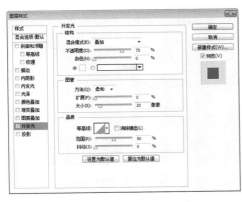

图5.153　设置外发光样式

图5.155　复制图层　　图5.156　变换图像

图5.157　添加图层蒙版　　图5.158　隐藏图像

（3）选中【月亮】图层，将图层的【不透明度】更改为80%。

（4）执行菜单栏中的【文件】|【打开】命令，打开"枯树.jpg"文件，将打开的素材拖入画布中并适当缩小，其图层名称将更改为"图层4"，如图5.154所示。

图5.154　添加素材

（5）在【图层】面板中选中【图层4】图层，将图层混合模式设置为【正片叠底】、【不透明度】更改为50%。

（6）在【图层】面板中选中【图层4】图层，将其拖至面板底部的【创建新图层】按钮上，复制1个【图层4 拷贝】图层，如图5.155所示。

（7）选中【图层4 拷贝】图层，在画布中按Ctrl+T组合键对其执行【自由变换】命令，将光标移至出现的变形框上右击，从弹出的快捷菜单中选择【水平翻转】命令，完成之后按Enter键确认，并将图像移至左侧相对位置，如图5.156所示。

（8）单击面板底部的【添加图层蒙版】按钮，为其添加图层蒙版，如图5.157所示。

（9）利用画笔工具单击【图层4 拷贝】蒙版缩览图，在画布中将部分树枝隐藏，如图5.158所示。

（10）执行菜单栏中的【文件】|【打开】命令，打开"鸟.psd"文件，将打开的素材拖入画布中月亮图像位置并适当缩小，如图5.159所示。

图5.159　添加素材

（11）单击面板底部的【创建新图层】按钮，新建一个【图层5】图层。

（12）选中【图层5】图层，按Ctrl+Alt+Shift+E组合键盖印可见图层。

（13）在【图层】面板中选中【图层5】图层，单击面板底部的【创建新的填充或调整图层】按钮，在弹出的菜单中选择【色彩平衡】命令，在弹出的面板中将其数值更改为偏青色-30、偏绿色18、偏蓝色18，如图5.160所示。

（14）在【图层】面板中选中【图层5】图层，单击面板底部的【创建新的填充或调整图层】按钮，在弹出的菜单中选择【色阶】命令，在弹出的面板中将其数值更改为(14，1.0，223)，如图5.161所示。

图5.160 调整色彩平衡

图5.161 调整色阶

Step 03 添加人物素材

（1）执行菜单栏中的【文件】|【打开】命令，打开"天使.psd"文件，将打开的素材拖入画布中并适当缩小，如图5.162所示。

图5.162 添加素材

（2）在【图层】面板中选中【天使】图层，单击面板底部的【创建新的填充或调整图层】按钮 ⚫ ，在弹出的菜单中选择【色相/饱和度】命令，在弹出的面板中单击【此调整影响下面的所有图层】按钮 ⬇□ ，勾选【着色】复选框，将【色相】更改为197、【饱和度】更改为10，如图5.163所示。

图5.163 调整色相/饱和度

（3）在【图层】面板中选中【色相/饱和度】图层，将图层混合模式设置为【正片叠底】、【不透明度】更改为80%。

（4）在【图层】面板中单击面板底部的【创建新的填充或调整图层】按钮 ⚫ ，在弹出的菜单中选择【色彩平衡】命令，选择【色调】为【中间调】在弹出的面板中单击【此调整影响下面的所有图层】按钮 ⬇□ ，将其数值更改为偏青色-10、偏绿色6、偏蓝色10，如图5.164所示。

图5.164 调整中间调

（5）选择【色调】为【阴影】，将其数值更改为偏红色4、偏洋红-10，如图5.165所示。

图5.165 设置阴影

Step 04 制作阴影

（1）选择工具箱中的【钢笔工具】 ✒ ，在选项栏中单击【选择工具模式】按钮 路径 ，在弹出的选项中选择【形状】，将【填充】更改为黑色、

【描边】更改为无，在人物底部位置绘制一个不规则图形以制作阴影，此时将生成一个【形状1】图层，将【形状1】图层移至【天使】图层的下方，如图5.166所示。

图5.166　绘制图形

（2）选中【形状1】图层，执行菜单栏中的【滤镜】|【模糊】|【高斯模糊】命令，在弹出的对话框中将【半径】更改为18像素，完成之后单击【确定】按钮。

（3）在【图层】面板中选中【形状 1】图层，将其图层混合模式设置为【柔光】、【不透明度】更改为80%。

（4）按住Ctrl键单击【天使】图层蒙版缩览图将其载入选区，执行菜单栏中的【选择】|【修改】|【扩展】命令，在弹出的对话框中将【扩展量】更改为5像素，完成之后单击【确定】按钮，如图5.167所示。

图5.167　载入选区并扩展

（5）单击面板底部的【创建新图层】按钮 ，新建一个【图层7】图层，选中【图层7】图层，在画布中将其填充为黑色，如图5.168所示。

（6）选中【图层7 】图层，按Ctrl+Alt+F组合键打开【高斯模糊】对话框，在弹出的对话框中将【半径】更改为10像素，完成之后单击【确定】按钮。

（7）在【图层】面板中选中【图层 7】图层，单击面板底部的【添加图层蒙版】按钮 ，为其添加图层蒙版。

图5.168　新建图层并填充颜色

（8）选择工具箱中的【画笔工具】 ，在画布中单击鼠标右键，在弹出的面板中选择一种圆角笔触，将【大小】更改为200像素、【硬度】更改为0%。

（9）将前景色更改为黑色，单击【图层7】图层蒙版缩览图，在画布中人物的上半部分区域涂抹，将大部分图像隐藏，为人物裙子制作阴影效果，并将图层混合模式更改为【柔光】，如图5.169所示。

图5.169　隐藏图像并设置图层混合模式

（10）单击面板底部的【创建新图层】按钮 ，新建1个【图层8】图层。

（11）选择工具箱中的【画笔工具】 ，在画布中单击鼠标右键，在弹出的面板中选择一种圆角笔触，将【大小】更改为400像素、【硬度】更改为0%。

（12）将前景色更改为深青色(R:40，G:75，B:75)，选中【图层8】图层，在画布中人物裙子及上半身区域单击加深图像，如图5.170所示。

（13）选中【图层8】图层，将图层混合模式更改为【颜色加深】、【不透明度】更改为80%，如图5.171所示。

图5.170　加深图像　　图5.171　设置图层混合模式

Step 05　添加素材

（1）执行菜单栏中的【文件】|【打开】命令，打开"翅膀.psd"文件，将打开的素材拖入画布中人物背后位置并适当缩小，将【翅膀】图层移至【天使】图层的下方，如图5.172所示。

图5.172　添加素材

（2）在【图层】面板中选中【翅膀】图层，单击面板底部的【创建新的填充或调整图层】按钮 ，在弹出的菜单中选择【色相/饱和度】命令，在弹出的面板中单击【此调整影响下面的所有图层】按钮 ，再勾选【着色】复选框，将【色相】更改为190、【饱和度】更改为25，如图5.173所示。

图5.173　调整色相/饱和度

（3）在【图层】面板中选中【翅膀】图层，单击面板底部的【创建新的填充或调整图层】按钮 ，在弹出的菜单中选择【色彩平衡】命令，在弹出的面板中单击【此调整影响下面的所有图层】按钮 ，将其数值调整为偏蓝色18，如图5.174所示。

（4）在【图层】面板中选中【翅膀】图层，单击面板底部的【创建新的填充或调整图层】按钮 ，在弹出的菜单中选择【曝光度】命令，在弹出的面板中单击【此调整影响下面的所有图层】按钮 ，将【曝光度】更改为-0.26，如图5.175所示。

图5.174　调整色彩平衡

图5.175　调整曝光度

（5）同时选中【曝光度1】、【色彩平衡3】、【色相/饱和度2】及【翅膀】图层，在画布中按住Alt+Shift组合键向右侧拖动复制图像。按Ctrl+T组合键对其执行【自由变换】命令，将光标移至出现的变形框上右击，从弹出的快捷菜单中选择【水平翻转】命令，完成之后按Enter键确认，如图5.176所示。

图5.176　复制并变换图像

（6）单击面板底部的【创建新图层】按钮 ，新建1个【图层9】图层，如图5.177所示。

（7）选中【图层9】图层，按Ctrl+Alt+Shift+E组合键执行盖印可见图层命令，如图5.178所示。

（8）在【图层】面板中选中【翅膀】图层，单击面板底部的【创建新的填充或调整图层】按钮 ，在弹出的菜单中选择【色阶】命令，在弹出的面板中将其数值更改为(5，1.11，228)，这样就完成了效果制作。最终效果如图5.179所示。

图5.177 新建图层　图5.178 盖印可见图层

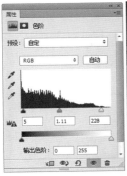 

图5.179 最终效果

实例064 双重曝光特效

> 📺 素材位置：调用素材\第5章\双重曝光特效
> 📝 案例位置：源文件\第5章\双重曝光特效.psd
> 🎬 视频文件：视频教学\实例064 双重曝光特效.avi

　　本例讲解双重曝光特效的制作。本例的制作步骤看似较少，但需要注意的细节较多，重点注意边缘的处理。最终效果如图5.180所示。

图5.180 双重曝光特效

✏️ 操作步骤

Step 01　打开素材

　　(1) 执行菜单栏中的【文件】|【打开】命令，

打开"人物.jpg"文件。

　　(2) 选择工具箱中的【自由钢笔工具】 ✍️，在选项栏中勾选【磁性的】复选框，沿人物边缘绘制路径，如图5.181所示。

图5.181 绘制路径

> 提示
>
> 　　在绘制路径时沿人物图像边缘拖动鼠标，路径及锚点将自动吸附于边缘，同时单击可以自定当前锚点位置。

> 提示
>
> 　　【自由钢笔工具】的最大优点在于当绘制完路径之后，可以随时调整锚点及路径与图像边缘贴合的位置，以便于更加准确地选中图像。

　　(3) 按Ctrl+Enter组合键将路径转换为选区，如图5.182所示。

　　(4) 执行菜单栏中的【图层】|【新建】|【通过拷贝的图层】命令，此时将生成1个【图层 1】图层，如图5.183所示。

 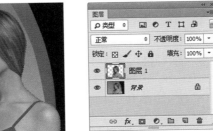

图5.182 转换为选区　图5.183 通过拷贝的图层

> 提示
>
> 　　由于本例制作的是双重曝光特效，所以在抠图过程中选取大致的人物轮廓即可，无须细致抠图。

　　(5) 选择工具箱中的【渐变工具】 ▊，编辑灰色(R:157，G:155，B:158) 到灰色(R:140，G:137，B:138) 的渐变，单击选项栏中的【线性渐变】按钮 ▣，在画布中从左向右拖动填充渐变，如图5.184所示。

图5.184 填充渐变

(6) 选择【图层1】执行菜单栏中的【图像】|【调整】|【色阶】命令，在弹出的对话框中将数值更改为(24，1.18，170)，完成之后单击【确定】按钮，如图5.185所示。

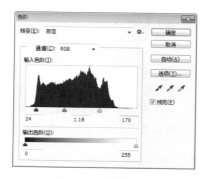

图5.185 调整色阶

 提示

此处调整色阶的目的是将人物皮肤的高光部分过曝，以便于后期的曝光效果实现。

(7) 执行菜单栏中的【文件】|【打开】命令，打开"湖泊.jpg"文件，将打开的素材拖入画布中并适当缩小，其图层名称将更改为"图层 2"，如图5.186所示。

图5.186 添加素材

提示

添加素材图像以后适当降低其不透明度以调整图像覆盖人物的区域。

(8) 执行菜单栏中的【图像】|【调整】|【色相/饱和度】命令，在弹出的对话框中勾选【着色】复选框，将【色相】更改为325，【饱和度】更改为7，【明度】更改为8，完成之后单击【确定】按钮，如图5.187所示。

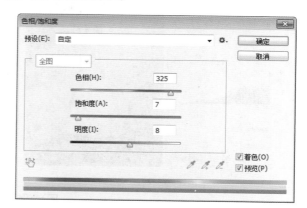

图5.187 调整色相/饱和度

(9) 在【图层】面板中选中【图层 2】图层，单击面板底部的【添加图层蒙版】按钮 ▣，为其添加图层蒙版，如图5.188所示。

(10) 按住Ctrl键单击【图层 1】图层缩览图，将其载入选区，执行菜单栏中的【选择】|【反相】命令将选区反相，将选区填充为黑色，将部分图像隐藏，完成之后按Ctrl+D组合键将选区取消，如图5.189所示。

图5.188 添加图层蒙版　　图5.189 隐藏图像

(11) 在【图层】面板中选中【图层 1】图层，将其拖至面板底部的【创建新图层】按钮 ▣上，复制1个【图层 1 拷贝】图层，将其移至所有图层的上方，如图5.190所示。

(12) 执行菜单栏中的【图像】|【调整】|【去色】命令，如图5.191所示。

(13) 执行菜单栏中的【图像】|【调整】|【色

阶】命令，在弹出的对话框中将数值更改为(140，0.46，237)，完成之后单击【确定】按钮，如图5.192所示。

图5.190　复制图层

图5.191　去色

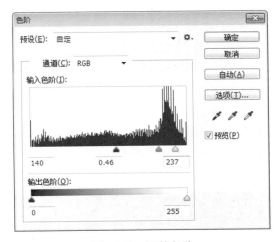

图5.192　调整色阶

(14) 在【图层】面板中选中【图层 1 拷贝】图层，单击面板上方的【锁定透明像素】按钮 ▨，将透明像素锁定，如图5.193所示。

(15) 选择工具箱中的【画笔工具】 ✎，在画布中单击鼠标右键，在弹出的面板中选择一种圆角笔触，将【大小】更改为50像素、【硬度】更改为100%，如图5.194所示。

图5.193　锁定透明像素

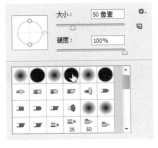

图5.194　设置笔触

(16) 将前景色更改为黑色，在人物头部区域涂抹，将其变为纯黑色，如图5.195所示。

图5.195　更改颜色

Step 02　制作曝光效果

(1) 执行菜单栏中的【图像】|【调整】|【色相/饱和度】命令，在弹出的对话框中勾选【着色】复选框，将【色相】更改为235、【饱和度】更改为10，完成之后单击【确定】按钮，如图5.196所示。

图5.196　调整色相/饱和度

(2) 选中【图层 1 拷贝】图层，将图层混合模式设置为【滤色】。

(3) 选中【图层 1 拷贝】图层，按Ctrl+Alt+2组合键将图像中的高光区域载入选区，如图5.197所示。

(4) 单击【图层 2】图层蒙版缩览图，将选区填充为黑色，将部分图像隐藏，完成之后按Ctrl+D组合键将选区取消，如图5.198所示。

图5.197　载入选区

图5.198　隐藏图像

(5) 按住Ctrl键单击【图层 2】图层蒙版缩览图，执行菜单栏中的【选择】|【反相】命令，将选区填充为黑色，将多余的图像隐藏，完成之后按

Ctrl+D组合键将选区取消,如图5.199所示。

图5.199　隐藏图像

(6) 选择工具箱中的【魔棒工具】,选中【图层 2】图层,在画布中的图像中的树上单击,将部分区域载入选区,如图5.200所示。

图5.200　载入选区

(7) 选择工具箱中的任意选区工具,在选区中单击鼠标右键,从弹出的快捷菜单中选择【变换选区】命令,将变形框旋转及移动以选中图像左侧部分图像,如图5.201所示。

(8) 将选区填充为黑色,将部分图像隐藏,如图5.202所示。

图5.201　变换选区　　　图5.202　隐藏图像

(9) 以同样的方法将左侧边缘部分区域继续隐藏,这样就完成了效果制作。最终效果如图5.203所示。

提示

隐藏左侧边缘的目的是让其效果更加自然。

图5.203　最终效果

实例065　水火拳头特效

本例讲解水火拳头特效的制作。本例中的特效十分常见,图像以水和火两种介质作对比以突出整个图像的鲜明风格,在制作过程中需要足够的耐心对图像进行复制、变换等操作。最终效果如图5.204所示。

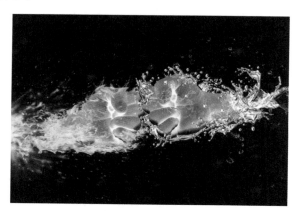

图5.204　水火拳头特效

✏️ 操作步骤

Step 01　制作火拳头

(1) 执行菜单栏中的【文件】|【新建】命令,在弹出的对话框中设置【宽度】为700像素、【高度】为500像素、【分辨率】为72像素/英寸,新建一个空白画布,将画布填充为黑色。

(2) 执行菜单栏中的【文件】|【打开】命令,打开"拳头.psd"文件,将打开的素材拖入画布中靠左侧位置并适当缩小,如图5.205所示。

图5.205　添加素材

（3）执行菜单栏中的【图像】|【调整】|【去色】命令将图像去色。

（4）按Ctrl+I组合键将图像反相。

（5）执行菜单栏中的【图像】|【调整】|【色阶】命令，在弹出的对话框中将数值更改为(20，0.89，243)，设置完成之后单击【确定】按钮，如图5.206所示。

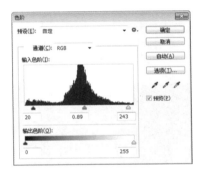

图5.206　调整色阶

（6）执行菜单栏中的【图像】|【调整】|【色相/饱和度】命令，在弹出的对话框中勾选【着色】复选框，将【色相】更改为27、【饱和度】更改为70、【明度】更改为7，完成之后单击【确定】按钮，如图5.207所示。

图5.207　设置色相/饱和度

（7）在【图层】面板中选中【拳头】图层，将其拖至面板底部的【创建新图层】按钮 上，复制1个【拳头 拷贝】图层，单击面板上方的【锁定透明像素】按钮 ，将透明像素锁定，将图像填充为橙色(R:255，G:132，B:0)，填充完成之后再次单击

此按钮将其解除锁定，如图5.208所示。

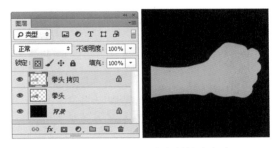

图5.208　锁定透明像素并填充颜色

（8）选中【拳头 拷贝】图层，将图层混合模式设置为【柔光】、【不透明度】更改为80%。

（9）执行菜单栏中的【文件】|【打开】命令，打开"火焰.jpg"文件，将打开的素材拖入画布中并适当缩小，其图层名称将更改为"图层 1"，如图5.209所示。

（10）选中【图层1】图层，将图层混合模式设置为【滤色】，在画布中将图像适当缩小及旋转，如图5.210所示。

图5.209　添加素材　　图5.210　更改图层混合模式

（11）以同样的方法执行菜单栏中的【文件】|【打开】命令，打开"火焰 2.jpg"文件，添加火焰2素材图像，其图层名称将更改为"图层 2"，为其设置【滤色】图层混合模式后适当旋转图像，如图5.211所示。

图5.211　更改图层混合模式并旋转图像

（12）分别选中【图层 1】及【图层 2】图层，在画布中按住Alt键复制图像，如图5.212所示。

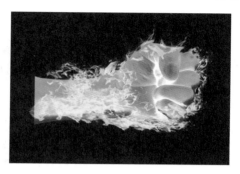

图5.212　复制图像

（13）在【图层】面板中，同时选中【拳头】及【拳头 拷贝】图层，按Ctrl+G组合键将其编组，将生成的组名称更改为"火拳头"，单击面板底部的【添加图层蒙版】按钮 ⬚ ，为其添加图层蒙版，如图5.213所示。

（14）选择工具箱中的【画笔工具】 🖌 ，在画布中单击鼠标右键，在弹出的面板中选择一种圆角笔触，将【大小】更改为100像素、【硬度】更改为0%，如图5.214所示。

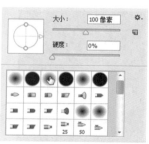

图5.213　添加图层蒙版　　图5.214　设置笔触

（15）将前景色更改为黑色，在其图像上面部分区域涂抹，将其隐藏，如图5.215所示。

（16）执行菜单栏中的【文件】|【打开】命令，打开"拳头.psd"文件，将打开的素材拖入画布中适当缩小并水平翻转，以刚才同样的方法将其去色并反相，如图5.216所示。

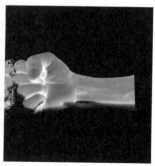

图5.215　隐藏图像　　图5.216　去色并反相

Step 02　制作水拳头

（1）执行菜单栏中的【文件】|【打开】命令，打开"水.psd"文件，将打开的素材拖入画布中并适当缩小，如图5.217所示。

图5.217　添加素材

（2）选中【水】图层，以刚才同样的方法在画布中按住Alt键将图像复制数份并变换，如图5.218所示。

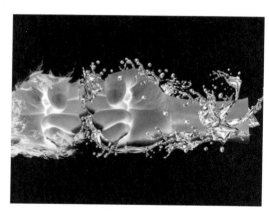

图5.218　复制图像

（3）在【图层】面板中选中【拳头】图层，单击面板底部的【添加图层蒙版】按钮 ⬚ ，为其添加图层蒙版。

（4）选择工具箱中的【画笔工具】 🖌 ，在画布中单击鼠标右键，在弹出的面板中选择一种圆角笔触，将【大小】更改为80像素、【硬度】更改为0%。

（5）将前景色更改为黑色，在图像上面部分区域涂抹，将其隐藏，如图5.219所示。

（6）选中【拳头】图层，执行菜单栏中的【图像】|【调整】|【照片滤镜】命令，在弹出的对话框中选择【滤镜】为【冷却滤镜(82)】，将【浓度】更改为20%，完成之后单击【确定】按钮，如图5.220所示。

图5.219 隐藏图像

图5.220 设置照片滤镜

(7) 同时选中【拳头】图层上方的所有图层，按Ctrl+E组合键将图层合并，将其图层名称更改为"上方水"。执行菜单栏中的【图像】|【调整】|【照片滤镜】命令，在弹出的对话框中选择【滤镜】为【冷却滤镜(82)】，将【浓度】更改为10%，完成之后单击【确定】按钮。图像效果如图5.221所示。

图5.221 合并图层并添加照片滤镜

(8) 将【拳头】图层下方所有和水相关的图层合并，将图层名称更改为"下方水"，以同样的方法为其添加相同的照片滤镜，如图5.222所示。

(9) 在【图层】面板中选中【下方水】图层，单击面板上方的【锁定透明像素】按钮 ⊠，将透明像素锁定，如图5.223所示。

(10) 选择工具箱中的【画笔工具】 ，在画布中单击鼠标右键，在弹出的面板中选择一种圆角

笔触，将【大小】更改为50像素、【硬度】更改为0%，如图5.224所示。

图5.222 添加照片滤镜

 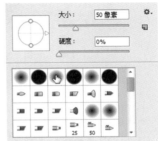

图5.223 锁定透明像素 图5.224 设置笔触

(11) 将前景色更改为橙色(R:255，G:132，B:0)，在选项栏中将【混合模式】更改为【叠加】、【不透明度】更改为50%。选中【下方水】图层，在图像左侧边缘位置涂抹以更改其颜色，如图5.225所示。

(12) 以同样的方法选中【上方水】图层，更改其图像边缘颜色，如图5.226所示。

图5.225 更改下方水颜色 图5.226 更改上方水颜色

(13) 同时选中除【背景】图层之外的所有图层，按Ctrl+T组合键对其执行【自由变换】命令，将图形适当旋转，完成之后按Enter键确认，如图5.227所示。

(14) 单击面板底部的【创建新图层】按钮 ，新建1个【图层3】图层，如图5.228所示。

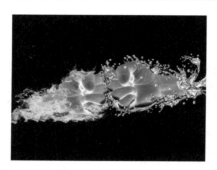

图5.227　旋转图像

图5.228　新建图层

Step 03　绘制装饰图像

（1）在【画笔】面板中选择1个圆角笔触，将【大小】更改为30像素、【间距】更改为1000%，如图5.229所示。

（2）勾选【形状动态】复选框，将【大小抖动】更改为90%、【角度抖动】更改为50%、【圆度抖动】更改为80%、【最小圆度】更改为25%，如图5.230所示。

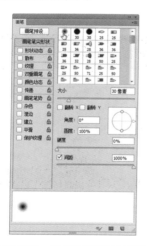

图5.229　设置画笔笔尖形状　　图5.230　设置形状动态

（3）勾选【散布】复选框，将【散布】更改为850%。

（4）勾选【平滑】复选框。

（5）将前景色更改为白色，在画布中拖动鼠标

或单击添加图像，如图5.231所示。

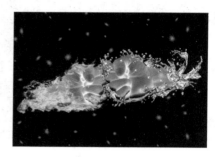

图5.231　添加图像

（6）选中【图层 3】图层，执行菜单栏中的【滤镜】|【模糊】|【动感模糊】命令，在弹出的对话框中将【角度】更改为15度、【距离】更改为20像素，设置完成之后单击【确定】按钮。

（7）选择工具箱中的【套索工具】，在画布中绘制一个不规则选区以选中左侧火拳头图像，如图5.232所示。

（8）在【图层】面板中选中【图层 3】图层，单击面板上方的【锁定透明像素】按钮，将透明像素锁定，并修改【不透明度】为50%，如图5.233所示。

图5.232　绘制选区　　图5.233　锁定透明像素

（9）将选区中的图像填充为橙色(R:255，G:192，B:20)，按Ctrl+Shift+I组合键将选区反相以选中右侧部分图像，将其填充为青色(R:58，G:190，B:240)，完成之后按Ctrl+D组合键将选区取消，如图5.234所示。

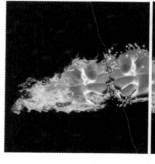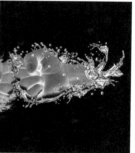

图5.234　填充颜色

(10) 执行菜单栏中的【文件】|【打开】命令，打开"火花.jpg"文件，将打开的素材拖入画布中左侧火拳头图像位置并适当缩小，其图层名称将更改为"图层4"，效果如图5.235所示。

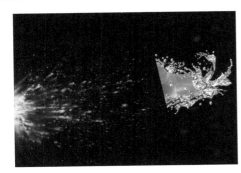

图5.235 添加素材

(11) 选中【图层4】图层，将图层混合模式设置为【滤色】。

(12) 以同样的方法执行菜单栏中的【文件】|【打开】命令，打开"冰水.jpg"文件，添加冰水素材图像并放在适当位置，其图层名称将更改为"图层5"，效果如图5.236所示。

图5.236 添加素材

(13) 选中【图层5】图层，将图层混合模式设置为【滤色】，这样就完成了效果制作。最终效果如图5.237所示。

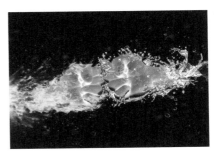

图5.237 最终效果

PS

第6章

自然特效视觉处理

本章介绍

　　本章讲解自然特效视觉处理。自然特效通常是指与自然界相关的特效图像制作，最常见的特效比如雨、雪等自然天气以及繁星特效、极光特效等，其制作的目的性十分明确，同时也带有很强的主题意味，所以整个制作思路比较简单。通过对本章的学习，读者可以掌握自然特效视觉处理。

要点索引

◆ 学会制作意境雨丝
◆ 学习月夜繁星特效制作
◆ 掌握下雪的乡村特效制作
◆ 学习制作冷艳丁香特效
◆ 了解复古素描画制作思路

实例066 意境雨丝

- 📺 素材位置：调用素材\第6章\意境雨丝
- ✏️ 案例位置：源文件\第6章\意境雨丝.psd
- 🎬 视频文件：视频教学\实例066 意境雨丝.avi

本例讲解的是意境雨丝特效的制作。本例的制作比较简单，在素材图像选取过程中选用了带有雨珠的荷花图像，很好地体现出下雨的氛围。最终效果如图6.1所示。

图6.1 意境雨丝

📓 操作步骤

（1）执行菜单栏中的【文件】|【打开】命令，打开"荷花.jpg"文件。

（2）单击面板底部的【创建新图层】按钮 🔲，新建一个【图层1】图层，将其填充为黑色。

（3）执行菜单栏中的【滤镜】|【杂色】|【添加杂色】命令，在弹出的对话框中将【数量】更改为80%，选中【平均分布】单选按钮，勾选【单色】复选框，完成之后单击【确定】按钮，如图6.2所示。

图6.2 设置杂色

（4）执行菜单栏中的【滤镜】|【模糊】|【动感模糊】命令，在弹出的对话框中将【角度】更改为80度、【距离】更改为40像素，完成之后单击【确

定】按钮，如图6.3所示。

图6.3 设置动感模糊

（5）执行菜单栏中的【图像】|【调整】|【色阶】命令，在弹出的对话框中将数值更改为(64，1.22，94)，完成之后单击【确定】按钮，如图6.4所示。

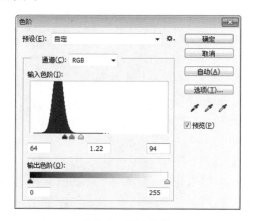

图6.4 调整色阶

（6）执行菜单栏中的【滤镜】|【扭曲】|【波纹】命令，在弹出的对话框中将【数量】更改为10%，【大小】更改为【大】，完成之后单击【确定】按钮，如图6.5所示。

图6.5 设置波纹

（7）执行菜单栏中的【滤镜】|【模糊】|【高斯模糊】命令，在弹出的对话框中将【半径】更改为1像素，完成之后单击【确定】按钮，如图6.6所示。

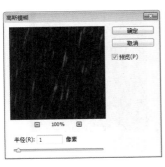

图6.6　设置高斯模糊

（8）选中【图层1】图层，将其图层混合模式设置为【滤色】、【不透明度】更改为60%，再按Ctrl+T组合键对其执行【自由变换】命令，将图像等比放大，完成之后按Enter键确认，这样就完成了效果制作。最终效果如图6.7所示。

图6.7　最终效果

实例067　月夜繁星特效

- 素材位置：调用素材\第6章\月夜繁星特效
- 案例位置：源文件\第6章\月夜繁星特效.psd
- 视频文件：视频教学\实例067　月夜繁星特效.avi

　　本例讲解的是月夜繁星特效的制作。本例在制作过程中选取十分漂亮的背景素材图像，使用滤镜特效制作出色的繁星特效。最终效果如图6.8所示。

图6.8　月夜繁星特效

操作步骤

　　（1）执行菜单栏中的【文件】|【打开】命令，打开"月夜.jpg"文件。

　　（2）单击面板底部的【创建新图层】按钮，新建一个【图层1】图层，将其填充为黑色，在其图层名称上单击鼠标右键，从弹出的快捷菜单中选择【转换为智能对象】命令。

技巧　将普通图层转换为智能图层以后可以随意调整添加的滤镜特效数值。

　　（3）执行菜单栏中的【滤镜】|【杂色】|【添加杂色】命令，在弹出的对话框中将【数量】更改为30%，选中【高斯分布】单选按钮，勾选【单色】复选框，完成之后单击【确定】按钮，如图6.9所示。

图6.9　设置杂色

　　（4）执行菜单栏中的【滤镜】|【模糊】|【高斯模糊】命令，在弹出的对话框中将【半径】更改为0.5像素，完成之后单击【确定】按钮，如图6.10所示。

图6.10　设置高斯模糊

　　（5）单击面板底部的【创建新的填充或调整图层】按钮，在弹出的菜单中选择【色阶】命令，在弹出的面板中单击面板底部的【此调整影响下面的所有图层】按钮，将数值更改为(88，1.65，150)，如图6.11所示。

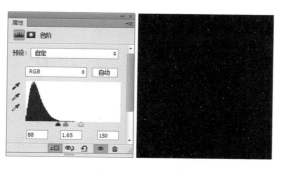

图6.11 调整色阶

(6) 单击面板底部的【创建新的填充或调整图层】按钮 ◎，在弹出的菜单中选择【色相/饱和度】命令，在弹出的面板中单击面板底部的【此调整影响下面的所有图层】按钮 ←□，勾选【着色】复选框，将【色相】更改为196，【饱和度】更改为40，如图6.12所示。

图6.12 调整色相/饱和度

(7) 同时选中除【背景】之外的所有图层，按Ctrl+G组合键将其编组，将生成的组名称更改为【繁星】，如图6.13所示。

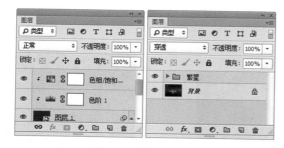

图6.13 将图层编组

(8) 选中【繁星】组，将其图层混合模式设置为【滤色】，再单击面板底部的【添加图层蒙版】按钮 ◎，为其图层添加图层蒙版，如图6.14所示。

(9) 选择工具箱中的【画笔工具】 ✔，在画布中单击鼠标右键，在弹出的面板中选择一种圆角笔触，将【大小】更改为100像素、【硬度】更改为0%。

图6.14 添加图层蒙版

(10) 将前景色更改为黑色，在其图像上部分区域涂抹将其隐藏，这样就完成了效果制作。最终效果如图6.15所示。

图6.15 最终效果

> **提示**
> 在隐藏多余繁星图像时可适当调整画笔大小及硬度，在建筑图像区域涂抹将其上方附近位置繁星图像减淡，这样可以很好地与背景的透视效果相符。

实例068 下雪的乡村

> 💻 素材位置：调用素材\第6章\下雪的乡村
> ✏️ 案例位置：源文件\第6章\下雪的乡村.psd
> 🎬 视频文件：视频教学\实例068 下雪的乡村.avi

本例讲解的是下雪的乡村特效的制作。本例的制作十分简单，重点用到了2种滤镜命令，将其组合形成一种真实的下雪效果。最终效果如图6.16所示。

图6.16 下雪的乡村

操作步骤

（1）执行菜单栏中的【文件】|【打开】命令，打开"雪景.jpg"文件。

（2）在【图层】面板中选中【背景】图层，将其拖至面板底部的【创建新图层】按钮 上，复制1个【背景 拷贝】图层。

（3）选中【背景 拷贝】图层，执行菜单栏中的【滤镜】|【像素化】|【点状化】命令，在弹出的对话框中将【单元格大小】更改为5，完成之后单击【确定】按钮，如图6.17所示。

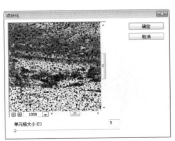

图6.17　设置点状化

（4）选中【背景 拷贝】图层，执行菜单栏中的【图像】|【调整】|【阈值】命令，在弹出的对话框中将【阈值色阶】更改为255，完成之后单击【确定】按钮，如图6.18所示。

图6.18　设置阈值

（5）选中【背景】图层，将其图层混合模式设置为【滤色】并适当向上移动，复制【背景拷贝2】图层并适当移动。

（6）选中【背景 拷贝】图层，执行菜单栏中的【滤镜】|【模糊】|【动感模糊】命令，在弹出的对话框中将【角度】更改为70度、【距离】更改为5像素，完成之后单击【确定】按钮，如图6.19所示。

（7）选中【背景 拷贝 2】，按Ctrl+F组合键为其添加动感模糊效果，这样就完成了效果制作。最终效果如图6.20所示。

图6.19　设置动感模糊

图6.20　最终效果

实例069　冷艳丁香特效

> 素材位置：调用素材\第6章\冷艳丁香特效
> 案例位置：源文件\第6章\冷艳丁香特效.psd
> 视频文件：视频教学\实例069　冷艳丁香特效.avi

本例讲解的是冷艳丁香特效的制作。本例的制作过程比较简单，通过添加装饰图像将丁香花图像作特效处理，最后调整整个图像的色调即可完成效果制作。最终效果如图6.21所示。

图6.21　冷艳丁香特效

操作步骤

（1）执行菜单栏中的【文件】|【打开】命令，打开"丁香.jpg"文件。

(2) 在【图层】面板中选中【背景】图层，将其拖至面板底部的【创建新图层】按钮 🖫 上，复制1个【背景 拷贝】图层，如图6.22所示。

(3) 执行菜单栏中的【文件】|【打开】命令，打开"光斑.jpg"文件，将其拖入当前画布中并等比缩小，其图层名称将更改为【图层1】，将其移至【背景 拷贝】图层下方，如图6.23所示。

图6.22　复制图层　　　图6.23　添加素材

(4) 选中【背景 拷贝】图层，将其图层混合模式设置为【滤色】、【不透明度】更改为80%。

(5) 在【图层】面板中选中【背景】图层，将其拖至面板底部的【创建新图层】按钮 🖫 上，复制1个【背景 拷贝 2】图层，将其移至所有图层上方。

(6) 选中【背景 拷贝 2】图层，执行菜单栏中的【滤镜】|【模糊】|【高斯模糊】命令，在弹出的对话框中将【半径】更改为35像素，完成之后单击【确定】按钮，如图6.24所示。修改【背景 拷贝2】图层的混合模式为柔光。

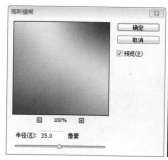 

图6.24　设置高斯模糊

(7) 单击面板底部的【创建新图层】按钮 🖫，新建一个【图层2】图层。

(8) 选中【图层1】图层，按Ctrl+Alt+Shift+E组合键执行盖印可见图层命令。

(9) 在【图层】面板中单击面板底部的【创建新的填充或调整图层】按钮 ⬤，在弹出快捷菜单中选择【照片滤镜】命令，在弹出的面板中选择【滤镜】为【冷却滤镜(80)】，【浓度】更改为80%，

勾选【保留明度】复选框，如图6.25所示。

图6.25　设置照片滤镜

(10) 选中【照片滤镜1】图层，将其图层混合模式设置为【柔光】，这样就完成了效果制作。最终效果如图6.26所示。

图6.26　最终效果

实例070　月夜特效

> 📖 素材位置：调用素材\第6章\月夜特效
> ✍ 案例位置：源文件\第6章\月夜特效.psd
> 🎬 视频文件：视频教学\实例070　月夜特效.avi

本例讲解的是月夜特效的制作。本例在制作过程中需要对原始图像进行处理以制作月色效果，再绘制图形并制作月亮效果，完成最终效果制作。最终效果如图6.27所示。

图6.27　月夜特效

（1）执行菜单栏中的【文件】|【打开】命令，打开"古建筑.jpg"文件。

（2）选择工具箱中的【魔棒工具】，在图像中天空区域单击将其载入选区，如图6.28所示。

图6.28　载入选区

（3）执行菜单栏中的【选择】|【反相】命令，选中建筑图像，执行菜单栏中的【图层】|【新建】|【通过拷贝的图层】命令，此时将生成一个【图层1】图层，如图6.29所示。

（4）在【图层】面板中选中【图层1】图层，单击面板上方的【锁定透明像素】按钮，将透明像素锁定，将图像填充为深黄色(R:37，G:17，B:3)，填充完成之后再次单击此按钮将其解除锁定，如图6.30所示。

图6.29　通过拷贝的图层　　图6.30　填充颜色

（5）选中【图层1】图层，将其图层混合模式设置为【柔光】。

（6）按住Ctrl键单击【图层1】图层，将图像载入选区，执行菜单栏中的【选择】|【反相】命令，将选区反相，如图6.31所示。

（7）选择【背景】图层，执行菜单栏中的【图层】|【新建】|【通过拷贝的图层】命令，此时将生成一个【图层2】图层，如图6.32所示。

（8）在【图层】面板中选中【图层2】图层，单击面板上方的【锁定透明像素】按钮，将透明

像素锁定，如图6.33所示。

图6.31　载入选区并反相

图6.32　通过拷贝的图层　　图6.33　锁定透明像素

（9）选择工具箱中的【渐变工具】，编辑蓝色(R:25，G:54，B:87)到蓝色(R:6，G:30，B:58)的渐变，单击选项栏中的【径向渐变】按钮，在其图像上从底部向右上角方向拖动填充渐变，如图6.34所示。

图6.34　填充渐变

（10）单击面板底部的【创建新图层】按钮，新建一个【图层3】图层。

（11）选中【图层3】图层，按Ctrl+Alt+Shift+E组合键执行盖印可见图层命令。

（12）选中【图层3】图层，执行菜单栏中的【图像】|【调整】|【色相/饱和度】命令，在弹出的对话框中将【饱和度】更改为-25，完成之后单击【确定】按钮，如图6.35所示。

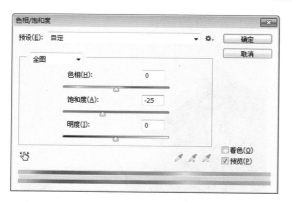

图6.35　调整色相饱和度

（13）选择工具箱中的【椭圆工具】◯，在选项栏中将【填充】更改为浅黄色(R:242；G:234，B:162)，【描边】设置为无，在建筑角楼位置按住Shift键绘制一个正圆图形，此时将生成一个【椭圆1】图层，如图6.36所示。

图6.36　绘制图形

（14）在【图层】面板中选中【椭圆1】图层，单击面板底部的【添加图层样式】按钮 fx，在菜单中选择【外发光】命令，在弹出的对话框中将【不透明度】更改为45%、【大小】更改为80像素，完成之后单击【确定】按钮，如图6.37所示。

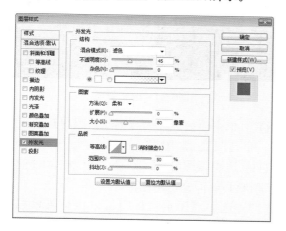

图6.37　设置外发光样式

（15）在【图层】面板中选中【椭圆1】图层，在其图层名称上单击鼠标右键，从弹出的快捷菜单

中选择【栅格化图层样式】命令，再单击面板底部的【添加图层蒙版】按钮 ◉，为其图层添加图层蒙版，如图6.38所示。

图6.38　添加图层蒙版

（16）按住Ctrl键单击【图层1】图层缩览图，将其载入选区，如图6.39所示。

图6.39　载入选区

（17）将选区填充为黑色，将部分图像隐藏，这样就完成了效果制作。最终效果如图6.40所示。

图6.40　最终效果

实例071　复古素描画

📺 素材位置：调用素材\第6章\复古素描画
✎ 案例位置：源文件\第6章\复古素描画.psd
🎬 视频文件：视频教学\实例071　复古素描画.avi

本例讲解的是复古素描画的制作。复古风格图像的制作应当围绕主题进行制作，因其主题十分鲜明，所以在制作过程中并不需要过多的修饰。在本例中通过对原图像的简单处理并添加滤镜即可完成效果制作。最终效果如图6.41所示。

图6.41　复古素描画

操作步骤

（1）执行菜单栏中的【文件】|【打开】命令，打开"欧式建筑.jpg"文件。

（2）在【图层】面板中选中【背景】图层，将其拖至面板底部的【创建新图层】按钮上，复制1个【背景 拷贝】图层。

（3）选中【背景 拷贝】图层，执行菜单栏中的【图像】|【调整】|【去色】命令。

（4）执行菜单栏中的【图像】|【调整】|【色阶】命令，在弹出的对话框中将数值更改为(30，1.27，200)，完成之后单击【确定】按钮，如图6.42所示。

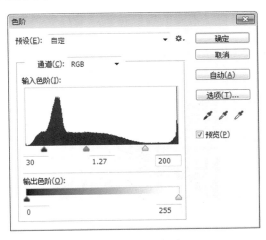

图6.42　调整色阶

（5）在【图层】面板中选中【背景 拷贝】图层，将其拖至面板底部的【创建新图层】按钮上，复制1个【背景 拷贝 2】图层，如图6.43所示。

（6）选中【背景 拷贝 2】图层，执行菜单栏中的【图像】|【调整】|【反相】命令，如图6.44所示。

图6.43　复制图层　　　　图6.44　反相

（7）选中【背景 拷贝2】图层，将其图层混合模式设置为【颜色 减淡】。

（8）选中【背景 拷贝 2】图层，执行菜单栏中的【滤镜】|【模糊】|【高斯模糊】命令，在弹出的对话框中将【半径】更改为200像素，完成之后单击【确定】按钮，如图6.45所示。

图6.45　设置高斯模糊

（9）在【图层】面板中选中【背景 拷贝 2】图层，单击面板底部的【创建新的填充或调整图层】按钮，在弹出快捷菜单中选择【曲线】命令，在弹出的面板中调整曲线，如图6.46所示。

图6.46　调整曲线

(10) 在【图层】面板中，选中【背景 拷贝 2】图层，单击面板底部的【创建新的填充或调整图层】按钮 ◎，在弹出的快捷菜单中选择【纯色】命令，在弹出的对话框中将颜色更改为黄色(R:204，G:172，B:105)，完成之后单击【确定】按钮。

(11) 选中【颜色填充1】图层，将其图层混合模式设置为【正片叠底】，如图6.47所示。

图6.47　设置图层混合模式

(12) 单击面板底部的【创建新图层】按钮 🔲，新建一个【图层1】图层。

(13) 选中【图层1】图层，按Ctrl+Alt+Shift+E组合键执行盖印可见图层命令。

(14) 执行菜单栏中的【滤镜】|【滤镜库】命令，在弹出的对话框中选择【艺术效果】|【粗糙蜡笔】，将【描边长度】更改为7、【描边细节】更改为2、【纹理】更改为【画布】、【缩放】更改为71%、【凸现】更改为20、【光照】更改为【左上】，完成之后单击【确定】按钮，如图6.48所示。

图6.48　设置粗糙画笔

(15) 在【图层】面板中选中【图层 1】图层，将其拖至面板底部的【创建新图层】按钮 🔲 上，复制1个【图层 1 拷贝】图层，单击面板底部的【添加图层蒙版】按钮 ◙，为其添加图层蒙版，如图6.49所示。

(16) 选中【图层 1 拷贝】图层，将其图层混合模式更改为【滤色】，如图6.50所示。

(17) 选择工具箱中的【渐变工具】 ▥，编辑白色到黑色的渐变，单击选项栏中的【径向渐变】

按钮 ▣，在画布中从左上角向右下角方向拖动，将部分图像隐藏，这样就完成了效果制作。最终效果如图6.51所示。

图6.49　复制图层　　　图6.50　设置图层混合模式

图6.51　最终效果

实例072　撕裂照片

> 素材位置：调用素材\第6章\撕裂照片
> 案例位置：源文件\第6章\撕裂照片.psd
> 视频文件：视频教学\实例072　撕裂照片.avi

本例讲解的是撕裂照片效果的制作。撕裂特效的制作在PS中特别容易实现，通过不同的命令组合制作出自己需要的撕裂特效。最终效果如图6.52所示。

图6.52　撕裂照片

Step 01 制作背景并添加素材

(1) 执行菜单栏中的【文件】|【新建】命令，在弹出的对话框中设置【宽度】为10厘米、【高度】为7厘米、【分辨率】为300像素/英寸、【颜色模式】为RGB颜色，新建一个空白画布。

(2) 选择工具箱中的【渐变工具】 ▊，编辑白色到浅蓝色(R:177，G:190，B:215)的渐变，单击选项栏中的【径向渐变】按钮 ▊，在画布中从中间向边缘方向拖动，为画布填充渐变，如图6.53所示。

图6.53 新建画布并填充渐变

(3) 执行菜单栏中的【文件】|【打开】命令，打开"照片.jpg"文件，将打开的素材拖入画布中并适当缩小，其图层名称将更改为【图层1】，如图6.54所示。

图6.54 添加素材

(4) 选中【图层1】图层，按Ctrl+T组合键对其执行【自由变换】命令，在出现的变形框中单击鼠标右键，从弹出的快捷菜单中选择【变形】命令，拖动变形框中的控制点将图像变形，完成之后按Enter键确认，如图6.55所示。

(5) 选择工具箱中的【多边形套索工具】 ▽，在画布中图像上绘制一个不规则选区以制作撕裂的纹路效果，如图6.56所示。

(6) 按Q键进入快速蒙版编辑状态，如图6.57所示。

图6.55 将图像变形

图6.56 绘制选区　　图6.57 快速蒙版编辑状态

(7) 执行菜单栏中的【滤镜】|【像素化】|【晶格化】命令，在弹出的对话框中将【单元格大小】更改为4，完成之后单击【确定】按钮，如图6.58所示。

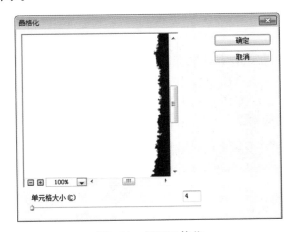

图6.58 设置晶格化

(8) 在画布中按Ctrl+F组合键重复执行【晶格化】命令，如图6.59所示。

(9) 按Q键退出快速蒙版编辑状态，如图6.60所示。

图6.59　重复添加晶格化效果

图6.60　退出快速蒙版编辑状态

Step 02　制作撕裂特效

（1）选中【图层1】图层，执行菜单栏中的【图层】|【新建】|【通过剪切的图层】命令，此时将生成一个【图层2】图层，如图6.61所示。

（2）选中【图层2】图层，在画布中将图像向左侧稍微移动，如图6.62所示。

图6.61　通过剪切的图层　　图6.62　移动图像

（3）选中【图层2】图层，在画布中按Ctrl+T组合键对其执行【自由变换】命令，当出现变形框以

后将图像适当旋转，完成之后按Enter键确认，以同样的方法选中【图层1】图层，在画布中将图像适当旋转，如图6.63所示。

图6.63　旋转图像

（4）单击面板底部的【创建新图层】按钮，新建一个【图层3】图层，将【图层3】图层移至所有图层上方，如图6.64所示。

（5）按住Ctrl键单击【图层2】图层缩览图，将选区载入，选中【图层3】图层，在画布中将选区填充为白色，如图6.65所示。

图6.64　新建图层　　　　图6.65　填充颜色

（6）将选区向左侧移动1～2像素，选中【图层3】图层，将选区中的图像删除，完成之后按Ctrl+D组合键将选区取消，如图6.66所示。

图6.66　移动选区并删除图像

（7）以同样的方法再次新建一个图层并为右侧半个照片添加质感，如图6.67所示。

图6.67　制作质感

Step 03　添加阴影

（1）在【图层】面板中选中【图层2】图层，将其拖至面板底部的【创建新图层】按钮上，复制1个【图层2 拷贝】图层，如图6.68所示。

（2）在【图层】面板中选中【图层2】图层，单击面板上方的【锁定透明像素】按钮，将当前图层中的透明像素锁定，在画布中将图层填充为黑色，填充完成之后再次单击此按钮将其解除锁定，如图6.69所示。

图6.68　复制图层　　图6.69　锁定透明像素并填充颜色

（3）选中【图层2】图层，在画布中将图像向右下角方向稍微移动，如图6.70所示。

图6.70　移动图像

（4）选中【图层 2】图层，执行菜单栏中的【滤镜】|【模糊】|【高斯模糊】命令，在弹出的对话框中将【半径】更改为10像素，完成之后单击【确定】按钮。

（5）选中【图层2】图层，将其图层【不透明度】更改为30%。

（6）在【图层】面板中选中【图层1】图层，将其拖至面板底部的【创建新图层】按钮上，复制1个【图层1 拷贝】图层，如图6.71所示。

（7）选中【图层1】图层，以同样的方法将其图层中的透明像素锁定并填充黑色后利用【高斯模糊】命令为其制作阴影效果，如图6.72所示。

图6.71　复制图层　　　　图6.72　添加阴影

（8）选择工具箱中的【套索工具】，在照片靠左侧位置绘制一个不规则选区，如图6.73所示。

（9）选中【图层2 拷贝】图层，执行菜单栏中的【图层】|【新建】|【通过拷贝的图层】命令，此时将生成一个【图层5】，如图6.74所示。

图6.73　绘制选区　　　图6.74　通过拷贝的图层

（10）选中【图层5】图层，在画布中将图像向右上角移动，如图6.75所示。

图6.75　移动图像

（11）选中【图层 5】图层，执行菜单栏中的【滤镜】|【模糊】|【动感模糊】命令，在弹出的

对话框中将【角度】更改为25度、【距离】更改为23像素，设置完成之后单击【确定】按钮，如图6.76所示。

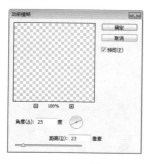

图6.76　设置动感模糊

（12）以同样的方法绘制选区并执行【通过拷贝的图层】命令，生成多个图层并添加同样的动感模糊效果以增强照片的氛围感，从而完成效果制作。最终效果如图6.77所示。

图6.77　最终效果

实例073　绚丽星空光环

> 🖥️ 素材位置：调用素材\第6章\绚丽星空光环
> 📝 案例位置：源文件\第6章\绚丽星空光环.psd
> 🎬 视频文件：视频教学\实例073　绚丽星空光环.avi

　　本例讲解的是绚丽星空光环效果的制作。本例是一个比较基础性的特效制作，在制作过程中充分理解滤镜命令的灵活组合运用就会比较容易实现想要的特效。最终效果如图6.78所示。

图6.78　绚丽星空光环

📝 操作步骤

Step 01　新建画布并添加素材

　　（1）执行菜单栏中的【文件】|【新建】命令，在弹出的对话框中设置【宽度】为1000像素、【高度】为1000像素、【分辨率】为72像素/英寸，【颜色模式】为RGB颜色。

　　（2）执行菜单栏中的【文件】|【打开】命令，打开"星空.jpg"文件，将打开的素材拖入画布中并适当缩小，其图层名称将更改为【图层1】。

　　（3）在【图层】面板中选中【图层1】图层，将其拖至面板底部的【创建新图层】按钮 🔲 上，复制1个【图层1 拷贝】图层，将【图层1 拷贝】图层混合模式更改为【正片叠底】。

　　（4）单击面板底部的【创建新图层】按钮 🔲，新建一个【图层2】图层，将其填充为黑色。

Step 02　制作特效图像

　　（1）选中【图层2】图层，执行菜单栏中的【滤镜】|【渲染】|【镜头光晕】命令，在弹出的对话框中选中【50-300毫米变焦】单选按钮，将【亮度】更改为100%，完成之后单击【确定】按钮，如图6.79所示。

图6.79　设置镜头光晕

> 提示
> 在设置镜头光晕时需要在预览区中单击以确定发光的中心和光晕重叠。

　　（2）选中【图层2】图层，执行菜单栏中的【滤镜】|【滤镜库】命令，在弹出的对话框中选择【艺术效果】|【塑料包装】，将【高光强度】更改为20、【细节】更改为15、【平滑度】更改为15，完成之后单击【确定】按钮，如图6.80所示。

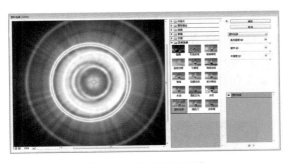

图6.80 设置塑料包装

（3）执行菜单栏中的【滤镜】|【扭曲】|【波纹】命令，在弹出的对话框中将【数量】更改为100%、【大小】更改为【中】，完成之后单击【确定】按钮，如图6.81所示。

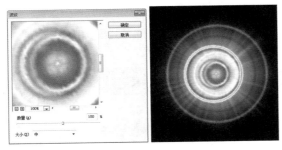

图6.81 设置波纹

（4）执行菜单栏中的【滤镜】|【扭曲】|【旋转扭曲】命令，在弹出的对话框中将【角度】更改为999度，完成之后单击【确定】按钮，如图6.82所示。

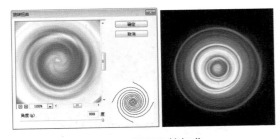

图6.82 设置旋转扭曲

（5）选择工具箱中的【画笔工具】，在画布中单击鼠标右键，在弹出的面板中选择一种圆角笔触，将【大小】更改为450像素、【硬度】更改为0%。

（6）将前景色更改为黑色，在【图层 2】图层中的图像中间位置单击数次，将部分图像隐藏，如图6.83所示。

（7）选中【图层 2】图层，按Ctrl+T组合键对其执行【自由变换】命令，单击鼠标右键，从弹出的快捷菜单中选择【扭曲】命令，将图像扭曲变形，完成之后按Enter键确认，如图6.84所示。

图6.83 隐藏图像　　　图6.84 将图像变形

（8）选择工具箱中的【钢笔工具】，在图像靠中心的内侧边缘绘制一条弯曲路径，如图6.85所示。

（9）单击面板底部的【创建新图层】按钮，新建一个【图层3】图层，如图6.86所示。

图6.85 绘制路径　　　图6.86 新建图层

（10）选择工具箱中的【画笔工具】，在画布中单击鼠标右键，在弹出的面板中选择一种圆角笔触，将【大小】更改为3像素、【硬度】更改为100%。

（11）将前景色更改为白色，选中【图层3】图层，在【路径】面板中，在【工作路径】上单击鼠标右键，从弹出的快捷菜单中选择【描边路径】命令，在弹出的对话框中选择【工具】为画笔，确认勾选【模拟压力】复选框，完成之后单击【确定】按钮，如图6.87所示。

图6.87 设置描边路径

（12）选中【图层 3】图层，执行菜单栏中的【滤镜】|【模糊】|【高斯模糊】命令，在弹出的对话框中将【半径】更改为5像素，完成之后单击【确定】按钮。

（13）以同样的方法在图像右侧边缘再次绘制一条弧形路径，新建【图层4】图层，然后为路径描边后添加高斯模糊效果，如图6.88所示。

图6.88　绘制并描边路径

（14）同时选中【图层4】、【图层3】、【图层2】图层并按Ctrl+E组合键将图层合并，将生成的图层名称更改为【光圈】，如图6.89所示。

图6.89　合并图层并更改图层名称

（15）选中【光圈】图层，执行菜单栏中的【图像】|【调整】|【色阶】命令，在弹出的对话框中将其数值更改为(0，1.27，190)，完成之后单击【确定】按钮以增强图像中的旋转纹理。

（16）在【图层】面板中选中【光圈】图层，将其图层混合模式设置为【滤色】。

（17）单击面板底部的【创建新图层】按钮 ⬚ ，新建一个【图层2】图层，将【图层2】图层混合模式更改为【叠加】，如图6.90所示。

（18）选择工具箱中的【画笔工具】 ✎ ，在画布中单击鼠标右键，在弹出的面板中选择一种圆角笔触，将【大小】更改为400像素、【硬度】更改为0%，如图6.91所示。

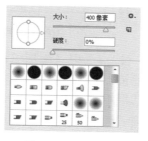

图6.90　新建图层　　　　图6.91　设置笔触

（19）选中【图层2】图层，在光圈图像上单击添加彩色特效，并且在不同位置单击时更改不同的颜色及不同大小的笔触，这样可以使添加的彩色效果更加具有对比性，视觉效果更完美，这样就完成了效果制作。最终效果如图6.92所示。

图6.92　最终效果

实例074　反转地球特效

🖥 素材位置：调用素材\第6章\反转地球特效
✐ 案例位置：源文件\第6章\反转地球特效.psd
🎬 视频文件：视频教学\实例074　反转地球特效.avi

本例讲解的是反转地球特效的制作。本例的制作思路围绕表现地球的奇观进行，巧妙地将星空与光效相结合，整体效果十分壮观。最终效果如图6.93所示。

图6.93　反转地球特效

✎ 操作步骤

Step 01　制作宇宙图像

（1）执行菜单栏中的【文件】|【新建】命令，在弹出的对话框中设置【宽度】为800像素、【高度】为550像素、【分辨率】为72像素/英寸、新建一个空白画布。

（2）将前景色更改为深黄色(R:96，G:30，B:0)，背景色更改为黑色，执行菜单栏中的【滤镜】|【渲染】|【云彩】命令，如图6.94所示。

图6.94　制作云彩

（3）按Q键进入快速蒙版状态，选择工具箱中的【渐变工具】，编辑黑色到透明的渐变，单击选项栏中的【线性渐变】按钮，在画布中从上至下拖动，如图6.95所示。

（4）再次按Q键退出快速蒙版状态，如图6.96所示。

图6.95　进入快速蒙版　　图6.96　退出快速蒙版

（5）执行菜单栏中的【图像】|【调整】|【色相/饱和度】命令，在弹出的对话框中勾选【着色】复选框，将【色相】更改为185，【饱和度】更改为25，完成之后单击【确定】按钮，完成之后按Ctrl+D组合键将选区取消，如图6.97所示。

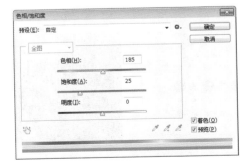

图6.97　调整色相/饱和度

（6）单击面板底部的【创建新图层】按钮，新建一个【图层1】图层，将其填充为黑色。

（7）执行菜单栏中的【滤镜】|【杂色】|【添加杂色】命令，在弹出的对话框中将【数量】更改为30%，选中【高斯分布】单选按钮，勾选【单色】复选框，完成之后单击【确定】按钮。

（8）执行菜单栏中的【滤镜】|【模糊】|【高斯模糊】命令，在弹出的对话框中将【半径】更改为0.5像素，完成之后单击【确定】按钮。

（9）单击面板底部的【创建新的填充或调整图层】按钮，在弹出的菜单中选择【色阶】命令，在弹出的面板中将数值更改为(88，1.65，150)，如图6.98所示。

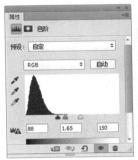

图6.98　调整色阶

（10）单击面板底部的【创建新的填充或调整图层】按钮，在弹出的菜单中选择【色相/饱和度】命令，在弹出的面板中单击面板底部的【此调整影响下面的所有图层】按钮，勾选【着色】复选框，将【色相】更改为225，【饱和度】更改为40，如图6.99所示。

图6.99　调整色相/饱和度

（11）同时选中【色相/饱和度1】、【色阶1】及【图层1】图层，按Ctrl+G组合键将其编组，将生成的组名称更改为【星星】。

（12）选中【星星】组，将其图层混合模式更改为【滤色】。

（13）在【图层】面板中选中【星星】组，单击面板底部的【添加图层蒙版】按钮，为其图层添加图层蒙版。

（14）选择工具箱中的【画笔工具】，在画布中单击鼠标右键，在弹出的面板中选择一种圆角笔触，将【大小】更改为200像素、【硬度】更改为0%。

Step 02　制作地球特效

（1）将前景色更改为黑色，在其图像上部分区域单击，将部分星星隐藏，如图6.100所示。

（2）执行菜单栏中的【文件】|【打开】命令，打开"地球.psd"文件，将打开的素材拖入画布中间靠上方位置并适当缩小，如图6.101所示。

图6.100　隐藏图像　　　　图6.101　添加素材

（3）在【图层】面板中选中【地球】图层，将其拖至面板底部的【创建新图层】按钮上，复制1个【地球 拷贝】图层，单击面板上方的【锁定透明像素】按钮，将透明像素锁定，如图6.102所示。

（4）选中【地球 拷贝】图层，将图像填充为深红色(R:146，G:44，B:20)，如图6.103所示。

图6.102　复制图层　　　　图6.103　填充颜色

（5）在【图层】面板中选中【地球】图层，将其拖至面板底部的【创建新图层】按钮上，复制1个【地球 拷贝 2】图层，如图6.104所示。

（6）选中【地球 拷贝 2】图层，将其图层混合模式设置为【强光】，如图6.105所示。

（7）在【图层】面板中选中【地球 拷贝】图层，单击面板上方的【锁定透明像素】按钮，将透明像素锁定，将图像填充为黄色(R:255，G:162，

B:0)，填充完成之后再次单击此按钮将其解除锁定，如图6.106所示。

图6.104　复制图层　　　　图6.105　设置图层混合模式

　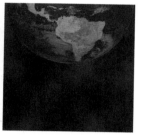

图6.106　锁定透明像素并填充颜色

> **提示**
>
> 为了方便观察图像，在设置图层混合模式之前可先将【地球 拷贝】图层暂时隐藏。

（8）选中【地球 拷贝】图层，执行菜单栏中的【滤镜】|【模糊】|【高斯模糊】命令，在弹出的对话框中将【半径】更改为60像素，完成之后单击【确定】按钮。

（9）选择工具箱中的【涂抹工具】，在画布中单击鼠标右键，在弹出的面板中选择一个圆角笔触，将【大小】更改为50像素、【硬度】更改为0%，如图6.107所示。

（10）选中【地球 拷贝】图层，在画布中其图像上拖动，制作放射效果，如图6.108所示。

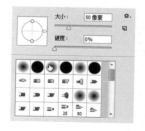　

图6.107　设置笔触　　　　图6.108　制作特效

（11）同时选中【地球 拷贝 2】及【地球】图层，按Ctrl+G组合键将图层编组，将生成的组名称更改为【地球】，如图6.109所示。

图6.109　将图层编组

(12) 在【图层】面板中选中【地球】组，单击面板底部的【添加图层样式】按钮 **fx**，在菜单中选择【内发光】命令，在弹出的对话框中将【混合模式】更改为【滤色】，【不透明度】更改为100%、【颜色】更改为黄色(R:255，G:172，B:42)、【大小】更改为120像素，如图6.110所示。

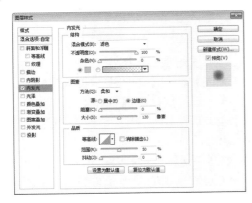

图6.110　设置内发光

(13) 勾选【外发光】复选框，将【混合模式】更改为【滤色】、【不透明度】更改为100%、【颜色】更改为黄色(R:255，G:126，B:0)、【大小】更改为60像素，完成之后单击【确定】按钮，如图6.111所示。

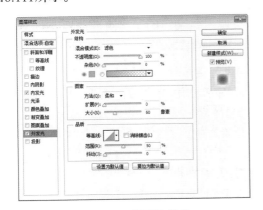

图6.111　设置外发光

(14) 单击面板底部的【创建新图层】按钮 ，新建一个【图层2】图层。

(15) 选择工具箱中的【画笔工具】 ，在画布中单击鼠标右键，在弹出的面板中选择一种圆角笔触，将【大小】更改为400像素、【硬度】更改为0%。

(16) 将前景色更改为黄色(R:255，G:162，B:0)，在地球图像上单击，如图6.112所示。

(17) 选中【图层2】图层，将其图层混合模式更改为【线性减淡(添加)】，如图6.113所示。

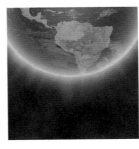 

图6.112　添加图像　　图6.113　设置图层混合模式

(18) 单击面板底部的【创建新图层】按钮 ，新建一个【图层3】图层，将其填充为黑色。

(19) 执行菜单栏中的【滤镜】|【渲染】|【镜头光晕】命令，在弹出的对话框中选中【50-300毫米变焦】单选按钮，将【亮度】更改为65%，完成之后单击【确定】按钮，如图6.114所示。

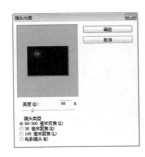 

图6.114　设置镜头光晕

(20) 选中【图层3】图层，将其图层混合模式设置为【滤色】，这样就完成了效果制作。最终效果如图6.115所示。

图6.115　最终效果

实例075　美丽极光特效

> 素材位置：调用素材\第6章\美丽极光特效
> 案例位置：源文件\第6章\美丽极光特效.psd
> 视频文件：视频教学\实例075　美丽极光特效.avi

　　本例讲解的是美丽极光特效图像的制作。极光特效的表现力重在其十分绚丽出色的视觉感。通过绘制图形或图像并添加特效的方法制作出相当出色的极光图像。本例制作过程中的重点在于背景图像的选取。最终效果如图6.116所示。

图6.116　美丽极光特效

操作步骤

Step 01　打开素材

　　(1) 执行菜单栏中的【文件】|【新建】命令，在弹出的对话框中设置【宽度】为800像素、【高度】为550像素、【分辨率】为72像素/英寸，新建一个空白画布。

　　(2) 执行菜单栏中的【文件】|【打开】命令，打开"山峦.psd、星空.jpg"文件，将打开的素材拖入画布中并适当缩小，星空图像所在图层名称将更改为【图层1】，如图6.117所示。

图6.117　打开素材

　　(3) 单击面板底部的【创建新图层】按钮　，

　　在【图层1】图层上方新建一个【图层2】图层。

　　(4) 选择工具箱中的【画笔工具】　，在画布中单击鼠标右键，在弹出的面板中选择一种圆角笔触，将【大小】更改为135像素、【硬度】更改为0%。

　　(5) 将前景色更改为绿色(R:202，G:238，B:5)，在山峦图像上方边缘位置涂抹以添加图像，如图6.118所示。

图6.118　添加图像

　　(6) 选中【图层2】图层，将其图层混合模式设置为【强光】，【不透明度】更改为50%。

　　(7) 单击面板底部的【创建新图层】按钮　，在【图层2】图层上方新建一个【图层3】图层，如图6.119所示。

　　(8) 将前景色更改为浅绿色(R:222，G:255，B:157)，在刚才添加的图像上方位置再次涂抹，添加与刚才相似的图像，如图6.120所示。

图6.119　新建图层　　　　图6.120　添加图像

　　(9) 执行菜单栏中的【文件】|【新建】命令，在弹出的对话框中设置【宽度】为30像素、【高度】为300像素、【分辨率】为72像素/英寸、【背景内容】为透明，新建一个空白画布。

　　(10) 选择工具箱中的【钢笔工具】　，在画布中绘制1条垂直路径，如图6.121所示。

　　(11) 选择工具箱中的【画笔工具】　，在画布中单击鼠标右键，在弹出的面板中选择一种圆角笔触，将【大小】更改为8像素、【硬度】更改为100%。

图6.121　绘制路径

图6.124　设置画笔笔尖形状　　图6.125　设置形状动态

（12）将前景色更改为黑色，选中【图层 1】图层，在【路径】面板中选中路径，在其名称上单击鼠标右键，从弹出的快捷菜单中选择【描边路径】命令，在弹出的对话框中选择【工具】为画笔，勾选【模拟压力】复选框，完成之后单击【确定】按钮，如图6.122所示。

（19）将前景色更改为绿色(R:140，G:180，B:124)，在图像适当位置拖动鼠标以添加图像，如图6.126所示。

图6.122　设置描边路径

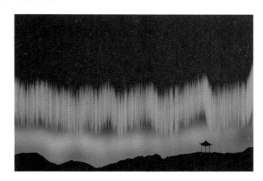

图6.126　添加图像

（13）执行菜单栏中的【编辑】|【定义画笔预设】命令，在弹出的对话框中将【名称】更改为【线条】，如图6.123所示。

图6.123　设置画笔名称

（14）在【画笔】面板中选择刚才定义的【线条】笔触，将【大小】更改为200像素，如图6.124所示。

（15）勾选【形状动态】复选框，将【大小抖动】更改为50%，如图6.125所示。

（16）勾选【传递】复选框，将【不透明度抖动】更改为30%、【流量抖动】更改为75%。

（17）勾选【平滑】复选框。

（18）单击面板底部的【创建新图层】按钮 ，新建一个【图层 4】图层。

（20）选中【图层 4】图层，执行菜单栏中的【滤镜】|【模糊】|【动感模糊】命令，在弹出的对话框中将【角度】更改为65度、【距离】更改为100像素，完成之后单击【确定】按钮，如图6.127所示。

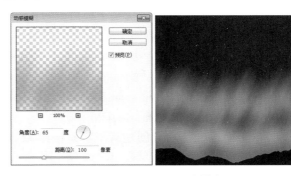

图6.127　设置动感模糊

（21）选中【图层 4】图层，将其图层混合模式设置为【颜色减淡】。

Step 02 添加层次图像

（1）单击面板底部的【创建新图层】按钮，新建一个【图层5】图层。

（2）将前景色更改为紫色(R:150，G:63，B:94)，在适当位置添加图像，如图6.128所示。

图6.128　添加图像

（3）选中【图层5】图层，执行菜单栏中的【滤镜】|【模糊】|【高斯模糊】命令，在弹出的对话框中将【半径】更改为20像素，完成之后单击【确定】按钮，如图6.129所示。

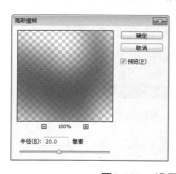

图6.129　设置高斯模糊

（4）选中【图层5】图层，将其图层混合模式设置为【排除】、【不透明度】更改为80%。

（5）在【画笔】面板中将【大小】更改为100像素、【间距】更改为800%，如图6.130所示。

（6）勾选【形状动态】复选框，将【大小抖动】更改为50%，如图6.131所示。

（7）勾选【传递】复选框，如图6.132所示。

（8）勾选【平滑】复选框，如图6.133所示。

（9）单击面板底部的【创建新图层】按钮，新建一个【图层6】图层。

（10）将前景色更改为白色，在画布中涂抹或单击添加高光图像，如图6.134所示。

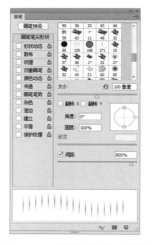

图6.130　设置画笔笔尖形状　　图6.131　设置形状动态

图6.132　设置传递　　图6.133　设置平滑

图6.134　添加图像

（11）选中【图层6】图层，执行菜单栏中的【滤镜】|【模糊】|【动感模糊】命令，在弹出的对话框中将【角度】更改为90度、【距离】更改为50像素，设置完成之后单击【确定】按钮。

（12）选中【图层6】图层，执行菜单栏中的

【滤镜】|【模糊】|【高斯模糊】命令，在弹出的对话框中将【半径】更改为5像素，完成之后单击【确定】按钮。

（13）单击面板底部的【创建新图层】按钮，新建一个【图层7】图层，如图6.135所示。

（14）设置默认的前景色和背景色，执行菜单栏中的【滤镜】|【渲染】|【云彩】命令，如图6.136所示。

图6.135　新建图层

图6.136　添加云彩

（15）选中【图层1】图层，将其图层混合模式设置为【柔光】、【不透明度】更改为30%，这样就完成了效果制作。最终效果如图6.137所示。

图6.137　最终效果

实例076　梦幻荷花特效

- 素材位置：调用素材\第6章\梦幻荷花特效
- 案例位置：源文件\第6章\梦幻荷花特效.psd
- 视频文件：视频教学\实例076　梦幻荷花特效.avi

本例讲解的是梦幻荷花特效的制作。本例在制作过程中依照传统的特效样式为背景制作动感特效，同时对荷花主题图像进行细节处理并添加装饰，从而展示出梦幻般图像特效。最终效果如图6.138所示。

图6.138　梦幻荷花特效

操作步骤

Step 01　打开素材并制作荷花

（1）执行菜单栏中的【文件】|【打开】命令，打开"荷花.jpg"文件。

（2）选择工具箱中的【自由钢笔工具】，在选项栏中勾选【磁性的】复选框，在图像中沿荷花边缘绘制路径，如图6.139所示。

图6.139　绘制路径

（3）按Ctrl+Enter组合键将路径转换为选区，如图6.140所示。

（4）执行菜单栏中的【图层】|【新建】|【通过拷贝的图层】命令，将生成的图层名称更改为【荷花】，如图6.141所示。

图6.140　转换为选区　　图6.141　通过拷贝的图层

（5）在【图层】面板中选中【背景】图层，将其拖至面板底部的【创建新图层】按钮上，复制1个【背景 拷贝】图层。

（6）选中【背景 拷贝】图层，执行菜单栏中的【滤镜】|【模糊】|【动感模糊】命令，在弹出的对话框中将【角度】更改为35度、【距离】更改为150像素，完成之后单击【确定】按钮，如图6.142所示。

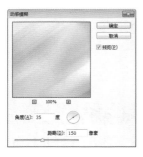

图6.142　设置动感模糊

（7）选中【背景 拷贝】图层，执行菜单栏中的【图像】|【调整】|【色相/饱和度】命令，在弹出的对话框中将【饱和度】更改为35，完成之后单击【确定】按钮，如图6.143所示。

图6.143　设置饱和度

（8）按住Ctrl键单击【荷花】图层缩览图，将其载入选区，如图6.144所示。

（9）选中【背景 拷贝】图层，执行菜单栏中的【图层】|【新建】|【通过拷贝的图层】命令，将生成的图层移至所有图层最上方，再将其图层名称更改为【光影】，如图6.145所示。

图6.144　载入选区　　　图6.145　通过拷贝的图层

（10）选中【光影】图层，执行菜单栏中的【图像】|【调整】|【照片滤镜】命令，在弹出的对话框中将【滤镜】更改为【冷却滤镜LBB】，【浓度】更改为30%，完成之后单击【确定】按钮，如图6.146所示。

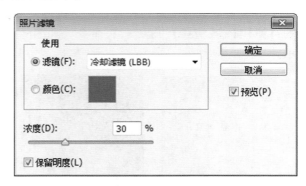

图6.146　设置照片滤镜

（11）在【图层】面板中选中【光影】图层，单击面板底部的【添加图层蒙版】按钮，为其添加图层蒙版，如图6.147所示。

（12）选择工具箱中的【画笔工具】，在画布中单击鼠标右键，在弹出的面板菜单中选择【载入画笔】|【花纹】，将其载入，然后选择任意画笔并设置适当大小，如图6.148所示。

图6.147　添加图层蒙版　　图6.148　载入画笔

（13）将前景色更改为黑色，在荷花图像上单击，将部分图像隐藏，如图6.149所示。

（14）在【图层】面板中选中【荷花】图层，将其拖至面板底部的【创建新图层】按钮上，复制1个【荷花 拷贝】图层，将其移至所有图层上方，如图6.150所示。

图6.149　隐藏图像　　　图6.150　复制图层

Step 02　添加纹理

（1）选择【荷花 拷贝】图层，执行菜单栏中的【滤镜】|【滤镜库】命令，在弹出的对话框中选择【艺术效果】|【干画笔】，将【画笔大小】更改为4、【画笔细节】更改为7、【纹理】更改为1，完成之后单击【确定】按钮，如图6.151所示。

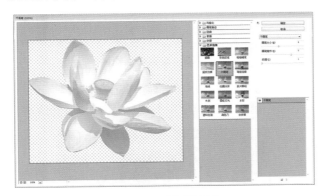

图6.151　设置干画笔

（2）选中【荷花 拷贝】图层，将其图层混合模式设置为【柔光】。

（3）单击面板底部的【创建新图层】按钮 ，新建一个【图层1】图层。

（4）选中【图层1】图层，按Ctrl+Alt+Shift+E组合键执行盖印可见图层命令。

（5）选中【图层1】图层，将其图层混合模式设置为【叠加】，【不透明度】更改为50%。

（6）在图像适当位置添加装饰，这样就完成了效果制作。最终效果如图6.152所示。

图6.152　最终效果

实例077　水面倒影

素材位置：调用素材\第6章\水面倒影
案例位置：源文件\第6章\水面倒影.psd
视频文件：视频教学\实例077　水面倒影.avi

本例讲解的是水面倒影特效的制作。本例在制作过程中选取十分漂亮的背景素材图像，使用滤镜特效制作出色的水面倒影特效。最终效果如图6.153所示。

图6.153　水面倒影

操作步骤

Step 01　打开素材并制作背景

（1）执行菜单栏中的【文件】|【打开】命令，打开"建筑.jpg"文件。

（2）执行菜单栏中的【图像】|【画布大小】命令，在弹出的对话框中单击【定位】中间顶部，将【高度】更改为640像素，完成之后单击【确定】按钮，如图6.154所示。

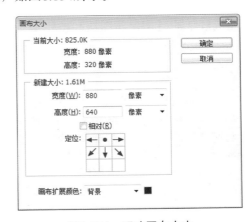

图6.154　更改画布大小

（3）选择工具箱中的【矩形选框工具】 ，在画布中沿图像边缘绘制一个矩形选区以选中部分图像，如图6.155所示。

（4）执行菜单栏中的【图层】|【新建】|【通过拷贝的图层】命令，此时将生成一个【图层1】图层，按Ctrl+T组合键对其执行【自由变换】命令，

单击鼠标右键，从弹出的快捷菜单中选择【垂直翻转】命令，完成之后按Enter键确认，将图像与原图像底部边缘对齐，如图6.156所示。

图6.155 绘制选区

图6.156 通过拷贝的图层并变换图像

（5）双击【背景】图层名称，在弹出的对话框中将【名称】更改为【天空】，将【图层1】图层名称更改为【倒影】，如图6.157所示。

（6）在【图层】面板中选中【倒影】图层，将其拖至面板底部的【创建新图层】按钮上，复制1个【倒影 拷贝】图层，如图6.158所示。

图6.157 更改图层名称　　图6.158 复制图层

（7）选中【倒影 拷贝】图层，执行菜单栏中的【滤镜】|【模糊】|【动感模糊】命令，在弹出的对话框中将【角度】更改为90度、【距离】更改为30像素，完成之后单击【确定】按钮，如图6.159所示。

（8）同时选中【倒影 拷贝】及【倒影】图层，按Ctrl+E组合键将其合并，此时将生成一个【倒影

拷贝】图层。

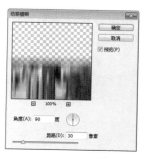 

图6.159 设置动感模糊

（9）选择工具箱中的【矩形选框工具】，在下半部分区域绘制一个矩形选区，如图6.160所示。

图6.160 载入选区

（10）新建一个【图层1】图层，将选区填充为白色，取消选区，如图6.161所示。

（11）将生成的【图层1】图层名称更改为【波纹】，再将其移至所有图层上方，如图6.162所示。

图6.161 填充白色　　图6.162 更改图层名称及
　　　　　　　　　　　　　　图层顺序

Step 02　制作波纹

（1）执行菜单栏中的【滤镜】|【杂色】|【添加杂色】命令，在弹出的对话框中将【数量】更改为125%，选中【高斯分布】单选按钮，勾选【单色】复选框，完成之后单击【确定】按钮。

（2）执行菜单栏中的【滤镜】|【模糊】|【动感模糊】命令，在弹出的对话框中将【角度】更改为

0度、【距离】更改为40像素，完成之后单击【确定】按钮，如图6.163所示。

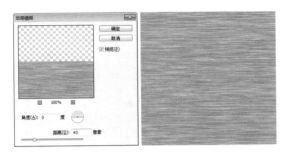

图6.163 设置动感模糊

(3) 执行菜单栏中的【图像】|【调整】|【色阶】命令，在弹出的对话框中将数值更改为(92，0.75，230)，完成之后单击【确定】按钮，如图6.164所示。

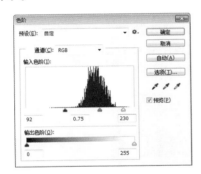

图6.164 调整色阶

(4) 选中【波纹】图层，按Ctrl+T组合键对其执行【自由变换】命令，单击鼠标右键，从弹出的快捷菜单中选择【透视】命令，拖动变形框右下角控制点将图像变形，完成之后按Enter键确认，如图6.165所示。

图6.165 将图像变形

(5) 选中【波纹】图层，执行菜单栏中的【滤镜】|【模糊】|【高斯模糊】命令，在弹出的对话框中将【半径】更改为2像素，完成之后单击【确定】按钮。

(6) 选中【波纹】图层，将其图层混合模式设

置为【叠加】。

(7) 同时选中【波纹】及【倒影 拷贝】图层，按Ctrl+E组合键将其合并，此时将生成一个【波纹】图层，如图6.166所示。

(8) 在【图层】面板中选中【波纹】图层，将其拖至面板底部的【创建新图层】按钮 上，复制1个【波纹 拷贝】图层，如图6.167所示。

图6.166 合并图层 　　　图6.167 复制图层

(9) 选中【波纹 拷贝】图层，将其图层混合模式设置为【正片叠底】，再单击面板底部的【添加图层蒙版】按钮 ，为其添加图层蒙版，如图6.168所示。

图6.168 添加图层蒙版

(10) 选择工具箱中的【渐变工具】 ，编辑黑色到白色的渐变，单击选项栏中的【线性渐变】按钮 ，在其图像上拖动,将部分图像隐藏，这样就完成了效果制作。最终效果如图6.169所示。

图6.169 最终效果

实例078　晶莹冰锥特效

- 素材位置：调用素材\第6章\晶莹冰锥特效
- 案例位置：源文件\第6章\晶莹冰锥特效.psd
- 视频文件：视频教学\实例078　晶莹冰锥特效.avi

本例讲解的是晶莹冰锥特效的制作。冰锥图像最突出之处在于晶莹剔透的视觉效果。通过为绘制的图形制作立体效果并添加高光制作出一种完美的具有晶莹剔透感的冰锥特效。最终效果如图6.170所示。

图6.170　晶莹冰锥特效

 操作步骤

Step 01　制作冰锥轮廓

（1）执行菜单栏中的【文件】|【打开】命令，打开"冬日雪景.jpg"文件。

（2）选择工具箱中的【钢笔工具】🖊，在选项栏中选择【形状】，将【填充】更改为白色，【描边】更改为无，在画布中间位置绘制1个不规则图形，此时将生成一个【形状1】图层，如图6.171所示。

图6.171　绘制图形

（3）在【图层】面板中选中【背景】图层，将

其拖至面板底部的【创建新图层】按钮🔲上，复制1个【背景 拷贝】图层，如图6.172所示。

（4）将【背景 拷贝】图层移至【形状 1】图层上方，如图6.173所示。

图6.172　复制图层　　图6.173　更改图层顺序

（5）选中【背景 拷贝】图层，执行菜单栏中的【图层】|【创建剪贴蒙版】命令，为当前图层创建剪贴蒙版，将部分图像隐藏，如图6.174所示。

（6）选中【背景 拷贝】图层，按Ctrl+T组合键对其执行【自由变换】命令，单击鼠标右键，从弹出的快捷菜单中选择【垂直翻转】命令，再将图像宽度缩小，完成之后按Enter键确认，如图6.175所示。

图6.174　创建剪贴蒙版　　图6.175　缩小图像

 提示

垂直翻转图像可以模拟出真实的冰锥倒影效果。

（7）选中【背景】图层，执行菜单栏中的【滤镜】|【模糊】|【高斯模糊】命令，在弹出的对话框中将【半径】更改为6像素，完成之后单击【确定】按钮。

 提示

为【背景】图层添加高斯模糊的目的是突出冰锥。在设置高斯模糊时可以根据需要设置半径数值。

（8）同时选中【背景 拷贝】和【形状 1】图

层，按Ctrl+E组合键将图层合并，将生成的图层名称更改为【冰锥】。

（9）执行菜单栏中的【图像】|【调整】|【曲线】命令，在弹出的对话框中调整曲线，降低图像亮度，完成之后单击【确定】按钮，如图6.176所示。

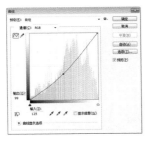

图6.176　调整曲线

（10）执行菜单栏中的【文件】|【打开】命令，打开"绸缎.jpg"文件，执行菜单栏中的【编辑】|【定义图案】命令，在弹出的对话框中将【名称】更改为【冰锥纹理】，完成之后单击【确定】按钮，如图6.177所示。

图6.177　定义图案

Step 02　添加质感

（1）在【图层】面板中选中【冰锥】图层，单击面板底部的【添加图层样式】按钮 fx，在菜单中选择【斜面和浮雕】命令，在弹出的对话框中将【大小】更改为15像素、【光泽等高线】更改为环形、【阴影模式】中的【不透明度】更改为0%，如图6.178所示。

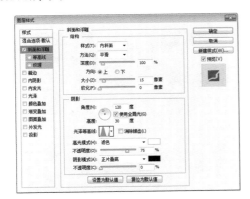

图6.178　设置斜面和浮雕样式

（2）勾选【纹理】复选框，将【图案】更改为

冰锥纹理，【缩放】更改为17%、【深度】更改为-30%，如图6.179所示。

图6.179　设置纹理样式

（3）勾选【内阴影】复选框，将【混合模式】更改为【叠加】，【颜色】更改为灰色(R:155，G:153，B:153)，【不透明度】更改为60%，【距离】更改为5像素，【大小】更改为20像素，【等高线】更改为锥形-反转，如图6.180所示。

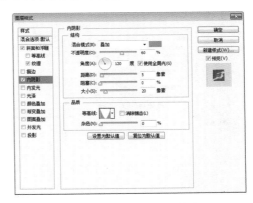

图6.180　设置内阴影样式

（4）勾选【内发光】复选框，将【混合模式】更改为【叠加】、【不透明度】更改为55%、【杂色】更改为10%、【颜色】更改为白色、【大小】更改为10像素，如图6.181所示。

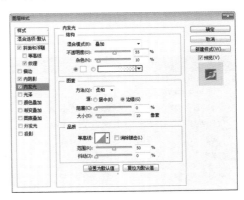

图6.181　设置内发光样式

（5）勾选【渐变叠加】复选框、将【混合模式】更改为【柔光】，【渐变】更改为黑色到白色，如图6.182所示。

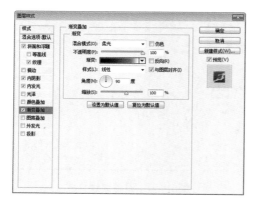

图6.182　设置渐变叠加

（6）勾选【图案叠加】复选框，将【混合模式】更改为【柔光】、【图案】更改为冰锥纹理、【缩放】更改为50%，完成之后单击【确定】按钮，如图6.183所示。

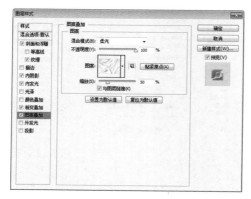

图6.183　设置图案叠加

（7）在【图层】面板中选中【冰锥】图层，将其拖至面板底部的【创建新图层】按钮上，复制1个【冰锥 拷贝】图层，如图6.184所示。

（8）在【冰锥】图层名称上单击鼠标右键，从弹出的快捷菜单中选择【清除图层样式】命令，如图6.185所示。

图6.184　复制图层

图6.185　清除图层样式

（9）在【图层】面板中选中【冰锥 拷贝】图层，将其图层【填充】更改为0%。

（10）选中【冰锥】图层，将其图层混合模式设置为【正片叠底】，【不透明度】更改为60%。

（11）同时选中【冰锥 拷贝】及【冰锥】图层，在画布中按住Alt键将图像复制数份，并分别将复制生成的图像缩小，如图6.186所示。

图6.186　复制并变换图像

（12）单击面板底部的【创建新图层】按钮，新建一个【图层 1】图层，如图6.187所示。

（13）选择工具箱中的【画笔工具】，在画布中单击鼠标右键，在弹出的面板中选择一种圆角笔触，将【大小】更改为13像素、【硬度】更改为0%，如图6.188所示。

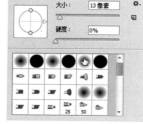

图6.187　新建图层　　图6.188　设置笔触

（14）将前景色更改为白色，在冰锥图像部分位置单击添加高光效果，如图6.189所示。

图6.189　添加图像

（15）在画布中单击鼠标右键，在弹出的面板中

选择【混合画笔】|【交叉排线 1】笔触，如图6.190所示。

(16) 在冰锥图像适当位置单击，添加交叉高光图像，如图6.191所示。

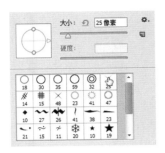

图6.190　设置笔触

图6.191　添加图像

(17) 选中【图层 1】图层，将其图层混合模式设置为【叠加】，这样就完成了效果制作。最终效果如图6.192所示。

图6.192　最终效果

PS

第7章

质感纹理表现

本章介绍

本章讲解质感纹理表现。质感纹理表现的制作需要对物体具有一定的观察能力。在制作过程中通过各种命令的组合使其生成一种或者多种具有强烈质感纹理的图像。与创意类视觉特效不同，其制作过程不需要天马行空的创意，而是带有强烈的目的性来完成整个质感纹理表现的特效制作。通过对本章的学习，读者可以完全掌握质感纹理表现的制作。

要点索引

◆ 学会制作灰石纹理
◆ 掌握彩色玻璃效果制作方法
◆ 学习制作砖墙效果
◆ 了解松树皮特效的制作原理
◆ 学会制作真实木板纹理

实例079 灰石纹理

> 📺 素材位置：无
> 🎬 案例位置：源文件\第7章\灰石纹理.psd
> 🌐 视频文件：视频教学\实例079 灰石纹理.avi

本例讲解的是灰石纹理效果的制作。灰石纹理的制作比较简单，将当前图像中的纹理依次从简至繁添加相对应的滤镜命令，逐步提升其纹理，完成最终效果的制作。最终效果如图7.1所示。

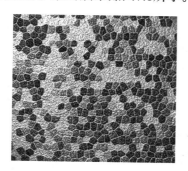

图7.1 灰石纹理

✏️ 操作步骤

（1）执行菜单栏中的【文件】|【新建】命令，打开【新建】对话框，设置【名称】为【灰石纹理】、【宽度】为420像素、【高度】为390像素、【分辨率】为200像素/英寸、【颜色模式】为RGB颜色、【背景内容】为白色，新建一块画布。

（2）创建一个新的图层——图层1。按D键，将前景色和背景色设置为默认的黑色和白色，执行菜单栏中的【滤镜】|【渲染】|【云彩】命令，为图层1添加【云彩】滤镜。

（3）执行菜单栏中的【滤镜】|【杂色】|【添加杂色】命令，打开【添加杂色】对话框，设置【数量】为21%，选中【高斯分布】单选按钮，并勾选【单色】复选框。

（4）将前景色设置为白色。执行菜单栏中的【滤镜】|【滤镜库】|【纹理】|【染色玻璃】命令，打开【染色玻璃】对话框，设置【单元格大小】为8、【边框粗细】为3、【光照强度】为0，单击【确定】按钮，应用【染色玻璃】滤镜后的效果如图7.2所示。

（5）选择【魔棒工具】，在选项栏中设置【容差】为20，在图像中黑色的位置单击，选择一

块黑色。执行菜单栏中的【选择】|【选取相似】命令，将图像中所有的黑色块选中，并将其填充为深灰色(R:68，G:68，B:68)，如图7.3所示。

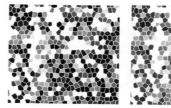 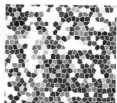

图7.2 应用染色玻璃　图7.3 填充深灰色

（6）执行菜单栏中的【滤镜】|【杂色】|【添加杂色】命令，在打开的【添加杂色】对话框中，设置【数量】为20%，选中【高斯分布】单选按钮，并勾选【单色】复选框，单击【确定】按钮，效果如图7.4所示。

（7）按Ctrl+A组合键将图像全部选中，按Ctrl+C组合键，将其复制。创建一个新的通道——Alpha1，按Ctrl+V组合键，将刚才复制的图像粘贴到新创建的通道中，按Ctrl+I组合键，将通道中的图像进行反相处理，效果如图7.5所示。

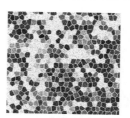 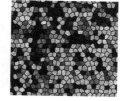

图7.4 添加杂色　图7.5 反相

（8）按Ctrl+2组合键，退出通道编辑模式。确定选择图层1，执行菜单栏中的【滤镜】|【渲染】|【光照效果】命令，打开【光照效果】对话框，设置【光照类型】为点光、【强度】为31、【光泽】为0、【金属质感】为69、【曝光度】为0、【环境】为17、在【纹理通道】下拉菜单中选择Alpah1、【高度】为0，单击【确定】按钮，应用【光照效果】滤镜，完成灰石纹理的制作。

实例080 彩色玻璃效果

> 📺 素材位置：无
> 🎬 案例位置：源文件\第7章\彩色玻璃效果.jpg
> 🌐 视频文件：视频教学\实例080 彩色玻璃效果.avi

本例讲解的是彩色玻璃效果的制作。彩色玻璃的制作比较简单，首先制作出杂色图像并为其添加

点状化命令制作出纹理效果，再为纹理图像添加相对应的染色玻璃命令，即可完成最终效果的制作。最终效果如图7.6所示。

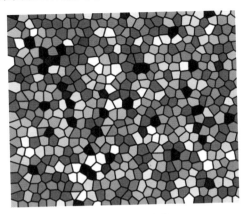

图7.6 彩色玻璃效果

操作步骤

（1）执行菜单栏中的【文件】|【新建】命令，在打开的【新建】对话框中，设置画布的【名称】为【彩色玻璃】、【宽度】为450像素，【高度】为390像素、【颜色模式】为RGB、【分辨率】为200像素/英寸、【背景内容】为白色。

（2）执行菜单栏中的【滤镜】|【杂色】|【添加杂色】命令，打开【添加杂色】对话框，设置【数量】的值为400%，选中【高斯分布】单选按钮，如图7.7所示。单击【确定】按钮，添加杂色后的图像效果如图7.8所示。

图7.7 杂色参数设置　　　图7.8 添加杂色后的效果

（3）执行菜单栏中的【滤镜】|【像素化】|【点状化】命令，打开【点状化】对话框，设置【单元格大小】为16，单击【确定】按钮，得到应用【点状化】命令后的图像效果。

（4）将前景色设置为黑色，执行菜单栏中的【滤镜】|【滤镜库】|【纹理】|【染色玻璃】命令，打开【染色玻璃】对话框，设置【单元格大小为8、【边框粗细】为3、【光照强度】为0。单

击【确定】按钮，完成彩色玻璃的制作，如图7.9所示。

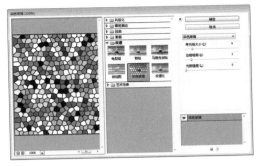

图7.9 【染色玻璃】参数设置

实例081　砖墙效果

素材位置：无
案例位置：源文件\第7章\砖墙效果.psd
视频文件：视频教学\实例081　砖墙效果.avi

本例讲解的是砖墙效果的制作。本例中的砖墙效果的制作过程比较简单，首先对某一个图像进行单独处理使其具有砖块效果，再将图像进行复制并定义图案后即可完成最终效果的制作。最终效果如图7.10所示。

图7.10 砖墙效果

操作步骤

（1）执行菜单栏中的【文件】|【新建】命令，新建一个【宽度】为500像素、【高度】为400像素、【分辨率】为200像素/英寸、【颜色模式】为RGB、【背景内容】为白色的画布。

（2）单击工具箱中的【矩形选框工具】按钮，在画布左上角绘制一个矩形区域，单击【图层】面板下的【创建新图层】按钮，建立一个新的图

层——图层1。如图7.11所示。

(3) 将前景色设置为黑褐色(C：68，M：61，Y：60，K：47)，将背景色设置为银灰色(C：12，M：9，Y：10，K：0)，执行菜单栏中的【滤镜】|【渲染】|【云彩】命令，对当前选区进行云彩效果的渲染，如图7.12所示。

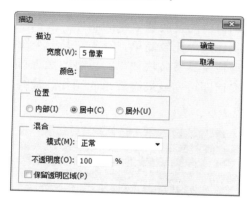

图7.11　绘制矩形选区　　图7.12　应用云彩效果

(4) 执行菜单栏中的【编辑】|【描边】命令，在弹出的对话框中设置【颜色】为灰色(C：26，M：21，Y：21，K：0)，其他各项参数设置为如图7.13所示，单击【确定】按钮，对选区进行描边，再按Ctrl+D组合键取消选区。

图7.13　描边设置

(5) 执行菜单栏中的【滤镜】|【滤镜库】|【画笔描边】|【喷溅】命令，打开【喷溅】对话框，参数设置如图7.14所示，完成之后单击【确定】按钮。

图7.14　设置喷溅

(6) 执行菜单栏中的【滤镜】|【杂色】|【添加杂色】命令，在弹出的对话框中将【数量】设置为

5%，选中【高斯分布】单选按钮、勾选【单色】复选框。完成之后单击【确定】按钮，给图层2添加杂色。使用【魔棒工具】，点选砖块中的内部，选中砖块，如图7.15所示。

(7) 执行菜单栏中的【图像】|【调整】|【色相/饱和度】命令，参数设置如图7.16所示，为砖块上色。

图7.15　添加杂色　　图7.16　设置色相/饱和度

> **提示**
>
> 在使用【魔棒工具】时，注意【容差】值的大小，值越大，选择的范围也越大；反之值越小，选择的范围越小。

(8) 按住Alt键的同时，拖动砖块，来复制砖块。多次复制，并拼接在一起，拼接后的效果如图7.17所示。

(9) 单击工具箱中的【矩形选框工具】按钮，在画布中拖动出一个矩形，选择多个砖块，如图7.18所示。

图7.17　复制并拼接　　图7.18　绘制矩形选区

(10) 执行菜单栏中的【编辑】|【定义图案】命令，在弹出的【定义图案】对话框中，设置【名称】为【砖块】，完成之后单击【确定】按钮。

(11) 在图层面板中删除背景层以外的所有图层，执行菜单栏中的【编辑】|【填充】命令，并在弹出的对话框中，将【使用】设置为【图案】，选择刚定义的砖块为【自定图案】。完成之后单击【确定】按钮，如图7.19所示。

(12) 执行菜单栏中的【滤镜】|【滤镜库】|【纹理】|【龟裂缝】命令，并在弹出的对话框中设置各项参数。单击【确定】按钮，砖墙效果完成，如图7.20所示。

图7.19　图案填充

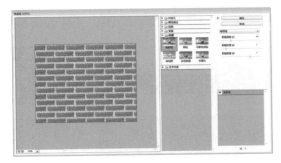

图7.20　设置龟裂缝

实例082　松树皮效果

- 素材位置：无
- 案例位置：源文件\第7章\松树皮效果.psd
- 视频文件：视频教学\实例082　松树皮效果.avi

本例讲解的是松树皮效果的制作。松树皮属于自然图像的一部分，其外观带有明显的颗粒感，通过为制作的颗粒图像添加多种滤镜命令完成最终效果制作。最终效果如图7.21所示。

图7.21　松树皮效果

 操作步骤

（1）设置【背景色】为深红色(R:51，G:0，B:0)。执行菜单栏中的【文件】|【新建】命令，在

打开的【新建】对话框中，设置画布的【名称】为【树皮】，【宽度】为420像素、【高度】为350像素、【分辨率】为200像素/英寸、【颜色模式】为RGB、【背景内容】为背景色。

（2）执行菜单栏中的【滤镜】|【滤镜库】|【纹理】|【颗粒】命令，打开【颗粒】对话框，设置【强度】为89、【对比度】为46，其他设置如图7.22所示。完成之后单击【确定】按钮，如图7.23所示。

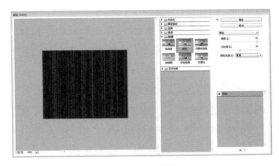

图7.22　设置颗粒

（3）执行菜单栏中的【滤镜】|【扭曲】|【旋转扭曲】命令，打开【旋转扭曲】对话框，设置【角度】为45度，如图7.24所示。

 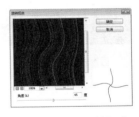

图7.23　颗粒效果　　　图7.24　设置旋转扭曲

（4）完成之后单击【确定】按钮，应用【旋转扭曲】命令后的图像效果，如图7.25所示。执行菜单栏中的【选择】|【全部】命令，将当前画布中的图像全部选择，再按Ctrl＋C组合键将其复制。单击【通道】面板下方的【创建新通道】按钮，创建一个新的通道——Alpha 1通道。

（5）执行菜单栏中的【编辑】|【粘贴】命令，或按Ctrl＋V组合键，将刚才复制的图像粘贴到Alpha 1通道中，如图7.26所示。

图7.25　扭曲后的效果　　图7.26　粘贴后的效果

（6）在【通道】面板中单击RGB通道，或按Ctrl＋2组合键，退出通道编辑模式，回到RGB模式中。

（7）确定当前选择背景层，执行菜单栏中的【滤镜】|【渲染】|【光照效果】命令，打开【光照效果】对话框，设置【光照类型】为点光、【强度】为18、【光泽】为0、【环境】为14，在【纹理】选项中，选择Alpah 1通道，【高度】设为5，完成之后单击【确定】按钮，应用【光照效果】滤镜后的图像效果如图7.27所示。

（8）打开【通道】面板，单击【通道】面板下方的【创建新通道】按钮，创建一个新通道——Alpha 2通道。

（9）将前景色设置为白色，执行菜单栏中的【滤镜】|【滤镜库】|【纹理】|【染色玻璃】命令，打开【染色玻璃】对话框，设置【单元格大小】为8、【边框粗细】为3、【光照强度】为0，完成之后单击【确定】按钮，效果如图7.28所示。

图7.27 光照效果

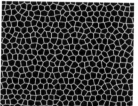
图7.28 染色玻璃效果

（10）执行菜单栏中的【滤镜】|【模糊】|【高斯模糊】命令，打开【高斯模糊】对话框，设置【高斯模糊】的半径值为2像素，如图7.29所示。

（11）在【通道】面板中，单击RGB通道，或是按Ctrl＋2组合键，退出通道编辑模式，回到RGB模式。

（12）单击【图层】面板下方的【创建新图层】按钮，创建一个新的图层——图层1。设置前景色为暗红色(C：53，M：61，Y：52，K：80)，背景色为暗红色(C：40，M：71，Y：62，K：68)，执行菜单栏中的【滤镜】|【渲染】|【云彩】命令，对图层1应用云彩效果。

（13）执行菜单栏中的【滤镜】|【渲染】|【光照效果】命令，打开【光照效果】对话框，设置【光照类型】为点光、【强度】为18、【光泽】为0、【金属质感】为69、【环境】为14、在【纹理】选项中，选择Alpha 2通道，【高度】为5，完成之后单击【确定】按钮，如图7.30所示。

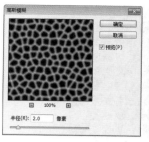
图7.29 设置高斯模糊

图7.30 光照后的效果

（14）将图层1的【混合模式】设置为【滤色】，【不透明度】设置为56%，完成最终松树皮的效果。

实例083 花岗岩效果

> 素材位置：无
> 案例位置：源文件\第7章\花岗岩效果.psd
> 视频文件：视频教学\实例083 花岗岩效果.avi

本例讲解的是花岗岩效果的制作。花岗岩属于众多岩石图像中的一类，其特点是带有明显的小斑点纹理，因此在明确其特征的情况下可以通过多种命令进行组合来完成最终效果的制作。最终效果如图7.31所示。

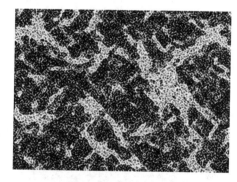
图7.31 花岗岩效果

📝 操作步骤

（1）执行菜单栏中的【文件】|【新建】命令，在打开的【新建】对话框中设置画布的【名称】为花岗岩，【宽度】为420像素、【高度】为320像素、【分辨率】为200像素/英寸、【颜色模式】为RGB、【背景内容】为白色。

（2）按D键，将前景色和背景色设置为默认的黑色和白色，执行菜单栏中的【滤镜】|【渲染】|【云彩】命令，效果如图7.32所示。

（3）执行菜单栏中的【滤镜】|【风格化】|【查找边缘】命令，为图像查找边缘，如图7.33所示。

图7.32　云彩效果　　　　图7.33　查找边缘效果

（4）从图7.33中可以看出，黑白效果不太明显。执行菜单栏中的【图像】|【调整】|【色阶】命令，打开【色阶】对话框，设置【输入色阶】为(229，1，255)，如图7.34所示，图像效果如图7.35所示。

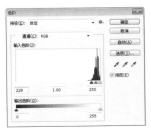

图7.34　调整色阶　　　　图7.35　调整色阶后的效果

（5）执行菜单栏中的【滤镜】|【滤镜库】|【素描】|【网状】命令，打开【网状】对话框，设置【浓度】为16、【前景色阶】为18、【背景色阶】为8，如图7.36所示。完成之后单击【确定】按钮，完成花岗岩的制作，效果如图7.37所示。

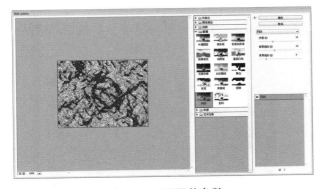

图7.36　设置网状参数

（6）执行菜单栏中的【图像】|【调整】|【反相】命令，或按Ctrl＋I组合键，将图像反相，如图7.38所示。

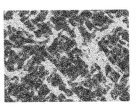

图7.37　网状效果　　　　图7.38　反相效果

（7）单击【图层】面板下方的【创建新图层】按钮，创建一个新的图层——图层1。设置前景色为深蓝色(C：81，M：71，Y：32，K：68)，背景色为暗红色(C：58，M：56，Y：51，K：87)，执行菜单栏中的【滤镜】|【渲染】|【云彩】命令，为图层1应用云彩滤镜。将图层1的【混合模式】改为【叠加】，并将【不透明度】设置为70%。

实例084　黏液效果

素材位置：无	
案例位置：源文件\第7章\黏液效果.jpg	
视频文件：视频教学\实例084　黏液效果.avi	

本例讲解的是黏液效果的制作。黏液效果的制作比较简单，只需要添加几种常见的滤镜命令即可达到此种效果。通过为制作的云彩图像添加多种滤镜命令进行组合，即可完成最终效果的制作。最终效果如图7.39所示。

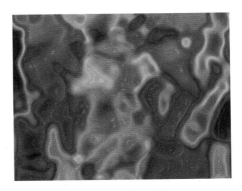

图7.39　黏液效果

操作步骤

（1）执行菜单栏中的【文件】|【新建】命令，在打开的【新建】对话框中，设置画布的【名称】为【黏液】，【宽度】为434像素，【高度】为344像素、【分辨率】为200像素/英寸、【颜色模式】为RGB、【背景内容】为白色。

（2）按D键，将前景色和背景色设置为默认的

黑色和白色，执行菜单栏中的【滤镜】|【渲染】|【云彩】命令，如图7.40所示。

图7.40　云彩效果

（3）执行菜单栏中的【滤镜】|【模糊】|【高斯模糊】命令，打开【高斯模糊】对话框，设置【半径】为6.2像素，如图7.41所示。

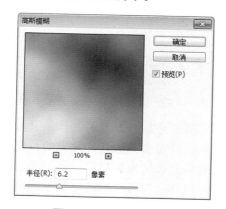

图7.41　设置高斯模糊

（4）执行菜单栏中的【图像】|【调整】|【色阶】命令，打开【色阶】对话框，将【输入色阶】设置为(62，1，255)，完成之后单击【确定】按钮，效果如图7.42所示。

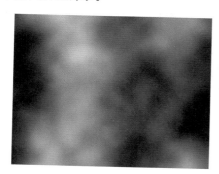

图7.42　调整色阶后的效果

（5）执行菜单栏中的【滤镜】|【滤镜库】|【素描】|【铬黄】命令，打开【铬黄渐变】对话框，设置【细节】为4、【平滑度】为7，如图7.43所示。

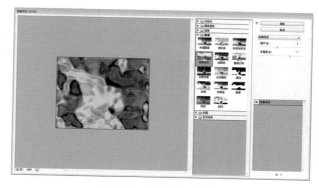

图7.43　设置铬黄参数

（6）执行菜单栏中的【滤镜】|【滤镜库】|【艺术效果】|【塑料包装】命令，打开【塑料包装】对话框，设置【高光强度】为8、【细节】为15、【平滑度】为2，如图7.44所示。

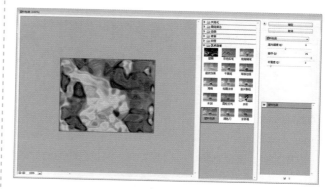

图7.44　设置塑料包装

（7）单击【确定】按钮，应用【塑料包装】后的图像效果如图7.45所示。执行菜单栏中的【图像】|【调整】|【色彩平衡】命令，打开【色彩平衡】对话框，设置【色阶】为(100，-44，-61)，其他设置如图7.46所示。单击【确定】按钮。完成设置。至此，完成黏液效果的制作。

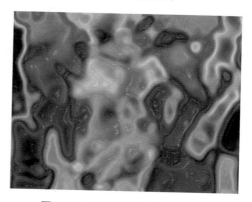

图7.45　应用塑料包装后的效果

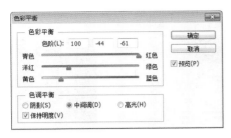

图7.46 设置色彩平衡

图7.48 设置杂色　　图7.49 添加杂色后的效果

实例085 线丝效果

> 素材位置：无
> 案例位置：源文件\第7章\线丝效果.psd
> 视频文件：视频教学\实例085 线丝效果.avi

本例讲解的是线丝效果的制作。线丝效果具有十分显著的视觉特征，在本例中其外观具有凌乱不一的视觉效果，通过多种命令的组合完成本例中线丝最终效果的制作。最终效果如图7.47所示。

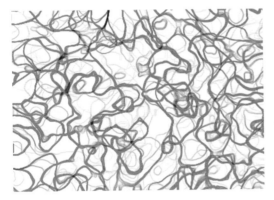

图7.47 线丝效果

操作步骤

(1) 执行菜单栏中的【文件】|【新建】命令，在打开的【新建】对话框中，设置画布的【名称】为【线丝】，【宽度】为400像素、【高度】为300像素、【分辨率】为200像素/英寸、【颜色模式】为RGB、【背景内容】为白色。

(2) 执行菜单栏中的【滤镜】|【杂色】|【添加杂色】命令，打开【添加杂色】对话框，设置【数量】为400%，选中【高斯分布】单选按钮，如图7.48所示。单击【确定】按钮，添加杂色后的图像效果如图7.49所示。

(3) 执行菜单栏中的【滤镜】|【像素化】|【点状化】命令，打开【点状化】对话框，设置【单元格大小】为28，如图7.50所示。单击【确定】按钮，应用【点状化】命令后的图像效果如图7.51所示。

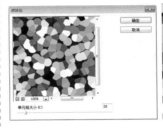
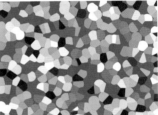

图7.50 设置点状化　　图7.51 点状化效果

(4) 执行菜单栏中的【滤镜】|【杂色】|【中间值】命令，打开【中间值】对话框，设置【半径】为17像素，如图7.52所示。单击【确定】按钮，应用【中间值】滤镜后的图像效果如图7.53所示。

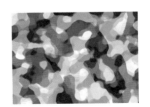

图7.52 设置中间值　　图7.53 中间值效果

(5) 执行菜单栏中的【滤镜】|【风格化】|【查找边缘】命令，为图像应用【查找边缘】滤镜来找出图像的边缘。

(6) 执行菜单栏中的【图像】|【调整】|【色相/饱和度】命令，打开【色相/饱和度】对话框，勾选【着色】复选框，设置【色相】为331、【饱和度】为64、【明度】为5。完成之后单击【确定】按钮，如图7.54所示。

图7.54 调整色相/饱和度

实例086 烟状纹理

> 📷 素材位置：无
> ✍ 案例位置：源文件\第7章\烟状纹理.psd
> 💿 视频文件：视频教学\实例086 烟状纹理.avi

本例讲解的是烟状纹理的制作。烟状纹理具有轻盈缥缈的视觉效果，在整个制作过程中围绕此项特征分别为其添加多种滤镜命令，从而组合成完美的烟状纹理特效。最终效果如图7.55所示。

图7.55 烟状纹理

📋 操作步骤

（1）将背景色设置为黑色。执行菜单栏中的【文件】|【新建】命令，打开【新建】对话框，设置【名称】为【烟状纹理】，【宽度】为640像素、【高度】为480像素、【分辨率】为150像素/英寸、【颜色模式】为RGB颜色、【背景内容】为背景色，新建一块画布。

（2）执行菜单栏中的【滤镜】|【渲染】|【镜头光晕】命令，打开【镜头光晕】对话框，设置光晕的参数如图7.56所示。同样地，多次使用【镜头光晕】命令，并注意调整光晕的中心位置，制作出带有多个镜头光晕的背景效果，如图7.57所示。

 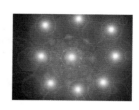

图7.56 设置镜头光晕 图7.57 多次添加镜头光晕

（3）执行菜单栏中的【图像】|【调整】|【去色】命令，将其颜色去掉。执行菜单栏中的【滤镜】|【像素化】|【铜版雕刻】命令，打开【铜版雕刻】对话框，设置【类型】为【中长描边】。完成之后单击【确定】按钮，如图7.58所示。

（4）执行菜单栏中的【滤镜】|【模糊】|【径向模糊】命令，打开【径向模糊】对话框，设置【数量】为100，选中【缩放】单选按钮。

（5）执行菜单栏中的【图像】|【调整】|【色相/饱和度】命令，打开【色相/饱和度】对话框，勾选【着色】复选框，设置【色相】为190、【饱和度】为62，完成之后单击【确定】按钮，如图7.59所示。

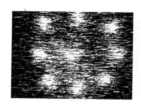 

图7.58 铜版雕刻效果 图7.59 调色后的效果

（6）执行菜单栏中的【滤镜】|【扭曲】|【旋转扭曲】命令，打开【旋转扭曲】对话框，设置【角度】为-100度，完成之后单击【确定】按钮，如图7.60所示。

（7）执行菜单栏中的【滤镜】|【扭曲】|【波浪】命令，打开【波浪】对话框，设置参数，如图7.61所示。单击【确定】按钮，拷贝背景图层，在背景拷贝图层上多次运用【波浪】命令，并将图层【混合模式】设为【变亮】，完成整个实例的制作。

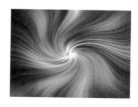 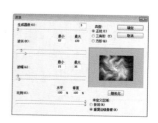

图7.60 旋转扭曲效果 图7.61 设置波浪参数

实例087　沙岩纹理

- 素材位置：无
- 案例位置：源文件\第7章\沙岩纹理.psd
- 视频文件：视频教学\实例087　沙岩纹理.avi

本例讲解的是沙岩纹理的制作。沙岩纹理具有十分显著的纹理特征，首先从其纹理角度入手利用分层云彩制作出纹理，再利用添加杂色滤镜命令为其制作出质感效果，最后再添加光照效果以提升整个纹理的真实感，完成最终效果制作。最终效果如图7.62所示。

图7.62　沙岩纹理

 操作步骤

(1) 执行菜单栏中的【文件】|【新建】命令，打开【新建】对话框，设置【名称】为沙岩纹理，【宽度】为410像素、【高度】为320像素、【分辨率】为200像素/英寸、【颜色模式】为RGB、【背景内容】为白色，新建一块画布。

(2) 创建一个新的通道——Alpha 1。按D键将前景色和背景色设置为默认的黑白颜色。执行菜单栏中的【滤镜】|【光照效果】|【分层云彩】命令，为当前通道应用【分层云彩】滤镜效果，如图7.63所示。

 提示

这里的滤镜效果，因为是随机形成的，一般来说，最终效果不太一致，那么可以通过多次应用【分层云彩】命令来制作，直到相似为止。

(3) 执行菜单栏中的【滤镜】|【杂色】|【添加杂色】命令，打开【添加杂色】对话框，设置【数量】为12%，选中【平均分布】单选按钮，如图7.64所示。

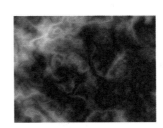　

图7.63　分层云彩　　　　图7.64　添加杂色

(4) 为了使图像的效果更加明显，执行菜单栏中的【图像】|【调整】|【色阶】命令，打开【色阶】对话框，设置【输入色阶】为(0，1，209)。

(5) 按Ctrl + 2 组合键，退出通道编辑模式，回到RGB模式。将前景色设置为土黄色(C：57，M：54，Y：58，K：76)，背景色设置为黄褐色(C：40，M：53，Y：69，K：44)。执行菜单栏中的【滤镜】|【渲染】|【云彩】命令，为背景层应用云彩效果。

(6) 执行菜单栏中的【滤镜】|【渲染】|【光照效果】命令，打开【光照效果】对话框，设置【光照类型】为无限光、【强度】为34、【金属质感】为69、【曝光度】为59、【环境】为9，并在【纹理】中选择Alpha 1 通道，设置【高度】为78，完成之后单击【确定】按钮，如图7.65所示。

(7) 现在看到，沙岩的纹理还不是太清晰，下面来进行调整。执行菜单栏中的【图像】|【调整】|【色阶】命令，设置【输入色阶】为(0，1，167)，如图7.66所示。

图7.65　应用光照　　　　图7.66　调整色阶

实例088　抽丝特效

- 素材位置：调用素材\第7章\抽丝特效
- 案例位置：源文件\第7章\抽丝特效.psd
- 视频文件：视频教学\实例088　抽丝特效.avi

本例讲解的是抽丝特效的制作。抽丝特效是一种十分常见的图像纹理特效，其制作过程十分简单，首先填充合适渐变，再为渐变添加滤镜命令即可完成纹理效果的制作，最后设置图层混合模式即可完成抽丝特效的制作。最终效果如图7.67所示。

图7.67　抽丝特效

操作步骤

（1）执行菜单栏中的【文件】|【打开】命令，打开"漂亮姑娘.jpg"文件。

（2）单击面板底部的【创建新图层】按钮 🔲，新建一个【图层1】图层，如图7.68所示。

（3）选择工具箱中的【渐变工具】 ■，编辑绿色(R:10，G:33，B:0)到透明的渐变，单击选项栏中的【线性渐变】按钮 ■，在图像中按住Shift键从下至上拖动填充渐变，如图7.69所示。

　图7.68　新建图层　　　图7.69　填充渐变

（4）执行菜单栏中的【滤镜】|【扭曲】|【波浪】命令，在弹出的对话框中选中【方形】单选按钮，将【生成器数】更改为1，【波长】中【最小】更改为1、【最大】更改为6，【波幅】中【最小】更改为998、【最大】更改为999，完成之后单击【确定】按钮，如图7.70所示。

（5）选中【图层1】图层，将其图层混合模式设置为【叠加】，【不透明度】更改为40%，这样就完成了效果制作。最终效果如图7.71所示。

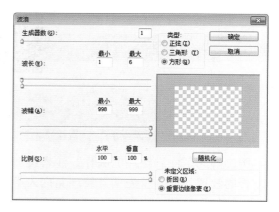

图7.70　设置波浪

图7.71　最终效果

实例089　真实木板纹理

素材位置：无

案例位置：源文件\第7章\真实木板纹理.psd

视频文件：视频教学\实例089　真实木板纹理.avi

本例讲解的是真实木板纹理特效的制作。本例的制作过程比较简单，主要用到常用的滤镜命令，在制作的最后过程中需要注意木板纹理的特效细节。最终效果如图7.72所示。

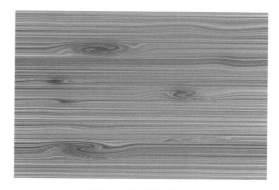

图7.72　真实木板纹理

操作步骤

Step 01 新建画布制作特效

（1）执行菜单栏中的【文件】|【新建】命令，在弹出的对话框中设置【宽度】为600像素、【高度】为400像素、【分辨率】为72像素/英寸、【颜色模式】为RGB颜色。

（2）将前景色更改为黄色(R:207，G:170，B:114)，背景色更改为深黄色(R:106，G:57，B:6)，执行菜单栏中的【滤镜】|【渲染】|【云彩】命令，如图7.73所示。

图7.73 添加云彩效果

（3）执行菜单栏中的【滤镜】|【杂色】|【添加杂色】命令，在弹出的对话框中选中【高斯分布】单选按钮、勾选【单色】复选框，将【数量】更改为20%，完成之后单击【确定】按钮，如图7.74所示。

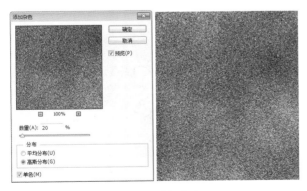

图7.74 添加杂色

（4）执行菜单栏中的【滤镜】|【模糊】|【动感模糊】命令，在弹出的对话框中将【角度】更改为0度、【距离】更改为1000像素，设置完成之后单击【确定】按钮，如图7.75所示。

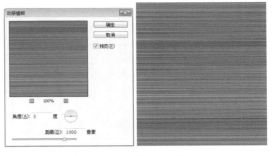

图7.75 设置动感模糊

（5）执行菜单栏中的【图像】|【调整】|【色阶】命令，在弹出的对话框中将数值更改为(10，1.4，210)，完成之后单击【确定】按钮，效果如图7.76所示。

（6）选择工具箱中的【矩形选框工具】，在画布中任意位置绘制一个矩形选区，如图7.77所示。

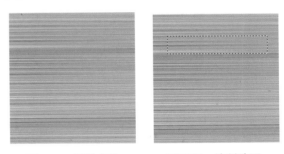

图7.76 调整色阶　　　图7.77 绘制选区

Step 02 添加木纹特效

（1）执行菜单栏中的【滤镜】|【扭曲】|【旋转扭曲】命令，在弹出的对话框中将【角度】更改为175度，完成之后单击【确定】按钮，如图7.78所示。

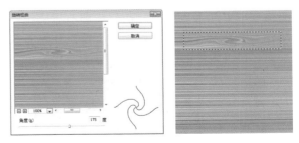

图7.78 设置旋转扭曲

（2）按Ctrl+F组合键，重复为选区中的图像添加旋转扭曲特效，如图7.79所示。

（3）以同样的方法在画布中其他位置绘制选区并执行【旋转扭曲】命令，为画布添加扭曲效果，如图7.80所示。

图7.79 重复添加扭曲效果

图7.80 添加扭曲效果

（4）选择工具箱中的【加深工具】 ，在选项栏中将【曝光度】更改为10%，在刚才添加旋转扭曲的图像位置涂抹，加深图像以使效果更加真实，这样就完成了效果制作。最终效果如图7.81所示。

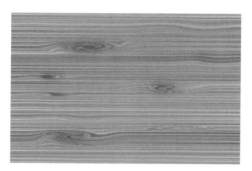

图7.81 最终效果

实例090 卵石质感纹理

📷 素材位置：无

🖼 案例位置：源文件\第7章\卵石质感纹理.psd

🎬 视频文件：视频教学\实例090 卵石质感纹理.avi

本例讲解的是卵石质感纹理特效的制作。本例在制作过程中重点使用到滤镜命令，通过滤镜命令将图像变形并添加质感，从而完成卵石质感纹理效果制作。整个制作过程比较简单，重点注意石头高光制作。最终效果如图7.82所示。

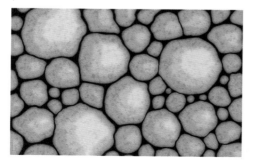

图7.82 卵石质感纹理

操作步骤

Step 01 制作石头轮廓

（1）执行菜单栏中的【文件】|【新建】命令，在弹出的对话框中设置【宽度】为600像素、【高度】为400像素、【分辨率】为72像素/英寸，新建一个空白画布，将画布填充为黑色。

（2）选择工具箱中的【画笔工具】 ，在画布中单击鼠标右键，在弹出的面板中选择一种圆角笔触，将【大小】更改为150像素，【硬度】更改为100%。

（3）将前景色更改为白色，在画布中适当位置单击添加图像，在单击过程中，可以不时地调整画笔大小，如图7.83所示。

图7.83 添加图像

（4）执行菜单栏中的【滤镜】|【液化】命令，在弹出的对话框中拖动白色图像区域，将其变形至石头外观，完成之后单击【确定】按钮，如图7.84所示。

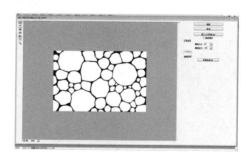

图7.84 设置液化

（5）在【图层】面板中选中【背景】图层，将其拖至面板底部的【创建新图层】按钮 上，复制1个【背景 拷贝】图层。

（6）选中【背景 拷贝】图层，执行菜单栏中的【滤镜】|【模糊】|【高斯模糊】命令，在弹出的对话框中将【半径】更改为4像素，完成之后单击【确定】按钮，如图7.85所示。

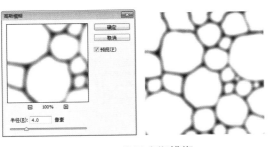

图7.85 设置高斯模糊

(7) 选中【背景 拷贝】图层，将其图层混合模式设置为【正片叠底】，如图7.86所示。

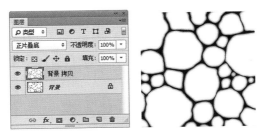

图7.86 设置图层混合模式

(8) 在【图层】面板中选中【背景 拷贝】图层，单击面板底部的【添加图层样式】按钮 fx，在菜单中选择【颜色叠加】命令，在弹出的对话框中将【混合模式】更改为【正片叠底】、【颜色】更改为深黄色(R:132，G:120，B:107)、【不透明度】更改为60%，如图7.87所示。

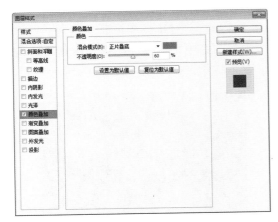

图7.87 设置颜色叠加

(9) 勾选【图案叠加】复选框，将【混合模式】更改为【正片叠底】，【不透明度】更改为20%，单击【图案】后方按钮，在弹出的面板中单击右上角图标，在弹出的菜单中选择【岩石图案】，在弹出的对话框中单击【确定】按钮，选择【花岗石】，将【缩放】更改为160%，完成之后单击【确定】按钮，如图7.88所示。

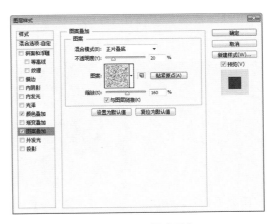

图7.88 设置图案叠加

(10) 选择工具箱中的【魔棒工具】，在选项栏中将【容差】更改为100，取消勾选【连续】复选框，在图像中黑色的缝隙位置单击将其载入选区，如图7.89所示。

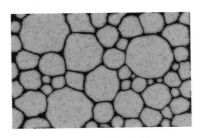

图7.89 载入选区

(11) 将选区反选，然后执行菜单栏中的【选择】|【修改】|【收缩】命令，在弹出的对话框中将【半径】更改为20像素，完成之后单击【确定】按钮，效果如图7.90所示。

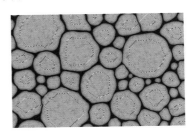

图7.90 收缩选区

Step 02 添加高光

(1) 单击面板底部的【创建新图层】按钮，新建一个【图层1】图层，如图7.91所示。

(2) 将选区填充为浅黄色(R:210，G:200，B:190)，完成之后按Ctrl+D组合键将选区取消，如图7.92所示。

(3) 选中【图层 1】图层，执行菜单栏中的【滤镜】|【模糊】|【高斯模糊】命令，在弹出的

对话框中将【半径】更改为3像素，完成之后单击【确定】按钮，如图7.93所示。

图7.91　新建图层

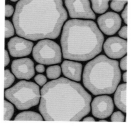
图7.92　填充颜色

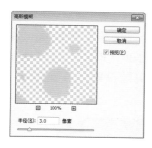

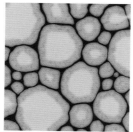
图7.93　设置高斯模糊

（4）选中【图层1】图层，将其图层混合模式设置为【叠加】，【不透明度】更改为50%，在画布中将图像向右侧稍微移动，如图7.94所示。

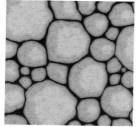
图7.94　设置图层混合模式并移动画布

（5）按住Ctrl键单击【图层1】图层缩览图，将其载入选区，如图7.95所示。

（6）执行菜单栏中的【选择】|【修改】|【收缩】命令，在弹出的对话框中将【半径】更改为15像素，完成之后单击【确定】按钮，效果如图7.96所示。

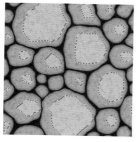

图7.95　载入选区

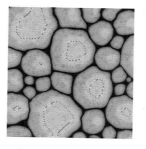
图7.96　收缩选区

（7）单击面板底部的【创建新图层】按钮 ，新建一个【图层2】图层，如图7.97所示。

图7.97　新建图层

（8）将选区填充为浅黄色（R:232，G:226，B:217），完成之后按Ctrl+D组合键将选区取消，如图7.98所示。

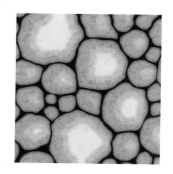
图7.98　填充颜色

（9）选中【图层2】图层，将其图层混合模式设置为【叠加】，【不透明度】更改为50%，以同样的方法在画布中将图像向右侧稍微移动，这样就完成了效果制作。最终效果如图7.99所示。

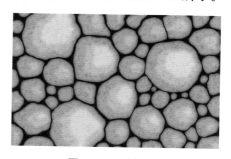
图7.99　最终效果

实例091　古典水墨荷花

素材位置：调用素材\第7章\古典水墨荷花
案例位置：源文件\第7章\古典水墨荷花.psd
视频文件：视频教学\实例091　古典水墨荷花.avi

本例讲解的是古典水墨荷花的制作。本例在制作过程中围绕水墨风格的图像主题进行制作，将图层去色并添加滤镜效果之后制作出主题特效，最后制作及添加细节元素，从而完成整个效果的制作。最终效果如图7.100所示。

图7.100　古典水墨荷花

操作步骤

Step 01　打开素材

（1）执行菜单栏中的【文件】|【打开】命令，打开"两朵荷花.jpg"文件。

（2）执行菜单栏中的【图像】|【调整】|【阴影/高光】命令，在弹出的对话框中直接单击【确定】按钮。

（3）执行菜单栏中的【图像】|【调整】|【黑白】命令，在弹出的对话框中将【红色】更改为40%，【黄色】更改为5%，【绿色】更改为30%，【青色】更改为60%，【蓝色】更改为20%，【洋红】更改为140%，完成之后单击【确定】按钮，如图7.101所示。

图7.101　调整黑白

（4）执行菜单栏中的【选择】|【色彩范围】命令，在弹出的对话框中的画布中荷叶区域单击，将其载入选区，将【颜色容差】更改为200，完成之后单击【确定】按钮，如图7.102所示。

图7.102　调整色彩范围

（5）按Ctrl+I组合键将选区反相，完成之后按Ctrl+D组合键将选区取消，如图7.103所示。

（6）在【图层】面板中选中【背景】图层，将其拖至面板底部的【创建新图层】按钮 上，复制2个拷贝图层，如图7.104所示。

图7.103　反相　　　　　图7.104　复制图层

（7）选中【背景 拷贝 2】图层，将其图层混合模式设置为【颜色减淡】，如图7.105所示。

图7.105　设置图层混合模式

（8）按Ctrl+I组合键反相，执行菜单栏中的【滤镜】|【其他】|【最小值】命令，在弹出的对话框中将【半径】更改为1像素，完成之后单击【确定】按钮，如图7.106所示。

图7.106　设置最小值

（9）选中【背景 拷贝 2】图层，按Ctrl+E组合键将其向下合并，将生成的图层名称更改为【水墨效果】，如图7.107所示。

图7.107　合并图层

（10）选中【水墨效果】图层，执行菜单栏中的【滤镜】|【滤镜库】命令，在弹出的对话框中选择【黑笔描边】|【喷溅】，将【喷色半径】更改为8像素、【平滑度】更改为5，完成之后单击【确定】按钮，如图7.108所示。

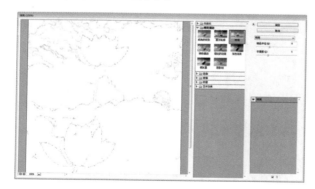

图7.108　设置喷溅

（11）在【图层】面板中选中【水墨效果】图层，单击面板底部的【添加图层蒙版】按钮，为其添加图层蒙版，如图7.109所示。

（12）选择工具箱中的【画笔工具】，在画布中单击鼠标右键，在弹出的面板中选择一种圆角笔触，将【大小】更改为50像素、【硬度】更改为0%，如图7.110所示。

　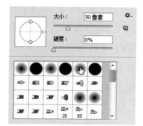

图7.109　添加图层蒙版　　图7.110　设置笔触

（13）将前景色更改为黑色，在其图像上荷花区域涂抹，将部分效果隐藏，如图7.111所示。

图7.111　隐藏图像

（14）单击面板底部的【创建新图层】按钮，新建一个【图层1】图层。

（15）选中【图层1】图层，按Ctrl+Alt+Shift+E组合键执行盖印可见图层命令。

（16）执行菜单栏中的【滤镜】|【滤镜库】命令，在弹出的对话框中选择【纹理】|【纹理化】，将【纹理】更改为【画布】、【缩放】更改为90%、【凸现】更改为3，完成之后单击【确定】按钮，如图7.112所示。

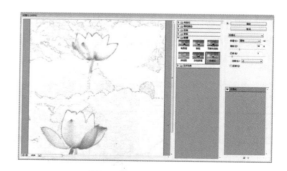

图7.112　设置纹理化

Step 02　制作细节

（1）单击面板底部的【创建新图层】按钮，新建一个【图层2】图层，如图7.113所示。

（2）选择工具箱中的【画笔工具】 ，在画布中单击鼠标右键，在弹出的面板中选择一种圆角笔触，将【大小】更改为80像素、【硬度】更改为0%，如图7.114所示。

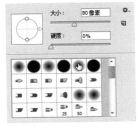

图7.113　新建图层　　图7.114　设置笔触

（3）将前景色更改为红色(R:224，G:53，B:110)，在荷花区域涂抹以添加颜色，如图7.115所示。

图7.115　添加颜色

（4）选中【图层 2】图层，将其图层混合模式设置为【叠加】，如图7.116所示。

图7.116　设置图层混合模式

（5）单击面板底部的【创建新图层】按钮 ，新建一个【图层 3】图层，将其填充为黄色(R:180，G:136，B:20)，如图7.117所示。

（6）将【图层 3】图层的【不透明度】更改为20%，如图7.118所示。

（7）在图像适当位置添加装饰，这样就完成了效果制作。最终效果如图7.119所示。

图7.117　新建图层　　图7.118　更改不透明度

图7.119　最终效果

实例092　剥落壁画纹理

素材位置：调用素材\第7章\剥落壁画纹理
案例位置：源文件\第7章\剥落壁画纹理.psd
视频文件：视频教学\实例092　剥落壁画纹理.avi

本例讲解的是剥落壁画纹理特效的制作。本例的制作虽然简单，但在最终的视觉效果上表现得十分真实。通过将2种不同的素材图像进行组合并处理后调整细节，整个最终效果十分出色。最终效果如图7.120所示。

图7.120　剥落壁画纹理

 操作步骤

Step 01　处理背景

（1）执行菜单栏中的【文件】|【打开】命令，打开"墙壁.jpg"文件。

（2）双击【背景】图层，在弹出的对话框中单击【确定】按钮，将其转换为普通图层，如图7.121所示。

（3）执行菜单栏中的【文件】|【打开】命令，打开"美女.jpg"文件，将打开的图像拖入画布中并适当缩小，其图层名称将更改为【图层1】，如图7.122所示。

图7.121　转换图层　　　图7.122　添加素材

（4）在【图层】面板中选中【图层1】图层，单击面板底部的【添加图层样式】按钮 fx，在菜单中选择【混合选项】命令，在弹出的对话框中按住Alt键向左侧拖动【混合颜色带】中的【下一图层】下方右侧的滑块，完成之后单击【确定】按钮，如图7.123所示。

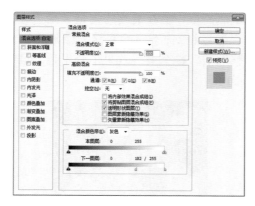

图7.123　设置混合选项

 提示

　　调整【混合颜色带】的目的是将人物与背景更好地融合，可以在调整的过程中观察实际的调整效果。

（5）选中【图层1】图层，将其图层混合模式设置为【正片叠底】，如图7.124所示。

图7.124　设置图层混合模式

（6）将【图层1】图层暂时隐藏，在【通道】面板中选中【红】通道，将其拖至面板底部的【创建新通道】按钮 上，复制1个【红 拷贝】通道，如图7.125所示。

图7.125　复制通道

（7）选择工具箱中的【魔棒工具】 ，在画布中偏破损区域单击将其载入选区，如图7.126所示。

（8）选择工具箱中的【套索工具】 ，在选区中按住Shift键将未载入的部分添加至选区，再以同样的方法按住Alt键将选中的多余选区减去，如图7.127所示。

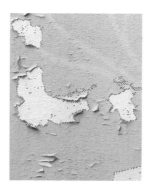 

图7.126　载入选区　　　图7.127　调整选区

（9）将选区填充为黑色，完成之后按Ctrl+D组合键将选区取消，如图7.128所示。

（10）按住Ctrl键单击【红 拷贝】通道缩览图，

将其载入选区，如图7.129所示。

图7.128 填充颜色　　　图7.129 载入选区

Step 02　融合图像

（1）在【图层】面板中选中【图层1】图层，单击面板底部的【添加图层蒙版】按钮，为其添加图层蒙版，如图7.130所示。

图7.130 添加图层蒙版

（2）在【图层】面板中选中【图层1】图层，将其拖至面板底部的【创建新图层】按钮上，复制1个【图层1拷贝】图层，如图7.131所示。

（3）将【图层1拷贝】图层混合模式更改为颜色、【不透明度】更改为80%，如图7.132所示。

图7.131 复制图层　　图7.132 设置图层混合模式

（4）单击面板底部的【创建新图层】按钮，新建一个【图层2】图层。

（5）选中【图层2】图层，按Ctrl+Alt+Shift+E组合键执行盖印可见图层命令。

（6）执行菜单栏中的【图像】|【调整】|【色

阶】命令，在弹出的对话框中将数值更改为(0，1.13，226)，完成之后单击【确定】按钮，这样就完成了效果制作。最终效果如图7.133所示。

图7.133 最终效果

实例093　立体草坪特效

- 素材位置：调用素材\第7章\立体草坪特效
- 案例位置：源文件\第7章\立体草坪特效.psd
- 视频文件：视频教学\实例093　立体草坪特效.avi

本例讲解的是立体草坪特效的制作。本例在制作思路上突出立体草坪的特点，将足球与草坪完美地相结合，很好地表现出运动场景，整个制作过程比较简单。最终效果如图7.134所示。

图7.134 立体草坪特效

操作步骤

Step 01　新建渐变背景

（1）执行菜单栏中的【文件】|【新建】命令，在弹出的对话框中设置【宽度】为800像素、【高度】为600像素、【分辨率】为72像素/英寸，新建

一个空白画布。

（2）选择工具箱中的【渐变工具】■，编辑黑色到白色的渐变，单击选项栏中的【径向渐变】按钮■，在画布中从中间向右下角方向拖动填充渐变，如图7.135所示。

图7.135　填充渐变

（3）执行菜单栏中的【文件】|【打开】命令，打开"草坪.jpg"文件，将打开的素材拖入画布中并适当缩小，其图层名称将更改为【图层1】。

（4）选中【图层1】图层，按Ctrl+T组合键对其执行【自由变换】命令，单击鼠标右键，从弹出的快捷菜单中选择【透视】命令，拖动变形框控制点将图像变形，完成之后按Enter键确认，如图7.136所示。

图7.136　将图像变形

（5）在【画笔】面板中选择1个【草】样式的笔触，将【大小】更改为25像素、【间距】更改为25%，如图7.137所示。

（6）勾选【形状动态】复选框，将【大小抖动】更改为80%、【角度抖动】更改为25%，如图7.138所示。

（7）勾选【颜色动态】复选框，将【前景/背景抖动】更改为80%。

（8）勾选【平滑】复选框。

（9）单击面板底部的【创建新图层】按钮 ，新建一个【图层2】图层。

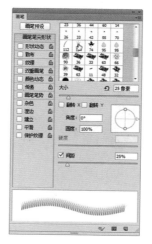

图7.137　设置画笔笔尖形状　　图7.138　设置形状动态

（10）将前景色更改为绿色(R:36，G:103，B:12)，背景色更改为绿色(R:80，G:158，B:18)，在图像四周边缘涂抹，添加小草图像，如图7.139所示。

图7.139　添加图像

 提示

　　在添加图像的过程中需要根据草实际的走向更改画笔角度。

（11）执行菜单栏中的【文件】|【打开】命令，打开"草坪.jpg"文件，将打开的素材拖入画布中并适当缩小，其图层名称将更改为【图层3】，如图7.140所示。

图7.140　添加素材

（12）选中【图层 3】图层，执行菜单栏中的【图层】|【创建剪贴蒙版】命令，为当前图层创建剪贴蒙版，将部分图像隐藏，如图7.141所示。

图7.141　创建剪贴蒙版

（13）单击面板底部的【创建新图层】按钮，新建一个【图层 4】图层，将其移至【背景】图层上方，如图7.142所示。

（14）在【画笔】面板中取消勾选【颜色动态】复选框，将前景色更改为深绿色(R:15，G:34，B:5)，在草坪图像底部边缘位置涂抹，添加图像，如图7.143所示。

图7.142　新建图层　　　　图7.143　添加图像

（15）选择工具箱中的【圆角矩形工具】，在选项栏中将【填充】更改为白色、【描边】更改为无，【半径】更改为10像素，在草坪图像底部绘制一个圆角矩形，此时将生成一个【圆角矩形 1】图层，将其移至【图层 4】下方，如图7.144所示。

图7.144　绘制图形

（16）选择工具箱中的【直接选择工具】，拖动圆角矩形左下角和右下角锚点将图形变形，如图7.145所示。

图7.145　将图形变形

Step 02　添加土壤图像

（1）在【图层】面板中选中【圆角矩形 1】图层，单击面板底部的【添加图层蒙版】按钮，为其添加图层蒙版，如图7.146所示。

（2）按住Ctrl键单击【图层 4】图层蒙版缩览图，将其载入选区，如图7.147所示。

图7.146　添加图层蒙版　　图7.147　载入选区

（3）选择工具箱中的任意选区工具，在选区中单击鼠标右键，从弹出的快捷菜单中选择【变换选区】命令，再单击鼠标右键，从弹出的快捷菜单中选择【垂直翻转】命令，将选区向下移动，如图7.148所示。

（4）将选区填充为黑色，将部分图形隐藏，完成之后按Ctrl+D组合键将选区取消，如图7.149所示。

图7.148　变换选区　　　图7.149　隐藏图形

（5）执行菜单栏中的【文件】|【打开】命令，打开"土壤.jpg"文件，将打开的素材拖入画布中并适当缩小，其图层名称将更改为【图层 5】，如图7.150所示。

图7.150　添加素材

（6）选中【图层5】图层，执行菜单栏中的【图层】|【创建剪贴蒙版】命令，为当前图层创建剪贴蒙版，将部分图像隐藏，如图7.151所示。

图7.151　创建剪贴蒙版

（7）选中【矩形1】图层，按Ctrl+T组合键对其执行【自由变换】命令，单击鼠标右键，从弹出的快捷菜单中选择【变形】命令，完成之后按Enter键确认，如图7.152所示。

图7.152　将图形变形

（8）选中【矩形1】图层，执行菜单栏中的【滤镜】|【模糊】|【高斯模糊】命令，在弹出的对话框中将【半径】更改为4像素，完成之后单击【确定】按钮，如图7.153所示。

（9）选中【矩形1】图层，将其图层【不透明度】更改为80%，如图7.154所示。

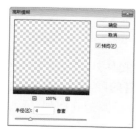

图7.153　设置高斯模糊　　图7.154　降低不透明度

Step 03　绘制球场元素

（1）选择工具箱中的【矩形工具】，在选项栏中将【填充】更改为白色，【描边】设置为无，在适当位置绘制一个矩形，此时将生成一个【矩形2】图层，如图7.155所示。

图7.155　绘制图形

（2）选中【矩形2】图层，按Ctrl+T组合键对其执行【自由变换】命令，单击鼠标右键，从弹出的快捷菜单中选择【变形】命令，单击选项栏中的 自定 按钮，在弹出的选项中选择扇形，将【弯曲】更改为100%，完成之后按Enter键确认，再将其适当旋转，如图7.156所示。

图7.156　将图形变形并旋转

（3）在【图层】面板中选中【矩形2】图层，单击面板底部的【添加图层蒙版】按钮，为其添加图层蒙版，如图7.157所示。

（4）按住Ctrl键单击【矩形2】图层缩览图，将其载入选区，如图7.158所示。

图7.157　添加图层蒙版　　图7.158　载入选区

（5）将选区填充为黑色，将部分图形隐藏，如图7.159所示。

(6) 选择工具箱中的【多边形套索工具】 ，在图形适当位置绘制一个不规则选区以选中部分图形，如图7.160所示。

图7.159 隐藏图像　　图7.160 绘制选区

(7) 将选区填充为黑色，将部分图形隐藏，完成之后按Ctrl+D组合键将选区取消，如图7.161所示。

(8) 选中【矩形 2】图层，将其图层混合模式设置为【柔光】，如图7.162所示。

图7.161 隐藏图形　　图7.162 更改图层混合模式

(9) 执行菜单栏中的【文件】|【打开】命令，打开"足球.psd"文件，将打开的素材拖入画布中并适当缩小，如图7.163所示。

图7.163 添加素材

(10) 在【图层】面板中选中【足球】图层，单击面板底部的【添加图层样式】按钮 fx ，在菜单中选择【投影】命令，在弹出的对话框中将【不透明度】更改为60%，取消勾选【使用全局光】复选框，将【角度】更改为90度、【距离】更改为7像素、【大小】更改为10像素，完成之后单击【确定】按钮，最终效果如图7.164所示。

图7.164 最终效果

PS

第8章

经典特效制作集合

本章介绍

本章讲解经典特效制作。本章集合了多种经典特效案例，结合前几章中的实例，在本章中精选了多种风格特效制作，而这些特效都十分经典且常见，从彩色喷溅特效到摩登艺术特效等，详细地解读了这些特效的制作手法及技巧。通过对本章的学习，读者可以掌握常见的经典特效制作方法。

要点索引

- ◆ 学习制作彩色喷溅特效
- ◆ 掌握摩登艺术特效制作技巧
- ◆ 学习潮流人物特效制作
- ◆ 了解插图人像的制作思路

实例094   彩色喷溅特效

- 素材位置：调用素材\第8章\彩色喷溅特效
- 案例位置：源文件\第8章\彩色喷溅特效.psd
- 视频文件：视频教学\实例094　彩色喷溅特效.avi

本例讲解的是彩色喷溅特效的制作。喷溅类图像的制作通常比较简单，大多数情况下载入喷溅画笔并对图像进行简单处理即可完成效果制作。在本例中将喷溅图像与人物图像进行完美结合，从而使整体效果相当不错。最终效果如图8.1所示。

图8.1　彩色喷溅特效

操作步骤

（1）执行菜单栏中的【文件】|【打开】命令，打开"红裙美女.jpg"文件。

（2）选择工具箱中的【魔棒工具】，在图像中白色区域单击，将人物以外的区域选取，如图8.2所示。

图8.2　载入选区

> **提示**
> 在载入选区时可按住Shift键在未载入的区域单击将其添加至选区。

（3）按Ctrl+Shift+I组合键将选区反相，执行菜单栏中的【图层】|【新建】|【通过剪切的图层】命令，此时将生成1个【图层1】图层，如图8.3所示。

（4）选中【图层1】图层，执行菜单栏中的【图像】|【调整】|【去色】命令，如图8.4所示。

图8.3　通过剪切的图层　　　图8.4　去色

> **提示**
> 由于制作的是喷溅效果，所以在人物图像的抠取过程中对边缘部分并无精确要求。

（5）执行菜单栏中的【图像】|【调整】|【曲线】命令，在弹出的对话框中拖动曲线，调整图像对比度，完成之后单击【确定】按钮，如图8.5所示。

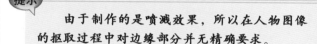
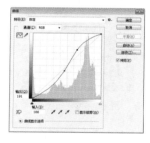

图8.5　调整曲线

（6）选择工具箱中的【画笔工具】，在画布中单击鼠标右键，在弹出的面板菜单中选择【载入画笔】|【喷溅】、【喷溅2】，将其载入，然后选择任意画笔并设置适当大小，如图8.6所示。

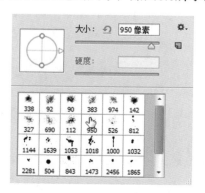

图8.6　载入画笔

（7）将前景色更改为黑色，在人物图像上部分位置单击，添加喷溅图像，如图8.7所示。

图8.7 添加图像

（8）按Ctrl+Alt+2组合键将图像中高光区域载入选区，如图8.8所示。

（9）执行菜单栏中的【选择】|【反相】命令，将选区反相以选中图像中的阴影图像，如图8.9所示。

图8.8 载入选区　　　图8.9 将选区反相

（10）在【图层】面板中单击面板底部的【添加图层蒙版】按钮 ⬚ ，为其添加图层蒙版，如图8.10所示。

图8.10 添加图层蒙版

（11）执行菜单栏中的【文件】|【打开】命令，打开"水彩纸.jpg"文件，将打开的素材拖入画布中并适当缩小，其图层名称将更改为【图层

2】，如图8.11所示。

（12）在【图层】面板中选中【图层2】图层，单击面板底部的【添加图层蒙版】按钮 ⬚ ，为其添加图层蒙版，如图8.12所示。

图8.11 添加素材　　　图8.12 添加图层蒙版

（13）按住Ctrl键单击【图层 1】图层蒙版缩览图，将其载入选区。

（14）执行菜单栏中的【选择】|【反相】命令，将选区反相以选中水彩纸中部分图像。

（15）将选区填充为黑色，将部分图像隐藏，完成之后按Ctrl+D组合键将选区取消，这样就完成了效果制作。最终效果如图8.13所示。

图8.13 最终效果

实例095　摩登艺术特效

🖥 素材位置：调用素材\第8章\摩登艺术特效
✍ 案例位置：源文件\第8章\摩登艺术特效.psd
💿 视频文件：视频教学\实例095　摩登艺术特效.avi

本例讲解的是摩登艺术特效的制作。此类风格图像所表达的主题带有浓郁的摩登风味，在制作过程中重点注意主题色彩及装饰图像的制作。最终效果如图8.14所示。

图8.14　摩登艺术特效

操作步骤

(1) 执行菜单栏中的【文件】|【打开】命令，打开"照片.jpg"文件。

(2) 执行菜单栏中的【图像】|【调整】|【阈值】命令，在弹出的对话框中将【阈值色阶】更改为150，完成之后单击【确定】按钮，如图8.15所示。

图8.15　调整阈值

(3) 执行菜单栏中的【滤镜】|【风格化】|【扩散】命令，在弹出的对话框中选中【各向异性】单选按钮，完成之后单击【确定】按钮，如图8.16所示。

图8.16　设置扩散

(4) 执行菜单栏中的【滤镜】|【锐化】|【USM

锐化】命令，在弹出的对话框中将【数量】更改为300%、【半径】更改为10像素、【阈值】更改为105色阶，完成之后单击【确定】按钮，如图8.17所示。

图8.17　设置USM锐化

(5) 在【图层】面板中选中【背景】图层，将其拖至面板底部的【创建新图层】按钮 上，复制1个【背景 拷贝】图层，如图8.18所示。

(6) 单击面板底部的【创建新图层】按钮 ，新建一个【图层1】图层，将其移至【背景 拷贝】图层下方，选择工具箱中的【渐变工具】 ，编辑橙色(R:255，G:170，B:5)到橙色(R:255，G:102，B:0)的渐变，单击选项栏中的【线性渐变】按钮 ，在画布中从上至下拖动填充渐变，如图8.19所示。

图8.18　复制图层　　　图8.19　新建图层并填充渐变

(7) 选中【背景拷贝1】图层，将其图层混合模式设置为【柔光】。

(8) 在【通道】面板中单击面板底部的【创建新通道】按钮 ，新建一个Alpha 1通道。

(9) 选择工具箱中的【渐变工具】 ，编辑黑色到白色的渐变，在画布中从上至下拖动填充渐变，如图8.20所示。

(10) 执行菜单栏中的【滤镜】|【像素化】|【彩色半调】命令，在弹出的对话框中将【最大半径】更改为8像素、【通道1】更改为108、【通道2】更改为162、【通道3】更改为90、【通道4】更改为45，完成之后单击【确定】按钮，如图8.21

所示。

图8.20　填充渐变

图8.21　设置彩色半调

(11) 按住Ctrl键单击Alpha 1通道缩览图将其载入选区，如图8.22所示。

(12) 单击面板底部的【创建新图层】按钮 ，新建一个【图层 2】图层，如图8.23所示。

图8.22　载入选区　　　图8.23　新建图层

(13) 将选区填充为白色，完成之后按Ctrl+D组合键将选区取消，如图8.24所示。

图8.24　填充颜色

(14) 选中【图层 2】图层，将其图层混合模式设置为【柔光】，这样就完成了效果制作。最终效果如图8.25所示。

图8.25　最终效果

实例096　潮流人物特效

素材位置：调用素材\第8章\潮流人物特效
案例位置：源文件\第8章\潮流人物特效.psd
视频文件：视频教学\实例096　潮流人物特效.avi

本例讲解的是潮流人物特效的制作。本例的制作比较简单，首先为人物图像添加光源确定主题特效，再绘制不同的光线及装饰图像，从而表现出最终的潮流人物特效。最终效果如图8.26所示。

图8.26　潮流人物特效

操作步骤

(1) 执行菜单栏中的【文件】|【打开】命令，打开"美女.jpg"文件。

(2) 新建图层——图层1，选择工具箱中的【渐变工具】 ，编辑红色(R:255，G:0，B:0)到透明的渐变，单击选项栏中的【径向渐变】按钮 ，在图像适当位置拖动填充渐变，如图8.27所示。

图8.27 填充渐变

（3）选中【图层1】图层，将其图层混合模式设置为【滤色】。

（4）单击面板底部的【创建新图层】按钮，在【背景】图层上方新建一个【图层2】图层，如图8.28所示。

（5）选择工具箱中的【画笔工具】，在画布中单击鼠标右键，在弹出的面板菜单中选择【载入画笔】|【喷溅】，将其载入，然后选择任意画笔并设置适当大小，如图8.29所示。

图8.28 新建图层

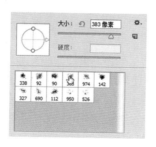

图8.29 设置笔触

（6）在人物图像部分位置单击，添加图像，如图8.30所示。

图8.30 添加图像

 提示

为了使添加的图像更加不规则，整体效果更加自然，在添加的过程中可以不断更换不同的喷溅笔触。

（7）单击面板底部的【创建新图层】按钮，新建一个【图层3】图层，如图8.31所示。

（8）选择工具箱中的【矩形选框工具】，在人物图像位置绘制1个矩形选区，如图8.32所示。

图8.31 新建图层

图8.32 绘制选区

（9）选择工具箱中的【渐变工具】，编辑白色到透明的渐变，单击选项栏中的【径向渐变】按钮，在选区中从下至上拖动填充渐变，完成之后按Ctrl+D组合键将选区取消，如图8.33所示。

图8.33 填充渐变

（10）选中【图层3】图层，执行菜单栏中的【滤镜】|【模糊】|【动感模糊】命令，在弹出的对话框中将【角度】更改为0度、【距离】更改为200像素，完成之后单击【确定】按钮，再将图像高度适当缩小，完成之后按Enter键确认，如图8.34所示。

图8.34 设置动感模糊

（11）选中【图层3】图层，在画布中按住Alt键将其复制数份并分别更改部分图像大小，如图8.35所示。

图8.35　复制并变换图像

（12）选择工具箱中的【矩形工具】 ，在选项栏中将【填充】更改为黄色(R:250，G:213，B:0)，【描边】设置为无，在适当位置按住Shift键绘制一个矩形，此时将生成一个【矩形1】图层，如图8.36所示。

图8.36　绘制图形

（13）选中【矩形1】图层，将其图层【不透明度】更改为20%，如图8.37所示。

（14）选中【矩形1】图层，按Ctrl+T组合键对其执行【自由变换】命令，当出现变形框以后在选项栏中的【旋转】后方文本框中输入45，完成之后按Enter键确认，将图形适当旋转，完成之后按Enter键确认，如图8.38所示。

图8.37　更改不透明度　　　图8.38　旋转图形

（15）选中【矩形1】图层，在画布中按住Alt键将图形复制数份并分别适当更改其颜色，如图8.39所示。

（16）执行菜单栏中的【文件】|【打开】命令，打开"星空.jpg"文件，将打开的素材拖入

画布中并适当缩小，其图层名称将更改为【图层4】，如图8.40所示。

图8.39　复制图形

图8.40　添加素材

（17）选中【图层4】图层，将其图层混合模式设置为【滤色】。

（18）在【图层】面板中选中【图层4】图层，单击面板底部的【添加图层蒙版】按钮 ，为其图层添加图层蒙版。

（19）选择工具箱中的【画笔工具】 ，在画布中单击鼠标右键，在弹出的面板中选择一种圆角笔触，将【大小】更改为100像素、【硬度】更改为0%。

（20）将前景色更改为黑色，在其图像上部分区域涂抹，将其隐藏，这样就完成了效果制作。最终效果如图8.41所示。

图8.41　最终效果

实例097　风情肌肉车图像

素材位置：调用素材\第8章\风情肌肉车图像
案例位置：源文件\第8章\风情肌肉车图像.psd
视频文件：视频教学\实例097　风情肌肉车图像.avi

本例讲解的是风情肌肉车图像的制作。图像的整体视觉给人一种较强的复古美国风情，整体的制作比较简单，但思路十分出色，以放射图像作为背景，同时为汽车图像添加速度特效，从而使图像的整体效果相当漂亮。最终效果如图8.42所示。

图8.42　风情肌肉车图像

操作步骤

Step 01　制作放射背景

（1）执行菜单栏中的【文件】|【新建】命令，在弹出的对话框中设置【宽度】为800像素、【高度】为600像素、【分辨率】为72像素/英寸，新建一个空白画布，将画布填充为深黄色(R:42，G:36，B:20)。

（2）选择工具箱中的【矩形工具】 ，在选项栏中将【填充】更改为黄色(R:190，G:180，B:118)，【描边】设置为无，在画布左侧位置绘制一个矩形，此时将生成一个【矩形 1】图层，如图8.43所示。

图8.43　绘制图形

（3）选中【矩形 1】图层，在画布中按住Alt+Shift组合键向右侧拖动将图形复制多份，此时将生成多个相应的拷贝图层，如图8.44所示。

图8.44　复制图形

（4）同时选中所有和矩形相关的图层，按Ctrl+E组合键将其合并，将生成的图层名称更改为【放射图像】。

（5）执行菜单栏中的【滤镜】|【扭曲】|【极坐标】命令，在弹出的对话框中选中【平面坐标到极坐标】单选按钮，完成之后单击【确定】按钮，如图8.45所示。

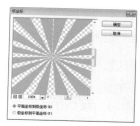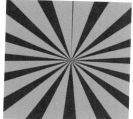

图8.45　设置极坐标

（6）选中【放射图像】图层，按Ctrl+T组合键对其执行【自由变换】命令，单击鼠标右键，从弹出的快捷菜单中选择【扭曲】命令，拖动变形框控制点将图像变形，完成之后按Enter键确认，如图8.46所示。

图8.46　将图像变形

在对图像变形时如有需要可先对其进行适当旋转、缩放等操作。

（7）执行菜单栏中的【文件】|【打开】命令，打开"牛皮纸.jpg"文件，将打开的素材拖入画布中并适当缩小，其图层名称将更改为【图层 1】，如图8.47所示。

图8.47　添加素材

（8）选中【图层 1】图层，将其图层混合模式设置为【叠加】、【不透明度】更改为50%，如图8.48所示。

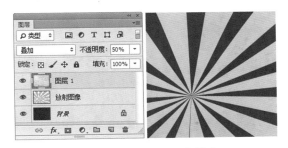

图8.48　设置图层混合模式

（9）在【图层】面板中选中【图层 1】图层，将其拖至面板底部的【创建新图层】按钮上，复制1个【图层 1拷贝】图层，将【图层1 拷贝】图层混合模式更改为【正片叠底】、【不透明度】更改为30%，如图8.49所示。

图8.49　复制图层并更改图层混合模式

（10）选择工具箱中的【椭圆工具】，在选项栏中将【填充】更改为黄色(R:240，G:222，B:130)，【描边】设置为无，在画布左上角位置按

住Shift键绘制一个正圆图形，此时将生成一个【椭圆 1】图层，如图8.50所示。

图8.50　绘制图形

（11）在【图层】面板中选中【椭圆 1】图层，将其拖至面板底部的【创建新图层】按钮上，复制1个【椭圆 1拷贝】图层，如图8.51所示。

（12）将【椭圆 1 拷贝】图层中图形【填充】更改为无，【描边】更改为白色，【大小】更改为15点，按Ctrl+T组合键对其执行【自由变换】命令，将图像等比缩小，完成之后按Enter键确认，如图8.52所示。

图8.51　复制图层　　　图8.52　缩小图形

（13）在【图层】面板中选中【椭圆 1拷贝】图层，单击面板底部的【添加图层样式】按钮，在菜单中选择【渐变叠加】命令，在弹出的对话框中将【渐变】更改为灰色(R:95，G:93，B:88)到黄色(R:195，G:150，B:106)，完成之后单击【确定】按钮，如图8.53所示。

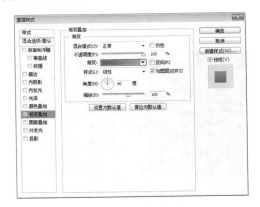

图8.53　设置渐变叠加

(14) 在【图层】面板中选中【椭圆 1 拷贝】图层，将其拖至面板底部的【创建新图层】按钮 🔲 上，复制1个【椭圆 1 拷贝 2】图层，如图8.54所示。

(15) 选中【椭圆 1 拷贝 2】图层，按Ctrl+T组合键对其执行【自由变换】命令，将图形等比缩小，完成之后按Enter键确认，如图8.55所示。

图8.54　复制图层　　　　图8.55　缩小图形

(16) 选中椭圆图形，将其复制数份并分别将其移动及等比缩小，如图8.56所示。

(17) 同时选中所有椭圆图形所在图层，将其移至【放射图形】图层上方，如图8.57所示。

图8.56　复制图形　　　　图8.57　更改图层顺序

Step 02　添加汽车图像

(1) 执行菜单栏中的【文件】|【打开】命令，打开"汽车.psd"文件，将打开的素材拖入画布中并适当缩小，将其移至【放射图像】上方并水平翻转，如图8.58所示。

(2) 在【图层】面板中选中【汽车】图层，将其拖至面板底部的【创建新图层】按钮 🔲 上，复制1个【汽车 拷贝】图层，如图8.59所示。

图8.58　添加素材　　　　图8.59　复制图层

(3) 选中【汽车拷贝】图层，执行菜单栏中的

【滤镜】|【模糊】|【动感模糊】命令，在弹出的对话框中将【角度】更改为-25度、【距离】更改为80像素，完成之后单击【确定】按钮，如图8.60所示。

图8.60　设置动感模糊

(4) 选择工具箱中的【橡皮擦工具】 ，在画布中单击鼠标右键，在弹出的面板中选择1个圆角笔触，将【大小】更改为100像素、硬度更改为0%，如图8.61所示。

(5) 选中【汽车 拷贝】图像，在画布中其图像上多余区域涂抹，将其擦除，如图8.62所示。

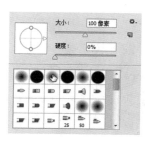 

图8.61　设置笔触　　　　图8.62　擦除图像

(6) 选中【汽车 拷贝】图层，按Ctrl+E组合键向下合并，此时将生成1个【汽车】图层，选中【汽车】图层，将其拖至面板底部的【创建新图层】按钮 🔲 上，复制1个【汽车 拷贝】图层，如图8.63所示。

(7) 在【图层】面板中选中【汽车 拷贝】图层，单击面板上方的【锁定透明像素】按钮 ，将透明像素锁定，将图像填充为黄色(R:240，G:222，B:130)，填充完成之后再次单击此按钮将其解除锁定，如图8.64所示。

图8.63　合并及复制图层　图8.64　锁定透明像素并填充颜色

(8) 选中【汽车 拷贝】图层,将其图层混合模式设置为【柔光】,这样就完成了效果制作。最终效果如图8.65所示。

图8.65 最终效果

实例098 沙滩手绘心形

- 素材位置:调用素材\第8章\沙滩手绘心形
- 案例位置:源文件\第8章\沙滩手绘心形.psd
- 视频文件:视频教学\实例098 沙滩手绘心形.avi

本例讲解的是沙滩手绘心形特效的制作。本例的制作过程稍显复杂但最终效果十分成功,首先通过绘制路径确定心形大致形状,再以多种命令相组合的方法制作出真实的沙滩心形效果。整个制作过程中应当多注意步骤前后顺序的变化。最终效果如图8.66所示。

图8.66 沙滩手绘心形

操作步骤

Step 01 绘制路径以制作图像

(1) 执行菜单栏中的【文件】|【新建】命令,在弹出的对话框中设置【宽度】为8厘米、【高度】为5.5厘米、【分辨率】为300像素/英寸。

(2) 执行菜单栏中的【文件】|【打开】命令,打开"沙滩.jpg"文件,将打开的素材拖入画布中

并适当缩小至与画布相同大小,其图层名称将更改为【图层1】,如图8.67所示。

(3) 在【图层】面板中选中【图层1】图层,将其拖至面板底部的【创建新图层】按钮 上,复制1个【图层1 拷贝】图层,如图8.68所示。

图8.67 调整素材　　　图8.68 复制图层

(4) 选中【图层1】图层,执行菜单栏中的【图像】|【调整】|【色阶】命令,在弹出的对话框中将数值更改为(0,0.8,255),完成之后单击【确定】按钮,如图8.69所示。

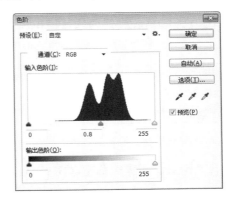

图8.69 调整色阶

(5) 选择工具箱中的【自定形状工具】 ,在画布中单击鼠标右键,在弹出的面板中单击右上角的 图标,在弹出的菜单中选择【红心形卡】,在选项栏中选择【路径】,在画布中绘制一个心形,如图8.70所示。

图8.70 绘制图形

（6）单击面板底部的【创建新图层】按钮 ，新建一个【图层2】图层，如图8.71所示。

（7）选择工具箱中的【画笔工具】 ，在画布中单击鼠标右键，在弹出的面板中选择一种圆角笔触，将【大小】更改为20像素、【硬度】更改为0%，如图8.72所示。

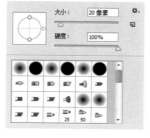

图8.71　新建图层　　　　图8.72　设置笔触

（8）将前景色更改为灰色(R:108，G:103，B:96)，选中【图层2】图层，在【路径】面板中的【工作路径】名称上单击鼠标右键，在弹出的菜单中选择【描边路径】命令，在弹出的对话框中选择【工具】为【画笔】，取消勾选【模拟压力】复选框，完成之后单击【确定】按钮，如图8.73所示。

图8.73　设置描边路径

（9）在【图层】面板中选中【图层2】图层，将其图层混合模式更改为【柔光】，再将其拖至面板底部的【创建新图层】按钮 上，复制1个拷贝图层，如图8.74所示。

图8.74　设置图层混合模式并复制图层

（10）在【图层】面板中选中【图层2】图层，单击面板底部的【添加图层样式】按钮 ，在菜单中选择【内阴影】命令，在弹出的对话框中取消勾选【使用全局光】复选框，【角度】更改为105度、【距离】更改为18像素、【大小】更改为16像素，完成之后单击【确定】按钮，如图8.75所示。

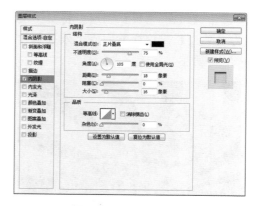

图8.75　设置内阴影

（11）在【图层】面板中选中【图层2 拷贝】图层，单击面板底部的【添加图层样式】按钮 ，在菜单中选择【斜面和浮雕】命令，在弹出的对话框中将【方法】更改为【雕刻清晰】，选中【下】单选按钮，【大小】更改为18像素，如图8.76所示。

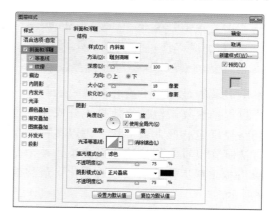

图8.76　设置斜面和浮雕

（12）勾选【等高线】复选框，将【等高线】更改为对数，完成之后单击【确定】按钮，如图8.77所示。

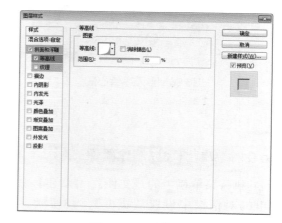

图8.77　设置等高线

（13）按住Ctrl键单击【图层 2】图层缩览图，

将其载入选区，如图8.78所示。

（14）在选区上单击鼠标右键，从弹出的快捷菜单中选择【建立工作路径】命令，在弹出的对话框中将【容差】更改为1，完成之后单击【确定】按钮，如图8.79所示。

图8.78 载入选区　　图8.79 建立工作路径

（15）选择工具箱中的【画笔工具】 ，在【画笔】面板中选择一个圆角笔触，将【大小】更改为15像素、【硬度】更改为100%，如图8.80所示。

（16）勾选【形状动态】复选框，将【大小抖动】更改为100%，如图8.81所示。

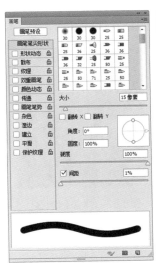 

图8.80 设置画笔笔尖形状　　图8.81 设置形状动态

（17）单击面板底部的【创建新图层】按钮 ，新建一个【图层3】图层，如图8.82所示。

（18）将前景色更改为黑色，选中【图层3】图层，在【路径】面板中选中【工作路径】，单击面板底部的【用画笔描边路径】按钮 ，如图8.83所示。

（19）按住Ctrl键单击【图层3】图层缩览图,将其载入选区，如图8.84所示。

（20）执行菜单栏中的【选择】|【修改】|【收

缩】命令，在弹出的对话框中将【收缩量】更改为2像素，完成之后单击【确定】按钮，如图8.85所示。

图8.82 新建图层　　图8.83 描边路径

图8.84 载入选区　　图8.85 收缩选区

（21）执行菜单栏中的【选择】|【修改】|【羽化】命令，在弹出的对话框中将【羽化半径】更改为2像素，完成之后单击【确定】按钮，如图8.86所示。

图8.86 羽化选区

技巧

按Shift+F6组合键可快速执行【羽化选区】命令。

（22）选中【图层1拷贝】图层，执行菜单栏中的【图层】|【新建】|【通过拷贝的图层】命令，将生成的【图层4】图层移至所有图层上方，并隐藏【图层3】图层，如图8.87所示。

图8.87　通过拷贝的图层并更改图层顺序

(23) 在【图层】面板中，选中【图层4】图层，单击面板底部的【添加图层样式】按钮 *fx*，在菜单中选择【斜面和浮雕】命令，在弹出的对话框中将【高光模式】更改为【柔光】，【颜色】更改为黄色(R:255，G:225，B:186)，深黄色(R:208，G:193，B:170)，【阴影模式】更改为【线性加深】，如图8.88所示。

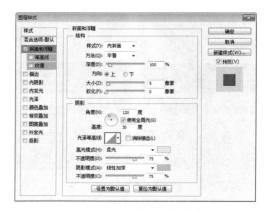

图8.88　设置斜面和浮雕

(24) 勾选【纹理】复选框，单击【图案】后方的菜单按钮，在弹出的面板中单击右上角的图标，在弹出的菜单中选择【自然图案】命令，在弹出的对话框中单击【确定】按钮，在面板中选择【多刺的灌木】图案，完成之后单击【确定】按钮，如图8.89所示。

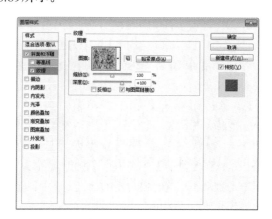

图8.89　设置纹理

(25) 按住Ctrl键单击【图层3】图层缩览图，将其载入选区，如图8.90所示。

(26) 执行菜单栏中的【选择】|【修改】|【扩展】命令，在弹出的对话框中将【扩展量】更改为3，完成之后单击【确定】按钮，如图8.91所示。

图8.90　载入选区　　　　图8.91　扩展选区

(27) 执行菜单栏中的【选择】|【修改】|【羽化】命令，在弹出的对话框中将【羽化半径】更改为3像素，完成之后单击【确定】按钮，如图8.92所示。

(28) 选择工具箱中的【套索工具】 ，按住Shift键在心形上拖动，将部分遗漏的小选区添加进来，如图8.93所示。

图8.92　羽化选区　　　　图8.93　添加到选区

 提示

> 取得选区之后【图层3】已经用不到，可以将其隐藏或者删除。

(29) 选中【图层1】图层，执行菜单栏中的【图层】|【新建】|【通过拷贝的图层】命令，将生成的【图层5】图层移至【图层1 拷贝】图层上方，如图8.94所示。

(30) 在【图层】面板中选中【图层5】图层，单击面板底部的【添加图层样式】按钮 *fx*，在菜单中选择【投影】命令，在弹出的对话框中将【混合模式】更改为【线性加深】、【颜色】更改为灰色(R:232，G:227，B:220)、【距离】更改为18像素、

【大小】更改为15像素，完成之后单击【确定】按钮，如图8.95所示。

图8.94　通过拷贝的图层并更改图层顺序

图8.95　设置投影

Step 02　制作沙粒效果

（1）选择工具箱中的【画笔工具】，在【画笔】面板中选择一个圆角笔触，将【大小】更改为15像素、【间距】更改为5%，如图8.96所示。

（2）勾选【形状动态】复选框，将【控制】更改为【关】、【大小抖动】更改为100%、【角度抖动】更改为100%、【圆度抖动】更改为100%、【最小圆度】更改为25%，如图8.97所示。

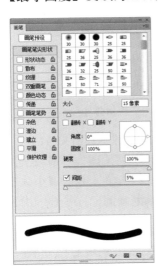 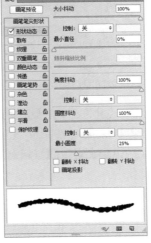

图8.96　设置画笔笔尖形状　　图8.97　设置形状动态

（3）勾选【散布】复选框，将【散布】更改为250%，【数量】更改为1。

（4）勾选【平滑】复选框。

（5）单击面板底部的【创建新图层】按钮，新建一个【图层6】图层，将【图层6】图层移至【图层2】图层下方，如图8.98所示。

（6）将前景色更改为深灰色(R:65，G:65，B:65)，选中【图层6】图层，在【路径】面板中选中【工作路径】，单击面板底部的【用画笔描边路径】按钮，如图8.99所示。

图8.98　新建图层　　　　图8.99　描边路径

（7）按住Ctrl键单击【图层6】图层缩览图，将其载入选区，如图8.100所示。

图8.100　载入选区

（8）选中【图层1 拷贝】图层，执行菜单栏中的【图层】|【新建】|【通过拷贝的图层】命令，将生成的【图层7】图层移至【图层6】图层上方，如图8.101所示。

图8.101　更改图层顺序

(9) 在【图层4】图层上单击鼠标右键，从弹出的快捷菜单中选择【拷贝图层样式】命令，在【图层7】图层上单击鼠标右键，从弹出的快捷菜单中选择【粘贴图层样式】命令，如图8.102所示。

图8.102　拷贝并粘贴图层样式

(10) 选中【图层6】图层，执行菜单栏中的【滤镜】|【模糊】|【动感模糊】命令，在弹出的对话框中将【角度】更改为-30度，【距离】更改为20像素，完成之后单击【确定】按钮，如图8.103所示。

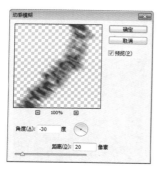

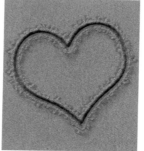

图8.103　设置动感模糊

(11) 在【图层】面板中选中【图层6】图层，将其图层混合模式设置为【线性光】，将图像向右下角移动，使阴影效果更加自然，如图8.104所示。

图8.104　设置图层混合模式并移动图像

(12) 按住Ctrl键单击【图层2】图层缩览图，将其载入选区，选中【图层6】图层，将选区中多余

的阴影图像删除，完成之后按Ctrl+D组合键将选区取消，如图8.105所示。

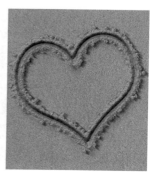

图8.105　载入选区并删除图像

(13) 同时选中除【背景】、【图层1】、【图层1 拷贝】之外的所有图层，按Ctrl+G组合键将其编组，将生成的组名称更改为【心形】，如图8.106所示。

(14) 在【图层】面板中选中【心形】组，将其拖至面板底部的【创建新图层】按钮上，复制1个【心形 拷贝】组，如图8.107所示。

图8.106　将图层编组　　　　图8.107　复制组

(15) 选中【心形 拷贝】组，将图像等比缩小并向右侧平移，如图8.108所示。

图8.108　将图像变形

(16) 在【图层】面板中选中【心形 拷贝】组，单击面板底部的【添加图层蒙版】按钮，为其图层添加蒙版，如图8.109所示。

(17) 将【心形】组展开，按住Ctrl键单击【图层2】图层缩览图，将其载入选区，将其填充为黑色，将部分图像隐藏，完成之后按Ctrl+D组合键将选区取消，如图8.110所示。

图8.109　添加图层蒙版

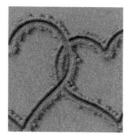
图8.110　隐藏图像

Step 03　添加素材以装饰图像

(1) 执行菜单栏中的【文件】|【打开】命令，打开"泡沫.jpg"文件，将打开的素材拖入画布中靠左下角位置并适当缩小，其图层名称将更改为【图层8】，如图8.111所示。

图8.111　添加素材

(2) 在【图层】面板中选中【图层8】图层，将其图层混合模式设置为【滤色】。

(3) 选择工具箱中的【套索工具】，沿着泡沫图像上方边缘大致轮廓绘制一个不规则选区，如图8.112所示。

(4) 单击面板底部的【创建新图层】按钮，新建一个【图层9】图层，如图8.113所示。

图8.112　绘制选区

图8.113　新建图层

(5) 选中【图层9】图层，将选区填充为灰色(R:178，G:178，B:173)，填充完成之后按Ctrl+D组合键将选区取消。

(6) 将【图层9】图层混合模式更改为【正片叠底】、【不透明度】更改为20%，并将其移至【图层1拷贝】图层上方，如图8.114所示。

图8.114　设置图层混合模式并更改图层顺序

(7) 在【图层】面板中选中【图层9】图层，单击面板底部的【添加图层蒙版】按钮，为其添加图层蒙版，如图8.115所示。

(8) 选择工具箱中的【画笔工具】，在画布中单击鼠标右键，在弹出的面板中选择一种圆角笔触，将【大小】更改为100像素、【硬度】更改为0%，如图8.116所示。

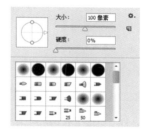
图8.115　添加图层蒙版　　　图8.116　设置笔触

(9) 将前景色更改为黑色，在图像上半部分边缘位置涂抹，将水印边缘颜色隐藏以增强其真实性，这样就完成了效果制作。最终效果如图8.117所示。

图8.117　最终效果

实例099　血性女战士

- 📺 素材位置：调用素材\第8章\血性女战士
- ✏️ 案例位置：源文件\第8章\血性女战士.psd
- 🎬 视频文件：视频教学\实例099　血性女战士.avi

本例讲解的是血性女战士效果的制作。本例的制作重点在于浓烈的"战士"风格视觉表达，在整个制作过程中应当注意色调的变化和主题的联系，同时添加文字信息对其装饰人使最终效果相当完美。最终效果如图8.118所示。

图8.118　血性女战士

 操作步骤

Step 01　新建画布并添加素材

（1）执行菜单栏中的【文件】|【新建】命令，在弹出的对话框中设置【宽度】为7厘米、【高度】为10厘米、【分辨率】为300像素/英寸、【颜色模式】为RGB颜色，新建一个空白画布。

（2）执行菜单栏中的【文件】|【打开】命令，打开"乌云.jpg"文件，将打开的素材拖入画布中并适当缩小，此时其图层名称将更改为【图层1】，如图8.119所示。

图8.119　添加素材

（3）在【图层】面板中选中【图层1】图层，单击面板底部的【创建新的填充或调整图层】按钮 🔴，在弹出的菜单中选择【色彩平衡】命令，在弹出的面板中选择【色调】为【阴影】，将其数值更改为偏红色33、偏洋红-10、偏黄色-50，如图8.120所示。

图8.120　调整阴影

（4）选择【色调】为【中间调】，将其数值更改为偏洋红-14、偏蓝色13，如图8.121所示。

图8.121　调整中间调

（5）选择【色调】为【高光】，将其数值调整为偏红色13、偏洋红-8，如图8.122所示。

图8.122　调整高光

（6）在【图层】面板中选中【图层1】图层，单击面板底部的【创建新的填充或调整图层】按钮 🔴，在弹出的菜单中选择【照片滤镜】命令，在弹出的面板中选择【滤镜】为【深蓝】，将【浓度】更改为30%，如图8.123所示。

（7）选择工具箱中的【渐变工具】 ⬛，编辑黑色到白色的渐变，单击选项栏中的【线性渐变】按钮，单击【照片滤镜1】图层蒙版缩览图，在画布中图像上从下至上拖动，将部分调整效果隐藏，如图8.124所示。

图8.123　设置照片滤镜　　图8.124　渐变填充

Step 02　添加素材并调整背景

（1）执行菜单栏中的【文件】|【打开】命令，打开"晚霞.jpg"文件，将打开的素材拖入画布中并适当缩小，其图层名称将更改为【图层2】，如图8.125所示。

图8.125　添加素材

（2）在【图层】面板中选中【图层2】图层，将其图层混合模式设置为【正片叠底】，如图8.126所示。

图8.126　设置图层混合模式

（3）选择工具箱中的【画笔工具】，在画布中单击鼠标右键，在弹出的面板中选择一种圆角笔触，将【大小】更改为200像素、【硬度】更改为0%。

（4）在【图层】面板中选中【图层2】图层，单击面板底部的【添加图层蒙版】按钮，为其添加图层蒙版。

（5）将前景色更改为黑色，单击【图层2】图层蒙版缩览图，在画布中其图像部分区域涂抹，将部分图像隐藏，降低天空图像亮度，如图8.127所示。

（6）执行菜单栏中的【文件】|【打开】命令，打开"山脉.jpg"文件，将打开的素材拖入画布中靠底部位置并适当缩小，其图层名称将更改为【图层3】，如图8.128所示。

图8.127　隐藏图像　　图8.128　添加素材

（7）选择一种自己习惯的抠图方法将山脉中的天空部分抠除，如图8.129所示。

图8.129　抠取图像

（8）选中【图层3】图层，执行菜单栏中的【图像】|【调整】|【色彩平衡】命令，在弹出的对话框中选中【阴影】单选按钮，将其数值调整为（10，-35，-55），如图8.130所示。

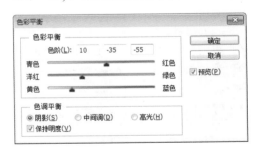

图8.130　调整色彩平衡

（9）选中【高光】单选按钮，将其数值更改为

(17, 0, -56), 如图8.131所示。

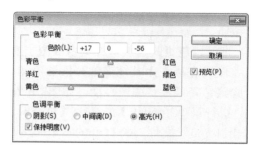

图8.131 调整高光

（10）选中【图层3】图层，执行菜单栏中的【图像】|【调整】|【色相/饱和度】命令，在弹出的对话框中选择【蓝色】通道，将【饱和度】更改为-100，完成之后单击【确定】按钮，如图8.132所示。

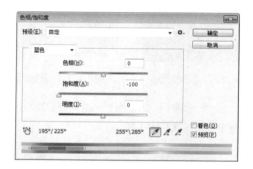

图8.132 调整饱和度

（11）在【图层】面板中选中【图层3】图层，将其拖至面板底部的【创建新图层】按钮上，复制1个【图层3 拷贝】图层，如图8.133所示。

（12）在【图层】面板中选中【图层3 拷贝】图层，单击面板上方的【锁定透明像素】按钮，将当前图层中的透明像素锁定，在画布中将图层填充为深黄色(R:54，G:30，B:10)，填充完成之后再次单击此按钮将其解除锁定，如图8.134所示。

图8.133 复制图层

图8.134 锁定透明像素并填充颜色

（13）在【图层】面板中，选中【图层 3 拷

贝】图层，将其图层混合模式设置为【柔光】，如图8.135所示。

图8.135 设置图层混合模式

（14）选择工具箱中的【画笔工具】，在画布中单击鼠标右键，在弹出的面板中选择一种圆角笔触，将【大小】更改为150像素、【硬度】更改为0%，如图8.136所示。

（15）将前景色更改为黑色，为【图层3】添加图层蒙版，在画布中其图像上远处的山脉位置涂抹，将部分图像隐藏，如图8.137所示。

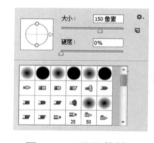

图8.136 设置笔触

图8.137 隐藏图像

（16）选中【图层3】图层，执行菜单栏中的【图像】|【调整】|【曲线】命令，在弹出的对话框中调整曲线，降低图像亮度，完成之后单击【确定】按钮，如图8.138所示。

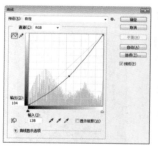

图8.138 调整曲线

（17）选中【图层3】图层，执行菜单栏中的【图像】|【调整】|【色相/饱和度】命令，在弹出的对话框中将【色相】更改为-10、【饱和度】更改为-38、【明度】更改为-13，完成之后单击【确

定】按钮，如图8.139所示。

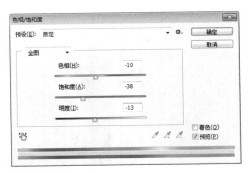

图8.139　调整色相/饱和度

（18）单击面板底部的【创建新图层】按钮 🖼，新建一个【图层4】图层，如图8.140所示。

（19）选中【图层4】图层，按Ctrl+Alt+Shift+E组合键执行盖印可见图层命令，如图8.141所示。

图8.140　新建图层　　图8.141　盖印可见图层

（20）选中【图层4】图层，执行菜单栏中的【图像】|【调整】|【色阶】命令，在弹出的对话框中将其数值更改为(10，0.9，220)，完成之后单击【确定】按钮，如图8.142所示。

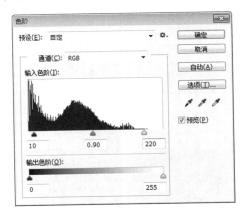

图8.142　设置色阶

Step 03　添加人物素材并调色

（1）执行菜单栏中的【文件】|【打开】命令，打开"女战士.jpg"文件，将打开的素材拖入画布中并适当缩小，其图层名称将更改为【图层5】，如图8.143所示。

（2）选择一种自己习惯的方式将人物图像从背景中抠出，如图8.144所示。

图8.143　添加素材　　图8.144　抠取图像

（3）选中【图层5】图层，执行菜单栏中的【图像】|【调整】|【色阶】命令，在弹出的对话框中将其数值更改为(75，1，255)，完成之后单击【确定】按钮，如图8.145所示。

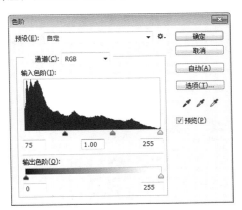

图8.145　设置色阶

（4）在【图层】面板中将【图层5】复制一份。选中【图层5 拷贝】图层，单击面板上方的【锁定透明像素】按钮 🖼，将当前图层中的透明像素锁定，在画布中将图层填充为橙色(R:162，G:85，B:10)，填充完成之后再次单击此按钮将其解除锁定，如图8.146所示。

图8.146　锁定透明像素并填充颜色

（5）在【图层】面板中选中【图层5拷贝】图层，将其图层混合模式设置为【柔光】、【不透明度】更改为40%，如图8.147所示。

图8.147　设置图层混合模式

（6）在【图层】面板中选中【图层5】图层，单击面板底部的【添加图层样式】按钮 fx，在菜单中选择【内发光】命令，在弹出的对话框中将【混合模式】更改为【叠加】、【颜色】更改为橙色(R:197，G:110，B:28)，【大小】更改为15像素，完成之后单击【确定】按钮，如图8.148所示。

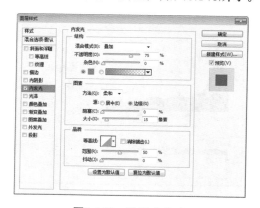

图8.148　设置内发光

（7）选择工具箱中的【椭圆工具】 ，在选项栏中将【填充】更改为橙色(R:240，G:152，B:0)，【描边】更改为无，在人物图像位置绘制一个椭圆图形，此时将生成一个【椭圆1】图层，如图8.149所示。

图8.149　绘制图形

（8）选中【椭圆1】图层，执行菜单栏中的【滤

镜】|【模糊】|【高斯模糊】命令，在弹出的对话框中将【半径】更改为75像素，完成之后单击【确定】按钮，如图8.150所示。

图8.150　设置高斯模糊

（9）在【图层】面板中选中【椭圆1】图层，将其图层混合模式设置为【滤色】，如图8.151所示。

图8.151　设置图层混合模式

（10）执行菜单栏中的【文件】|【打开】命令，打开"石头.jpg"文件，将打开的素材拖入画布中并适当缩小，其图层名称将更改为【图层6】，如图8.152所示。

（11）选择一种自己习惯的方式将部分图像抠除，如图8.153所示。

图8.152　添加素材　　　图8.153　抠取图像

（12）选中【图层6】图层，执行菜单栏中的【图像】|【调整】|【色阶】命令，在弹出的对话框中将其数值更改为(44，0.72，255)，完成之后单击【确定】按钮，如图8.154所示。

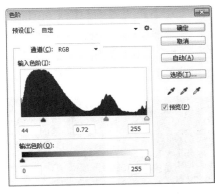

图8.154 设置色阶

（13）在【图层】面板中将【图层6】复制一份，选中【图层6 拷贝】图层，单击面板上方的【锁定透明像素】按钮 ⊠，将当前图层中的透明像素锁定，在画布中将图层填充为橙色(R:210，G:104，B:2)，填充完成之后再次单击此按钮将其解除锁定，如图8.155所示。

图8.155 锁定透明像素并填充颜色

（14）在【图层】面板中选中【图层6 拷贝】图层，将其图层混合模式设置为【柔光】、【不透明度】更改为50%。

（15）同时选中【图层6 拷贝】及【图层6】图层，按Ctrl+E组合键将图层合并，将生成的图层名称更改为【石头】，如图8.156所示。

（16）单击面板底部的【创建新图层】按钮 ▫，新建一个【图层6】图层，选中【图层6】图层，按Ctrl+Alt+G组合键创建剪贴蒙版，并修改图层混合模式为叠加，如图8.157所示。

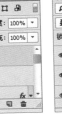

图8.156 合并图层　　图8.157 新建图层

（17）选择工具箱中的【画笔工具】 ✎，在画布中单击鼠标右键，在弹出的面板中选择一种圆角笔触，将【大小】更改为150像素、【硬度】更改为0%，如图8.158所示。

（18）将前景色更改为橙色(R:210，G:104，B:2)，选中【图层6】图层，在刚才添加的石头图像顶部边缘部分位置单击添加光照效果，如图8.159所示。

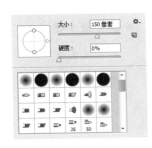

图8.158 设置笔触　　图8.159 添加光照效果

（19）执行菜单栏中的【文件】|【打开】命令，打开"炭火.jpg"文件，将打开的素材拖入画布中并适当缩小，其图层名称将更改为【图层7】，如图8.160所示。

图8.160 添加素材

（20）在【图层】面板中，选中【图层7】图层，将其图层混合模式设置为【滤色】，如图8.161所示。

图8.161 设置图层混合模式

（21）在【图层】面板中选中【图层7】图层，单击面板底部的【添加图层蒙版】按钮 ▣，为其添加图层蒙版,如图8.162所示。

(22) 选择工具箱中的【画笔工具】 ✑ ,在画布中单击鼠标右键,在弹出的面板中选择一种圆角笔触,将【大小】更改为200像素、【硬度】更改为0%,如图8.163所示。

 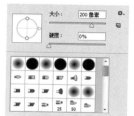

图8.162 添加图层蒙版　　图8.163 设置笔触

(23) 将前景色更改为黑色,单击【图层7】图层蒙版缩览图,在画布中其图像上部分区域涂抹,将部分图像隐藏,如图8.164所示。

(24) 执行菜单栏中的【文件】|【打开】命令,打开"火焰.jpg"文件,将打开的素材拖入画布中并适当缩小,其图层名称将更改为【图层8】,以同样的方法为其添加图层蒙版并设置图层混合模式,将部分图像隐藏,如图8.165所示。

图8.164 隐藏图像　　图8.165 添加素材并隐藏图像

Step 04　添加文字

(1) 选择工具箱中的【横排文字工具】 **T** ,在画布靠底部位置添加文字,如图8.166所示。

(2) 选中WARRIOR图层,按Ctrl+T组合键对文字进行变形,当出现变形框以后将文字高度增加,完成之后按Enter键确认,如图8.167所示。

(3) 在【图层】面板中选中WARRIOR图层,单击面板底部的【添加图层样式】按钮 **fx** ,在菜单中选择【斜面和浮雕】命令,在弹出的对话框中将【样式】更改为【内斜面】、【方法】更改为【雕

刻清晰】、【大小】更改为5像素,取消勾选【使用全局光】复选框,【角度】更改为90度、【高度】更改为30度、【光泽等高线】更改为高斯-反转,如图8.168所示。

图8.166 添加文字　　图8.167 将文字变形

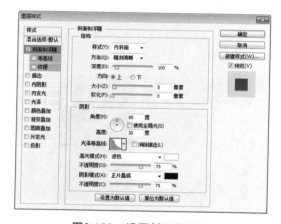

图8.168 设置斜面和浮雕

(4) 勾选【等高线】复选框,将【等高线】更改为高斯-反转,如图8.169所示。

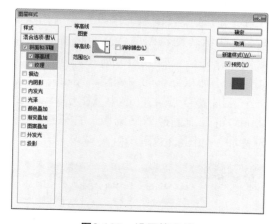

图8.169 设置等高线

(5) 勾选【内发光】复选框,将【混合模式】更改为【叠加】、【颜色】更改为橙色(R:235,G:150,B:3)、【大小】更改为15像素、【等高线】更改为高斯,如图8.170所示。

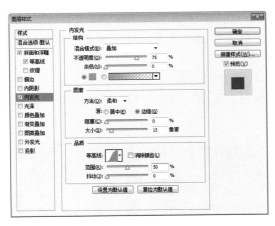

图8.170 设置内发光样式

（6）勾选【光泽】复选框，将【等高线】更改为内凹-深，如图8.171所示。

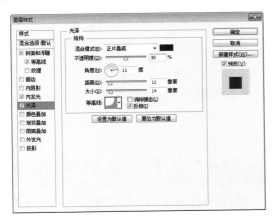

图8.171 设置光泽样式

（7）勾选【图案叠加】复选框，单击【图案】后方的按钮，在弹出的面板中单击右上角的❀图标，在弹出的菜单中选择【岩石图案】，在弹出的对话框中单击【确定】按钮，选择"石墙"图案，如图8.172所示。

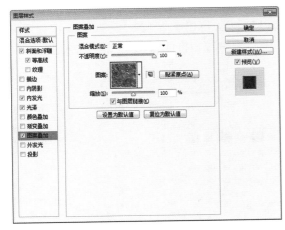

图8.172 设置图案叠加样式

（8）勾选【投影】复选框，取消勾选【使用全局光】复选框，将【角度】更改为90度、【距离】更改为5像素、【大小】更改为5像素，完成之后单击【确定】按钮，如图8.173所示。

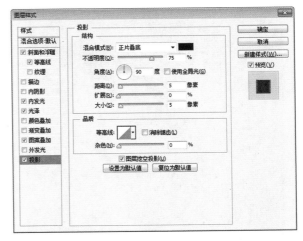

图8.173 设置投影样式

（9）选择工具箱中的【横排文字工具】 T ，在画布中适当位置添加文字，如图8.174所示。

（10）在WARRIOR图层上单击鼠标右键，从弹出的快捷菜单中选择【拷贝图层样式】命令，同时选中2066及HEROIC FANTASY WORLD OF ENDLES，在其图层名称上单击鼠标右键，从弹出的快捷菜单中选择【粘贴图层样式】命令，如图8.175所示。

图8.174 添加文字　　图8.175 拷贝并粘贴图层样式

实例100 蓝色理想

📖 素材位置：调用素材\第8章\蓝色理想
📝 案例位置：源文件\第8章\蓝色理想.psd
🎨 视频文件：视频教学\实例100 蓝色理想.avi

本例讲解的是蓝色理想效果的制作。本例的制作关键在于整体色调的实现以及人物形态的变化，以跳跃的姿态为基准并围绕特效图像的加入对人物进行细致而有条理的刻画，最终完成蓝色理想图像特效。最终效果如图8.176所示。

图8.176　蓝色理想

 操作步骤

Step 01　新建画布

（1）执行菜单栏中的【文件】|【新建】命令，在弹出的对话框中设置【宽度】为7.5厘米、【高度】为10厘米、【分辨率】为300像素/英寸、【颜色模式】为RGB颜色，新建一个空白画布。

（2）执行菜单栏中的【文件】|【打开】命令，打开"人物.jpg"文件，将打开的素材拖入画布中并适当缩小，此时其图层名称将自动更改为【图层1】，如图8.177所示。

图8.177　添加素材

（3）选择工具箱中的【修补工具】，在人物的腰带位置绘制一个选区以选中腰带部分图像，如图8.178所示。

（4）选中【图层1】图层，在选区上按住鼠标向左下角方向拖动，将腰带部分图像隐藏，如图8.179所示。

图8.178　绘制选区　　图8.179　隐藏图像

> **技巧**
>
> 可以利用其他工具绘制选区，再选择【修补工具】对图像进行隐藏。

> **提示**
>
> 【修补工具】的作用是将当前选区中的图像替换为当前图像中想要替换的图像，利用它可以进行"移花接木"图像效果的处理，如果想要更加专业地对图像进行处理，还需要其他工具配合。

（5）选择工具箱中的【仿制图章工具】📍，在画布中单击鼠标右键，从弹出的快捷菜单中将【大小】更改为20像素、【硬度】更改为100%，如图8.180所示。

（6）在刚才修补腰带图像旁边位置，按住Alt键单击以取样，再沿人物腰部衣服边缘按住鼠标拖动，进一步隐藏腰带图像，如图8.181所示。

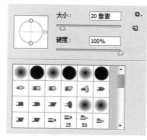

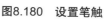

图8.180　设置笔触　　图8.181　隐藏图像

（7）以同样的操作方法将人物的头发部分图像

隐藏，如图8.182所示。

图8.182 隐藏图像

Step 02 添加素材

（1）执行菜单栏中的【文件】|【打开】命令，打开"山间.jpg"文件，将打开的素材拖入画布中靠下方并适当缩小，此时其图层名称将自动更改为【图层2】，如图8.183所示。

图8.183 添加素材

（2）在【图层】面板中选中【图层2】图层，将其图层混合模式设置为【颜色加深】，再单击面板底部的【添加图层蒙版】按钮 ，为其图层添加图层蒙版。

（3）选择工具箱中的【画笔工具】 ，在画布中单击鼠标右键，在弹出的面板中选择一种圆角笔触，将【大小】更改为300像素、【硬度】更改为0%，如图8.184所示。

（4）将前景色更改为黑色，在图像顶部位置涂抹，将部分图像隐藏，如图8.185所示。

（5）执行菜单栏中的【文件】|【打开】命令，打开"鸟.jpg"文件，将打开的素材拖入画布中并

适当缩小，此时其图层名称将自动更改为【图层3】，如图8.186所示。

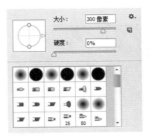 

图8.184 设置笔触　　　　图8.185 隐藏图像

（6）选中【图层3】图层，将图像适当旋转及缩小并且使鸟的头部图像替换人物的头部，如图8.187所示。

图8.186 添加素材　　　　图8.187 变换图像

（7）在【图层】面板中选中【图层3】图层，单击面板底部的【添加图层蒙版】按钮 ，为其添加图层蒙版，如图8.188所示。

（8）选择工具箱中的【画笔工具】 ，在画布中单击鼠标右键，在弹出的面板中选择一种圆角笔触，将【大小】更改为60像素、【硬度】更改为0%，如图8.189所示。

 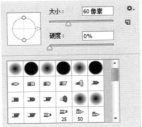

图8.188 添加图层蒙版　　　图8.189 设置笔触

（9）将前景色更改为黑色，在图像上部分区域涂抹，将除头部之外的其他位置的图像隐藏，如图8.190所示。

图8.190　隐藏图像

（10）在【图层】面板中选中【图层3】图层，将其拖至面板底部的【创建新图层】按钮 上，复制1个【图层3 拷贝】图层，将【图层3 拷贝】图层混合模式更改为【叠加】，如图8.191所示。

（11）单击【图层3 拷贝】图层蒙版缩览图，在图像下半部分位置涂抹，继续将部分图像隐藏，如图8.192所示。

图8.191　设置图层混合模式　　　图8.192　隐藏图像

（12）单击面板底部的【创建新图层】按钮 ，新建一个【图层4】图层，将【图层4】图层混合模式更改为【色相】。

（13）选择工具箱中的【画笔工具】 ，在画布中单击鼠标右键，在弹出的面板中选择一种圆角笔触，将【大小】更改为100像素、【硬度】更改为0%。

Step 03　添加装饰

（1）将前景色更改为蓝色(R:0，G:62，B:130)，在人物衣服、手腕及鞋子图像上涂抹，更改其颜色，如图8.193所示。

（2）执行菜单栏中的【文件】|【打开】命令，打开"圆点.jpg"文件，将打开的素材拖入画布中并适当缩小，此时其图层名称将自动更改为【图层5】，如图8.194所示。

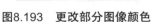

图8.193　更改部分图像颜色　　　图8.194　添加素材

（3）在【图层】面板中选中【图层5】图层，将其图层混合模式设置为【滤色】。

（4）在【图层】面板中，选中【图层5】图层，单击面板底部的【添加图层蒙版】按钮 ，为其图层添加图层蒙版。

（5）选择工具箱中的【画笔工具】 ，在画布中单击鼠标右键，在弹出的面板中选择一种圆角笔触，将【大小】更改为300像素、【硬度】更改为0%。

（6）将前景色更改为黑色，在图像上部分区域涂抹，将部分图像隐藏，如图8.195所示。

（7）在【图层】面板中选中【图层5】图层，将其拖至面板底部的【创建新图层】按钮 上，复制1个【图层5 拷贝】图层，如图8.196所示。

图8.195　隐藏图像　　　图8.196　复制图层

（8）选中【图层5 拷贝】图层，执行菜单栏中的【滤镜】|【模糊】|【高斯模糊】命令，在弹出的对话框中将【半径】更改为25像素，完成之后单击【确定】按钮，如图8.197所示。

（9）单击面板底部的【创建新图层】按钮 ，新建一个【图层6】图层，如图8.198所示。

（10）将前景色更改为蓝色(R:0，G:62，B:130)，背景色为白色，执行菜单栏中的【滤镜】|【渲染】|【云彩】命令，如图8.199所示。

（11）在【图层】面板中选中【图层6】图层，将其图层混合模式设置为【柔光】，如图8.200所示。

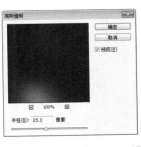

图8.197　设置高斯模糊

图8.198　新建图层

图8.199　添加云彩

图8.200　设置图层混合模式

（12）为【图层6】图层添加图层蒙版，选择工具箱中的【画笔工具】，在画布中单击鼠标右键，在弹出的面板中选择一种圆角笔触，将【大小】更改为250像素、【硬度】更改为0%，如图8.201所示。

（13）将前景色更改为黑色，在图像上部分区域涂抹，将部分图像隐藏，这样就完成了效果制作。最终效果如图8.202所示。

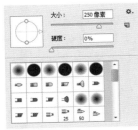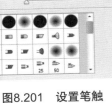

图8.201　设置笔触

图8.202　最终效果

实例101　插图人像

素材位置：调用素材\第8章\插图人像
案例位置：源文件\第8章\插图人像.psd
视频文件：视频教学\实例101　插图人像.avi

本例讲解的是插图人像的制作。本例的制作突出人物元素在插图中的运用，以灵活多变的滤镜命令与图层混合模式相结合的方法制作出真实的插图效果。最终效果如图8.203所示。

图8.203　插图人像

操作步骤

Step 01　添加素材

（1）执行菜单栏中的【文件】|【新建】命令，在弹出的对话框中设置【宽度】为8厘米、【高度】为6厘米、【分辨率】为300像素/英寸、【颜色模式】为RGB颜色，新建一个空白画布。

（2）执行菜单栏中的【文件】|【打开】命令，打开"人像.jpg"文件，将打开的素材拖入画布中并适当缩小，其图层名称将更改为【图层1】，选中【图层1】，按Ctrl+E组合键将其与【背景】图层合并，如图8.204所示。

图8.204　新建画布并合并图层

（3）执行菜单栏中的【图像】|【调整】|【去色】命令，将图像中的颜色去除。

（4）执行菜单栏中的【图像】|【调整】|【色阶】命令，在弹出的对话框中将数值更改为(16，1.17，242)，完成之后单击【确定】按钮，如图8.205所示。

（5）在【图层】面板中选中【背景】图层，将其拖至面板底部的【创建新图层】按钮 📄 上，复制1个【背景 拷贝】图层，如图8.206所示。

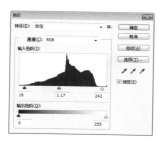

图8.205 调整色阶　　图8.206 复制图层

Step 02 制作特效

（1）选中【背景 拷贝】图层，执行菜单栏中的【滤镜】|【滤镜库】|【画笔描边】|【深色线条】，将【平衡】更改为8、【黑色强度】更改为1、【白色强度】更改为1，完成之后单击【确定】按钮，如图8.207所示。

图8.207 设置深色线条

（2）在【图层】面板中选中【背景】图层，将其拖至面板底部的【创建新图层】按钮 📄 上，复制1个【背景 拷贝2】图层，将【背景 拷贝2】图层移至所有图层最上方，如图8.208所示。

（3）选中【背景 拷贝2】图层，执行菜单栏中的【滤镜】|【滤镜库】命令，在弹出的对话框中选择【风格化】|【照亮边缘】，将【边缘宽度】更改为1、【边缘亮度】更改为20、【平滑度】更改为2，完成之后单击【确定】按钮，如图8.209所示。

图8.208 复制图层并更改图层顺序

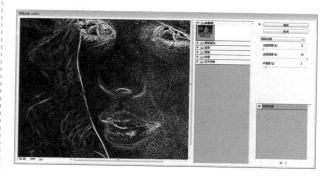

图8.209 设置照亮边缘

（4）在【图层】面板中选中【背景 拷贝2】图层，将其图层混合模式设置为【叠加】，如图8.210所示。

图8.210 设置图层混合模式

（5）在【图层】面板中选中【背景 拷贝2】图层，单击面板底部的【添加图层蒙版】按钮 ◙，为其添加图层蒙版。

（6）选择工具箱中的【画笔工具】 ✎，在画布中单击鼠标右键，在弹出的面板中选择一种圆角笔触，将【大小】更改为150像素、【硬度】更改为0%。

（7）将前景色更改为黑色，在选项栏中将【不透明度】更改为30%，在人物脸部位置涂抹，将部分图像隐藏，如图8.211所示。

（8）同时选中所有图层，按Ctrl+E组合键将其合并，如图8.212所示。

图8.211　隐藏图像

图8.212　合并图层

Step 03　添加素材

（1）执行菜单栏中的【文件】|【打开】命令，打开"纹理.jpg、插图.jpg"文件，将打开的素材拖入画布中并适当缩小，其图层名称将更改为【图层1】、【图层2】，如图8.213所示。

图8.213　添加素材

（2）在【图层】面板中将【图层1】图层混合模式更改为【叠加】，将【图层2】图层混合模式设置为【正片叠底】，如图8.214所示。

图8.214　设置图层混合模式

（3）在【图层】面板中选中【背景】图层，将其拖至面板底部的【创建新图层】按钮 上，复制1个【背景 拷贝】图层，将【背景 拷贝】图层移至所有图层最上方，将其图层混合模式更改为【柔光】，如图8.215所示。

图8.215　设置图层混合模式

（4）单击面板底部的【创建新图层】按钮 ，新建一个【图层3】图层，如图8.216所示。

（5）选中【图层3】图层，按Ctrl+Alt+Shift+E组合键，执行盖印可见图层命令，如图8.217所示。

图8.216　新建图层　　图8.217　盖印可见图层

（6）选中【图层3】图层，执行菜单栏中的【图像】|【调整】|【色阶】命令，在弹出的对话框中将其数值更改为(4，1.3，227)，完成之后单击【确定】按钮，这样就完成了效果制作。最终效果如图8.218所示。

图8.218　最终效果